文济盛世 赓续华章

中国国家版本馆西安分馆综合建造技术

陕西建工集团股份有限公司 组织编写

中国建筑工业出版社

图书在版编目（CIP）数据

文济盛世 赓续华章：中国国家版本馆西安分馆综合建造技术／陕西建工集团股份有限公司组织编写．—北京：中国建筑工业出版社，2023.3
ISBN 978-7-112-29545-6

Ⅰ.①文… Ⅱ.①陕… Ⅲ.①文化建筑－建筑工程－西安 Ⅳ.①TU242

中国国家版本馆CIP数据核字（2023）第253520号

本书全面系统总结了中国国家版本馆西安分馆在勘察选址、建筑设计、施工技术等方面的成果。全书共分为16章，包括：工程建设概述、工程设计、工程总承包管理、多台地土方开挖及支护技术、结构工程关键技术、钢结构工程关键技术、建筑隔震关键技术、室内装饰工程关键技术、外幕墙装饰工程关键技术、金属屋面施工关键技术、机电安装工程关键技术、智能建筑应用关键技术、多台地园林景观工程关键技术、数字建造关键技术、绿色建造关键技术以及工程建设大事记。本书内容全面、具有较强的指导性和可操作性，可供建设行业从业人员参考使用。

书中未注明尺寸的，长度单位均为“mm”，标高单位均为“m”。

责任编辑：张 磊 王砾瑶
责任校对：王 烨

文济盛世 赓续华章
中国国家版本馆西安分馆综合建造技术
陕西建工集团股份有限公司 组织编写
*
中国建筑工业出版社出版、发行（北京海淀三里河路9号）
各地新华书店、建筑书店经销
北京雅盈中佳图文设计公司制版
河北鹏润印刷有限公司印刷
*
开本：787毫米×1092毫米 1/16 印张：21¾ 字数：400千字
2024年4月第一版 2024年4月第一次印刷
定价：**129.00**元
ISBN 978-7-112-29545-6
(42145)

本书编委会

策　　划：时　炜

主　　编：李家卫　宫　平

副 主 编：郑建军　何晓光　冯高伟

编　　委：（按姓氏笔画排序）

丁庭安　卜延渭　马　勇　王　伟　王小鹏　王少朋
吕书全　向　军　刘　翔　孙亚平　苏宝安　张晓宁
范永辉　周　明　胡春林　贾　飞　夏　巍　黄德念
薛国栋

编写人员：（按姓氏笔画排序）

于　博　王　冲　王　博　王　攀　尤　青　代兴涛
刘岁房　刘家奇　李　巍　李相如　李鑫龙　杨　佳
吴　康　何彦伟　何党辉　宋永飞　宋登甲　张　帆
张　昭　张　鹏　张艾武　张有江　张毅毅　陈振东
尚　岩　金　星　赵　伟　赵丕毅　贺黎哲　党一帆
高伟伟　郭宽卫　曹　波　曹前坤　崔鹏博　商广周
韩　梅　韩　超　焦鹏博　强培玮　解　勇　樊晓成

序

中共中央宣传部根据习近平总书记2019年2月2日的重要批示:“传世工程有重大文化传承意义，要认真规划实施”的指示精神，决定分别在北京、西安、杭州、广州建设着眼于中华文明载体的永久安全保藏的传世工程，作为国家版本资源总库和中华文化种子基因库。在中宣部统一指挥、统一领导、统一规划，各地方省委省政府、省委宣传部牵头组织领导下，于2019年当即分别启动了北京总馆（文瀚阁）、西安分馆（文济阁）、杭州分馆（文润阁）、广州分馆（文沁阁）的规划建设工作，四个场馆于2022年6月前全部竣工，2022年7月30日完成“异地同步”落成开馆。

中国国家版本馆西安分馆选址于秦岭圭峰北麓，由中国建筑西北设计院承担规划、设计，陕西建工集团股份有限公司承担施工实施。

鉴于项目的重要性和选址的特殊性，设计团队明确了“山水相融、天人合一、中国气象、汉唐风格”的设计理念，创作出了依山就势、高台筑阁、馆园交融、集约高效的建筑群。这一设计无疑在工程技术上使施工单位面临许多难题。施工阶段正值疫情肆虐，天寒地冻的山地施工条件都没有难倒陕建集团的“硬汉子”。如采用科学合理的施工方法及深基坑智能检测技术，保证了陡坎及基坑支护的安全性；又如保藏区按抗震设防烈度8度要求，设计采用基础隔震技术，开创了山体隔震建筑施工的新路子；序厅采用大跨度、大层高钢骨混凝土框架结构，施工难度大，精度要求高；保藏区外立面，采用石材干挂墙面，设计石材尺寸规格不一，对石材加工及安装工艺要求很高；多处建筑单体屋面均为异形曲线屋面，屋面为金属面板，结构为钢筋混凝土或钢结构，施工难度很大。他们努力探索现代技艺、现代材料与传统风格建筑的深度融合，根据设计图纸进行深化设计及技术攻关，确定合理的施工工艺，逐一攻克技术难题。完美实现了建筑设计的效果。陕西建工集团股份有限公司在西安分馆的施工中完成了多项专利、工法，获省级科技进步奖、BIM 奖项，2023 年 9 月获中国建设工程鲁班奖（国家优质工程）。

现在出版《文济盛世　赓续华章　中国国家版本馆西安分馆综合建造技术》巨著，是陕建集团对中国国家版本馆西安分馆建设施工关键技术和管理创新经验的总结提炼，不仅对业界起到交流互鉴的作用，同时也是为西安分馆贡献出一份重要的版本资源。是为序。

張錦秋

2023 年 11 月 1 日

前　言

中国国家版本馆是以习近平同志为核心的党中央，站在新时代历史起点上，批准实施建设的重大文化传世工程，习近平总书记一直非常关注。2023 年 6 月 1 日，习近平总书记专程到中国国家版本馆北京总馆和中国历史研究院考察调研，出席文化传承座谈会并发表重要讲话。习近平总书记强调，建设国家版本馆的初心，就是在我们这个历史阶段，把自古以来能收集到的典籍资料收集全、保护好，把世界上唯一没有中断的文明继续传承下去，功在当代，利在千秋。

中国国家版本馆西安分馆（简称西安国家版本馆）作为中国国家版本馆“一总三分”的重要组成部分，其大气磅礴的唐风汉韵，既充分融合了西北区域特色，又与其他三馆遥相呼应、浑然天成，共同担负着赓续中华文脉、坚定文化自信、展示大国形象、推动文明对话的重要使命。将这一国家文化标志打造成时代经典工程，既是包括陕西建工集团股份有限公司在内的所有参建单位和各级政府、社会各界的共同心声和使命所在，更是项目本身在赓续中华文脉中熠熠生辉的形象名片和价值内涵。

在喜迎西安国家版本馆落成开馆一周年之际，由陕西建工集团股份有限公司组织编写的旨在记录各参建单位在西安国家版本馆建设过程中勘察选址、建筑设计、施工技术等方面的成果总结编撰，也是一本综合建造技术的总括。通过此书，我们希望能与您一同分享这一经典传世文化工程建设的辛酸与收获，展示其中蕴含的人文关怀和科技创新。您将与我们一同踏上旅程，从最初的构思与规划，到设计与建造，再到工程验收与投入使用，每一个环节都映射着工程师们的智慧和勇气。我们将带您走进项目，感受现场的火花和汗水，见证这座雄伟建筑的诞生。

回顾 552 天日日夜夜的紧张建设，为建成让党中央和社会各界满意的传世工程，工程建设者们在设计中考虑到每个细节，严格把控结构安全和功能设置，在施工中严谨认真，确保每道工序质量可靠，为建筑注入活力，延续生命。

今天的西安国家版本馆庄严雄伟，矗立圭峰山下，依山就势、高台筑阁，正以她宽阔的视野、博大的胸襟珍藏着中华各类珍贵版本资源，“山水相融、天人合一、中国气象、汉唐雄风”的建筑风格等待着读者前去一一领略。

我们相信每一座建筑背后，都有一群默默付出的建设者，他们的努力和付出值得被铭记。本书的出版意义在于让读者了解和感受到重大工程建设的重要性和责任感，亦是对我们不断前行的一种鞭策。总结是为了新征程更好地飞跃。随着西安国家版本馆的建成运营，以她为代表的中国建造和中国文化，已经成为向世界展示中华民族复兴伟大成就的靓丽名片，未来我们将以更大的担当、更多的热忱、更高的作为，为中国建筑业高质量发展贡献新的力量。

目 录

01

CHAPTER

第 1 章

工程建设概述

1.1　工程概况

二二工程 - 西安项目（西安国家版本馆）是党中央批准实施的国家版本传世工程，担负赓续中华文脉、坚定文化自信、展示大国形象、推动文明对话的重要使命。

工程矗立在圭峰山下，南依秦岭，北望渭川。总建筑面积 83150.95m^2，总造价 12.748 亿元，由 18 个建筑单体组成，是集版本保藏、研究展示、交流互鉴等多种功能于一体的中华文化种子基因库。于 2020 年 10 月 10 日开工，2022 年 4 月 15 日竣工验收，2022 年 7 月 30 日正式开馆。

项目集聚文化种子“藏之名山、传之后世”的主旨，以“山水相融、天人合一”为主导思想，由中国工程院院士张锦秋先生领衔设计。建筑群依山就势、中轴对称、高台筑阁，是一座具有中国精神、汉唐气象的文化殿堂（图 1.1–1）。

图 1.1–1　西安国家版本馆俯视图

1.2　工程特点与难点

1.2.1　工程特点

（1）巍巍秦岭，和合南北，泽被天下，是中华民族的祖脉和中华文化的重要象征。工程选址秦岭北麓，提炼古代国家书房形象标志，中轴对称，依山就势，高台筑阁。中轴线正对圭峰的最高处，与山体等高线垂直，定位选址充分体现了项目作为国家文化战略布局顶层设计的重大意义（图 1.2–1）。

（2）园林景观与建筑、山体错落有致、融为一体；建筑造型出檐深远，飘逸舒展，彰显张锦秋先生“山水相融、天人合一、汉唐气象、中国精神”的设计理念（图 1.2–2）。

图 1.2–1　依山就势、高台筑阁

图 1.2–2　山水相融、天人合一的建筑与园林景观

1.2.2　工程难点

（1）建筑群坐落于秦岭北麓山脚坡地，深大基坑、永久性桩锚支护工程、室外管网工程错综复杂。1 号洞库南侧山体支护桩长达 32m，最大基坑深度 18.4m，设有六道锚索，最长 36m，最大锁定值 450kN，施工难度大（图 1.2–3、图 1.2–4）。

图 1.2–3　室外工程高差相互交织

图 1.2–4　永久性桩锚支护体系

施工措施：工程设计巧妙地利用了坡地现状，形成六阶台地，分台布置。施工过程中，邀请专家进行技术研讨，深化土方开挖及边坡支护方案，运用 BIM 技术模拟交叉作业，减少土方量开挖，节约整体施工工期，降低工程造价；同时，采用智能监测系统全过程监测，确保施工安全（图 1.2–5 ~ 图 1.2–7）。

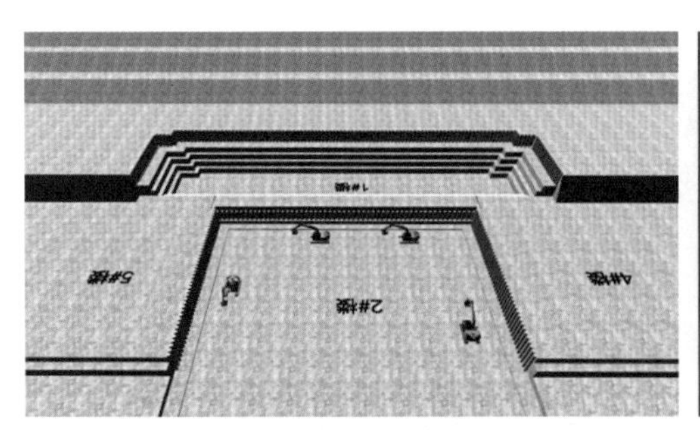

图 1.2-5　基坑及支护工程施工模拟

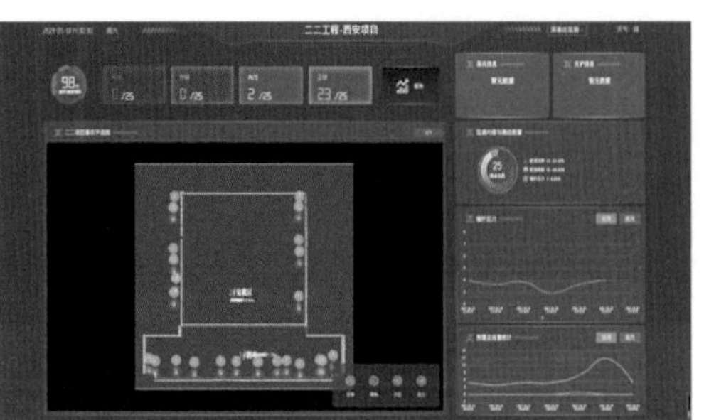

图 1.2-6　深基坑智能监测平台

（2）工程位于高烈度设防区域，核心建筑 2 号楼保藏区和序厅设有隔震沟及 188 组隔震支座，安装精度要求高，施工工艺复杂。

施工措施：采用国内先进隔震支座产品，优化支座下支墩、定位锚筋与桩筏基础钢筋位置，布置监测点位对建筑位移进行监测；创新工艺及发明专用工具，辅助快速、精准调平安装，整体安装精度高于规范标准（图 1.2-8 ～ 图 1.2-10）。

图 1.2-7　永久性支护体系安全可靠

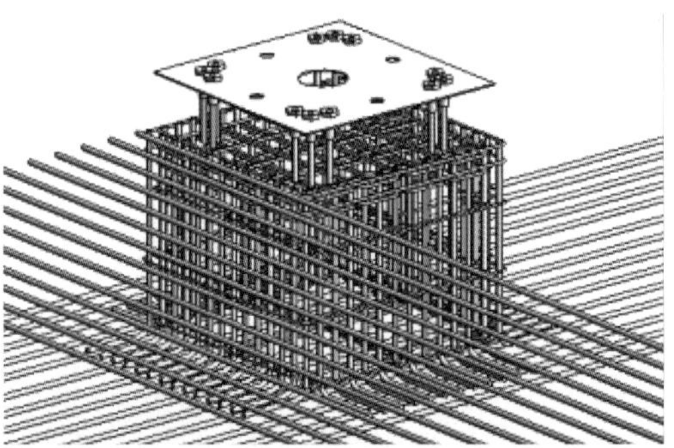

图 1.2-8　支墩钢筋、锚筋及基础钢筋位置优化

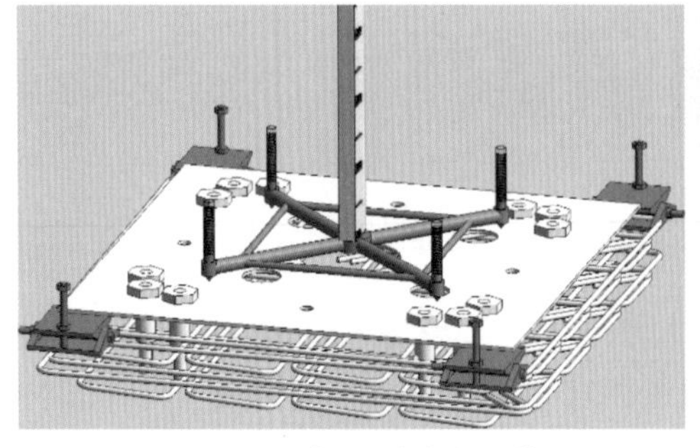

图 1.2-9　研发预埋钢板调平装置

图 1.2-10　隔震层支座安装定位精准

（3）大坡顶屋面造型结构采用单、双曲面弧形钢构件，共计 1495 件，最小弯弧半径 13.5m，屋檐设有大量弧形悬挑结构，构件加工精度及现场安装定位控制难度大（图 1.2-11、图 1.2-12）。

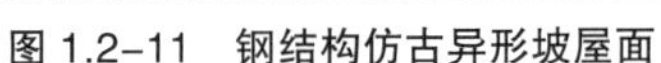

图 1.2-11　钢结构仿古异形坡屋面

图 1.2-12　钢结构安装

施工措施：通过钢结构深化设计，采用 BIM 技术对弯弧构件进行精准放样加工，并在工厂进行预拼装，以保证弧形构件安装精准，弧度顺滑（图 1.2-13 ~ 图 1.2-16）。

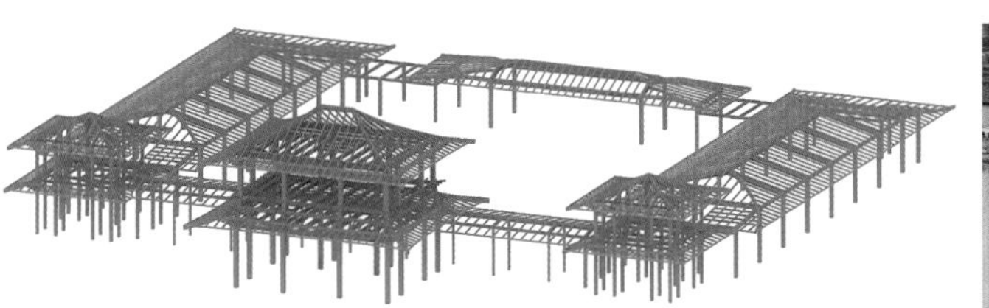

图 1.2-13　钢结构 BIM 策划

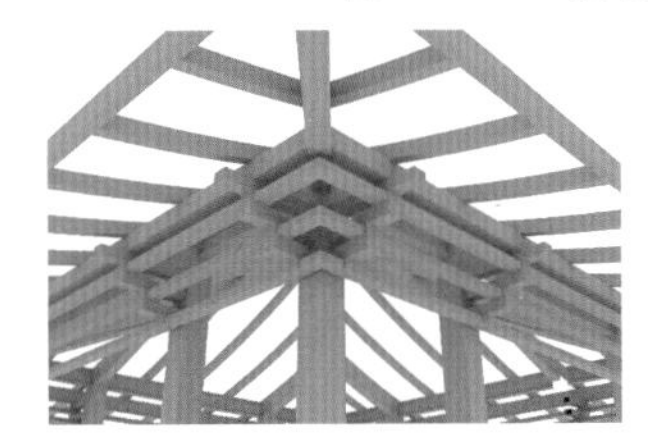

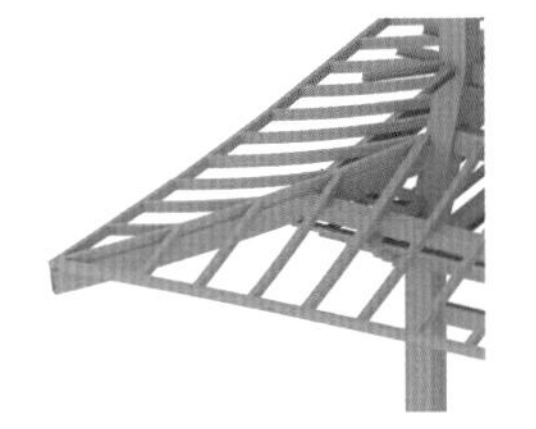

图 1.2-14　额枋节点

图 1.2-15　檩条悬挑节点

图 1.2-16　弧形构件工厂预拼装

（4）机电工程多系统联动，技术复杂，调试难度大。

施工措施：项目选派专业调试人员，对通风系统、空调系统、恒温恒湿空调系统、防排烟系统、供电照明系统、气体灭火系统、火灾自动报警及消防联动系统、智能建筑（能源管理、后勤物业、安防系统）等多系统优化调试，达到设计要求，满足安全及使用功能（图 1.2-17 ~ 图 1.2-20）。

图 1.2-17　恒温恒湿空调机房

图 1.2-18　资产管理系统

图 1.2-19　模块化数据机房

图 1.2-20　安防系统运行正常

1.3　工程建设和质量亮点

1.3.1　地基与基础

（1）地基采用天然地基、水泥土换填地基；混凝土灌注桩承载力均满足设计要求，桩身完整性检测均为 I 类桩；基础采用桩筏基础、桩承台 + 防水板基础、独立基础、条形基础、梁筏基础等；基础结构无裂缝、无倾斜、无变形，群体支座安装定位精准，隔震有效（图 1.3-1、图 1.3-2）。

（2）全高垂直度：最高建筑物（2 号楼 21.6m）全高垂直度偏差实测最大值 11mm，满足规范 $H/1000$ 且不超过 30mm 的允许偏差要求（21600/30000+20=20.72mm），其他建筑物全高垂直度偏差实测值均在国家及行业相关规范允许的范围内（图 1.3-3）。

图 1.3–1　桩承台 + 防水板基础

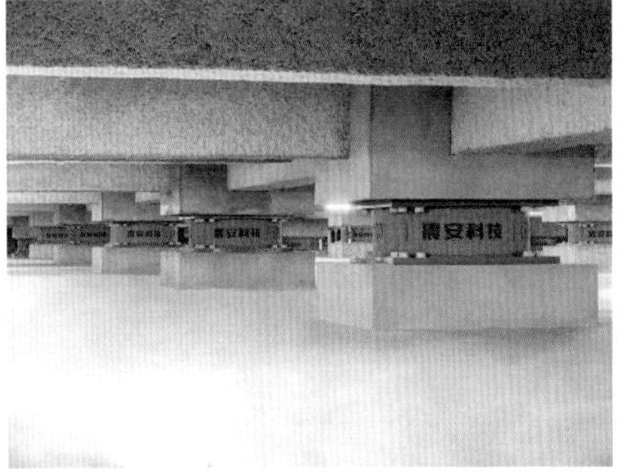

图 1.3–2　群体支座安装定位精准

图 1.3–3　建筑物全高垂直度

（3）全馆共设有 80 个沉降观测点，最后 100 天建筑物沉降速率最大值 0.006mm/d，沉降均匀，已稳定（图 1.3–4、图 1.3–5）。

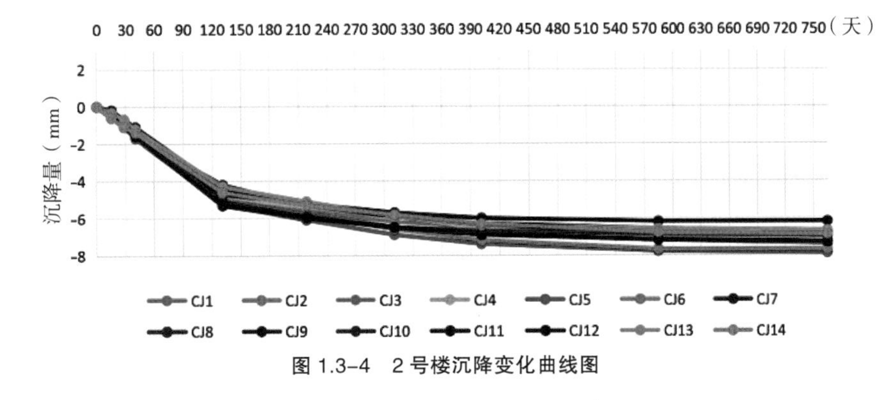

图 1.3–4　2 号楼沉降变化曲线图

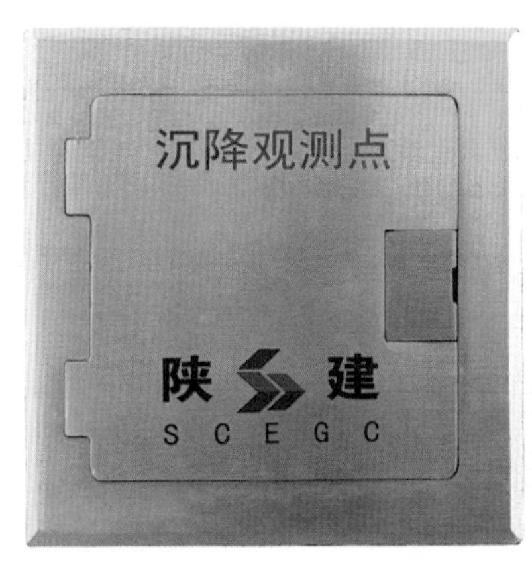

图 1.3-5 沉降观测点

1.3.2 主体结构

（1）钢筋原材料采用 HPB300、HRB355（E）、HRB400（E）、HRB500（E）级钢筋；各项技术指标经进场复检均满足国家及行业相关设计和规范要求（图 1.3-6、图 1.3-7）。

图 1.3-6 筏形基础钢筋

图 1.3-7 绑扎规范、间距均匀

（2）98723m^3 混凝土结构表面平整，构件尺寸准确、内实外光，表面平整，棱角方正，无裂缝，达到清水混凝土效果。752 组标准养护试块、752 组同条件养护试块，经统计分析，混凝土强度评定合格，构件截面尺寸、楼板厚度、混凝土强度回弹检测均合格（图 1.3-8、图 1.3-9）。

（3）5090m^3 加气混凝土砌块填充墙，预先排砖策划，组砌合理，灰缝饱满，砌体平整度、垂直度实测值及胶粘剂强度符合国家及行业相关规范和设计要求（图 1.3-10、图 1.3-11）。

图 1.3-8　混凝土结构棱角方正、线条顺直

图 1.3-9　洞库拱形结构线条流畅

图 1.3-10　砌体按策划组砌施工

图 1.3-11　砌体预先排版策划

（4）15 个钢结构单体总量 4985t，均为栓焊连接。构件加工尺寸准确，安装牢固，焊缝饱满。超声波探伤检测、高强螺栓抗滑移系数检测、防火涂料等各项检测均符合国家及行业相关规范及设计要求（图 1.3-12、图 1.3-13）。

图 1.3-12　钢结构构件吊装

图 1.3-13　焊缝无损探伤

1.3.3　装饰装修

（1）外立面装饰

9264m^2 斧凿面石材组合式幕墙恢宏典雅，采用开放式背栓安装，相邻石材斧凿痕迹过渡自然，缝路均匀一致，造型线条明朗（图 1.3–14、图 1.3–15）。

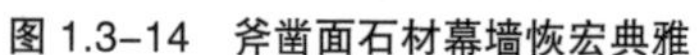

图 1.3–14　斧凿面石材幕墙恢宏典雅

图 1.3–15　石材斧凿痕迹过渡自然，缝路均匀一致

12841m^2 大规格玻璃幕墙分隔合理，安装牢固，美观大方，通透明亮。胶缝均匀饱满。幕墙工程设计计算书齐全，并经原设计单位确认，四性检测合格（图 1.3–16）。

图 1.3–16　玻璃幕墙简洁大方，与景观完美融合

31500m^2 蜂窝铝板干挂牢固，创新“斗栱”飞檐翘角，层次丰富，错落有致，造型独特（图 1.3–17、图 1.3–18）。

图 1.3-17　建筑造型错落有致

图 1.3-18　仿古斗栱飞檐翘角

（2）室内装饰

室内装饰庄重典雅，精雕细琢，细部做法统一；不同材质交接清爽，分色清晰。室内多水房间防水材料复试合格，蓄水、泼水试验合格，无渗漏。花岗石和大理石放射性检测、人造板材甲醛释放量检测均满足国家及行业相关规范要求。门窗开启灵活，关闭严密，配件安装精细（图 1.3-19）。

图 1.3-19　序厅恢宏气势，明亮肃穆

2532m^2 造型石材墙面采用背栓式干挂工艺，优化排版，定尺加工，造型新颖、独特（图 1.3-20、图 1.3-21）。

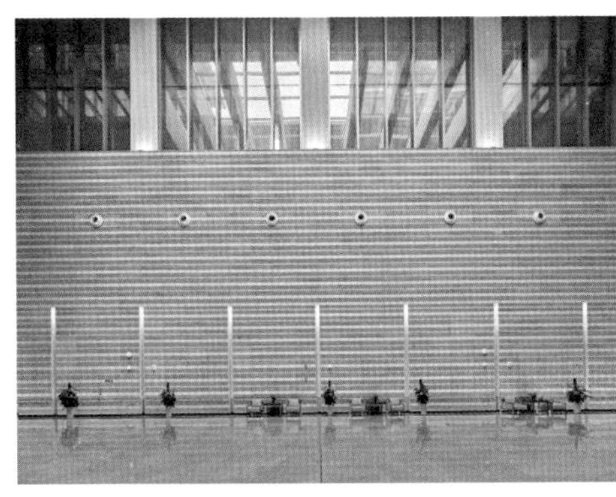

图 1.3-20　墙面色泽均匀

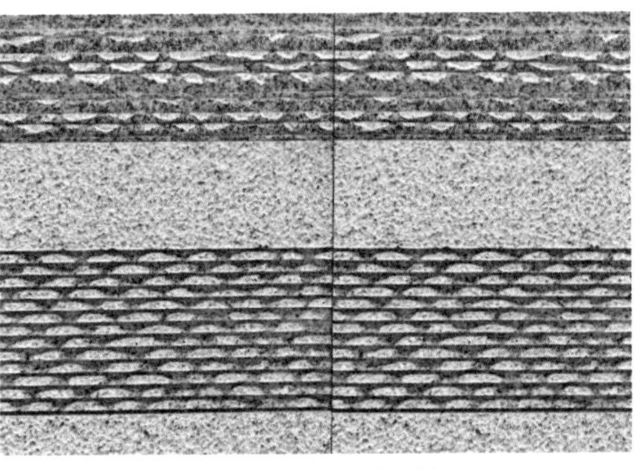

图 1.3-21　石材拼缝平整通顺

1317m² 覆膜铝板墙面，定制加工，精准安装，拼缝严密，板幅平整美观，纹路均匀（图 1.3-22）。

图 1.3-22　覆膜铝板墙面纹路均匀

46530m² 乳胶漆墙面涂刷均匀，表面平整，阴阳角方正、顺直；防裂凹槽设置合理，做工精细；防裂措施有效，表面无裂缝。不锈钢踢脚线牢固顺直，出墙厚度一致（图 1.3-23 ～ 图 1.3-25）。

图 1.3-23　乳胶漆墙面涂刷均匀

图 1.3-24　防裂凹槽设置合理，做工精细

图 1.3-25　不锈钢踢脚线顺直通畅

4860m² 石膏板吊顶造型独特多样，转角整板套裁，线形流畅，无裂缝。460m² 纳米微丝造型吊顶策划精细，排布有序（图 1.3-26、图 1.3-27）。

图 1.3-26　石膏板吊顶弧线流畅

图 1.3-27　造型吊顶策划精细，排布有序

8145m² 铝板吊顶表面平整，线条平顺。2664m² 铝方通吊顶精心策划，端部平齐，间距均匀（图 1.3–28、图 1.3–29）。

图 1.3–28　铝板吊顶排版合理，拼缝平整

图 1.3–29　铝方通吊顶安装牢固、间距均匀

2559m² 亚麻地板铺贴平整，粘接牢固，无鼓包，焊缝平顺；277m² 地毯铺贴牢固，拼缝严密，交接顺直，图案清晰（图 1.3–30、图 1.3–31）。

图 1.3–30　亚麻地板铺贴平整

图 1.3–31　地毯交接顺直、图案清晰

3795m² 室内石材地面排版合理、对缝铺贴，防护到位，表面洁净光亮。15400m² 地砖地面粘贴牢固、勾缝一致、色泽均匀（图 1.3–32、图 1.3–33）。

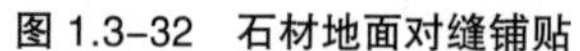

图 1.3-32　石材地面对缝铺贴

图 1.3-33　地砖地面勾缝一致、色泽均匀

6960m² 车库环氧自流坪地面，表面平整密实，颜色均匀无色差，无空鼓开裂。车库导向提示设置合理，标识标线清晰、规范（图 1.3-34、图 1.3-35）。

图 1.3-34　环氧地坪平整光洁、色泽均匀

图 1.3-35　车库导向标识标线清晰、规范

5432 级楼梯相邻踏步高度一致，高差小于 5mm，地砖对缝铺贴，踢脚线出墙厚度一致；滴水线交圈贯通设置；不锈钢扶手安装牢固，简洁实用，高度符合国家及行业相关要求（图 1.3-36、图 1.3-37）。

图 1.3-36　楼梯踏步对缝铺贴

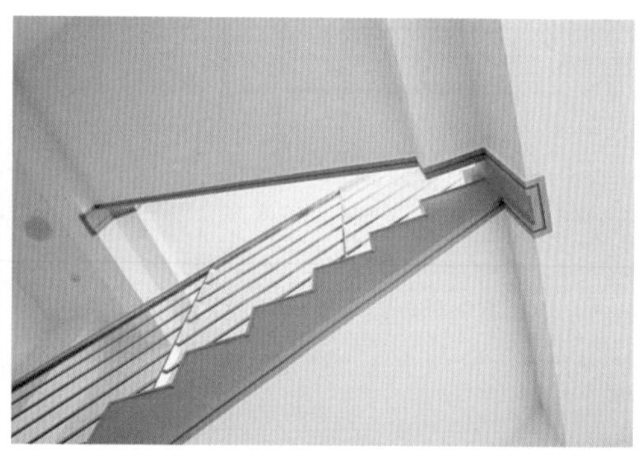

图 1.3-37　滴水线交圈顺直

36 间卫生间策划精细，墙、地对缝，卫生器具居中排布，地漏套割吻合，坡向正确（图 1.3–38 ～ 图 1.3–41）。

图 1.3–38　卫生间整洁美观，银镜安装牢固

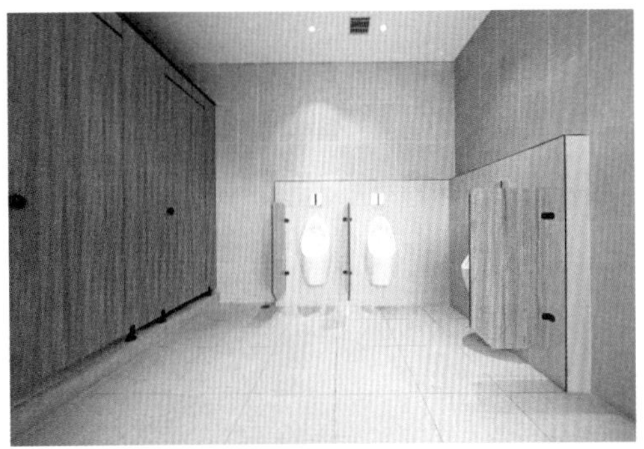

图 1.3–39　卫生间墙、地砖对缝铺贴

图 1.3–40　卫生器具居中排布

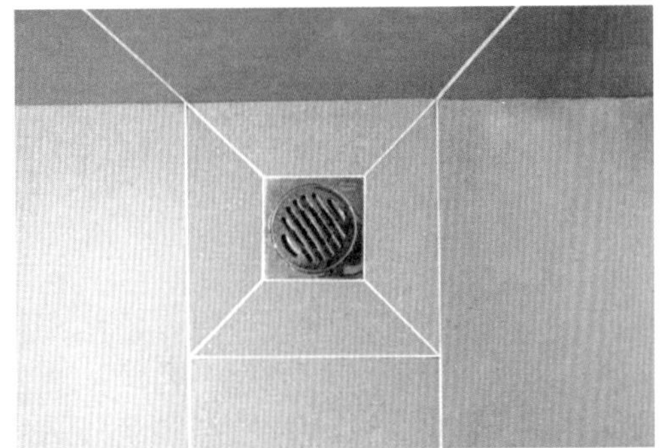

图 1.3–41　地漏套割吻合

24 樘文物金库门安装牢固，气密性、防火、防水等性能符合国家及行业相关规范及设计要求（图 1.3–42）。

图 1.3–42　文物金库门安装牢固

255 樘实木门安装牢固、开启灵活；门套与墙面紧贴严密，五金配件设置齐全，安装规范；漆面均匀，整洁无污染。680 樘钢质防火门安装牢固，闭门器、顺序器功能完备（图 1.3–43、图 1.3–44）。

图 1.3–43 成品木门漆面均匀

图 1.3–44 钢质防火门安装规范

324 樘玻璃幕墙门窗安装牢靠，感应灵敏，启闭灵活（图 1.3–45、图 1.3–46）。

图 1.3–45 铝合金门感应灵敏

图 1.3–46 铝合金窗启闭灵活

1.3.4 屋面

屋面工程包括钛锌板坡屋面、块料平屋面和种植屋面。

24581m^2 大坡顶异形钛锌板金属屋面整体呈现汉唐楼阁造型，曲面相交，位置连接顺畅。屋面分层构造做法正确，锁口严密，弧面自然、曲率顺滑；坡度准确，排水通畅、无渗漏，防水、保温、自洁效果良好（图 1.3–47 ~ 图 1.3–49）。

图 1.3-47　钛锌板金属屋面连接顺畅

图 1.3-48　金属屋面弧面自然、曲率顺滑

图 1.3-49　石材屋面坡向正确、排水顺畅

1.3.5　建筑给水、排水及采暖

工程设给水排水系统、消火栓系统、消防水炮系统、自动喷水灭火系统、气体灭火系统。楼内给水系统由市政管网引入给水环网直接供水，由变频机组加压供水；动力中心安装锅炉设备，设有地辐热和散热器采暖系统（图 1.3-50）。

图 1.3-50　生活水泵房

装配式消防水泵布局合理，支架安装牢固；湿式报警阀组排列整齐，安装高度一致（图 1.3–51、图 1.3–52）。

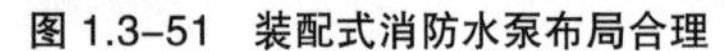

图 1.3–51　装配式消防水泵布局合理

图 1.3–52　管道排列整齐

水力警铃位置合理，标识醒目；末端试水装置安装规范（图 1.3–53、图 1.3–54）。

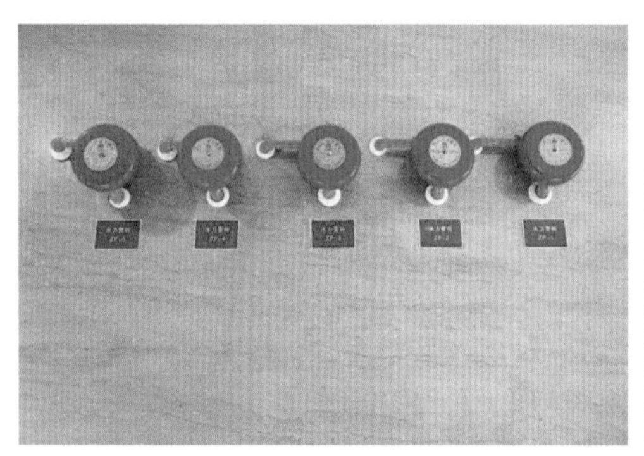

图 1.3–53　水力警铃标识醒目

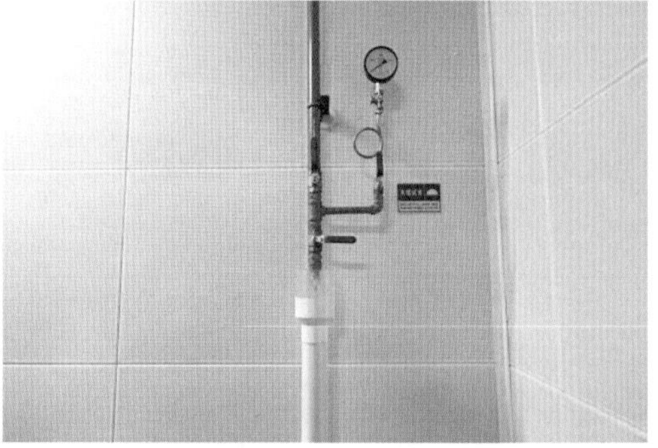

图 1.3–54　末端试水装置安装规范

气体灭火钢瓶固定牢靠，安装规范；消火栓箱内配件齐全、有效，开启角度满足要求，便于操作（图 1.3–55、图 1.3–56）。

图 1.3–55　气体灭火钢瓶固定牢靠

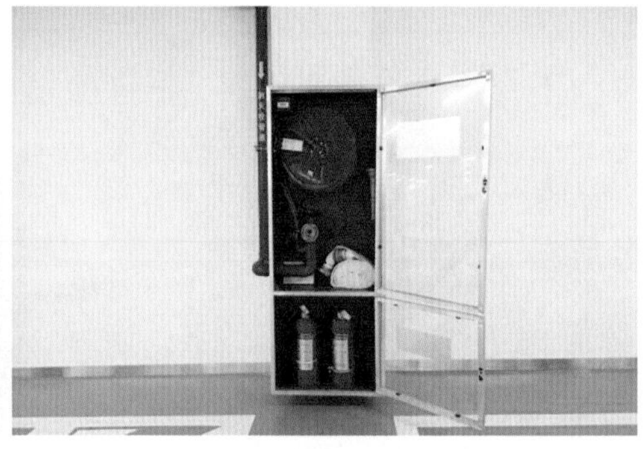

图 1.3–56　消火栓箱内配件齐全、有效

管道安装顺直，支架设置合理、做工精细；油漆涂刷均匀，各系统管道标识清晰醒目（图 1.3–57、图 1.3–58）。

图 1.3–57　管道安装顺直

图 1.3–58　管道标识清晰醒目

穿墙管道间隙均匀，穿楼板管道与套管同心，封堵严密（图 1.3–59、图 1.3–60）。

图 1.3–59　穿墙管道间隙均匀

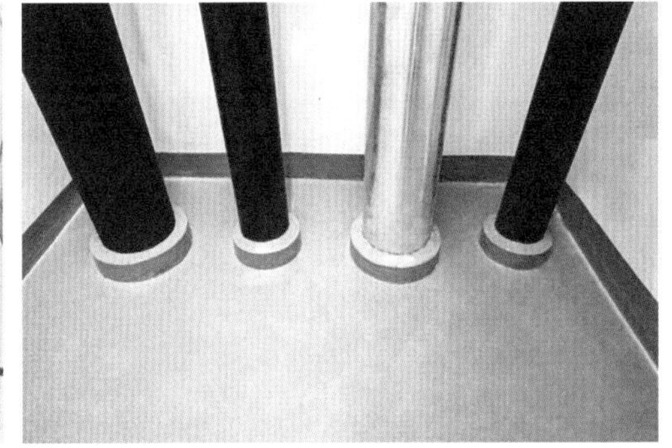

图 1.3–60　穿楼板管道与套管同心

1.3.6　通风与空调

通风与空调工程由送风系统、排风系统、防排烟系统、恒温恒湿空调系统、空调（冷、热）水系统、冷凝水系统、多联机（热泵）空调系统组成（图 1.3–61）。

图 1.3–61　制冷机房

制冷机房布局合理，机房噪声符合国家及行业相关设计要求；设备减振有效（图 1.3-62、图 1.3-63）。

图 1.3-62　机房布局合理

图 1.3-63　设备减振有效

风管接口连接严密，强度、严密性测试合格，空调系统经第三方检测合格；经过夏季和冬季运行，室内温度舒适，符合国家及行业相关设计要求。新风系统、防排烟系统联合试运行与调试结果符合国家及行业相关设计要求（图 1.3-64、图 1.3-65）。

图 1.3-64　恒温恒湿空调机组安装牢固

图 1.3-65　冷却塔排列整齐

风管安装顺直，接缝严密；风口安装平正，标识清晰（图 1.3-66 ~ 图 1.3-68）。

1.3.7　建筑电气

建筑电气由室外电气、变配电室、供电干线、电气动力、电气照明、防雷接地组成。

图 1.3-66　风管安装顺直，接缝严密

图 1.3-67　风管穿墙封堵严密

工程由市政外网引入两路 10kV 电源，满足供电要求。各供电系统经通电空载试运行、负荷运行、系统调试合格，安全和使用功能满足要求（图 1.3-69）。

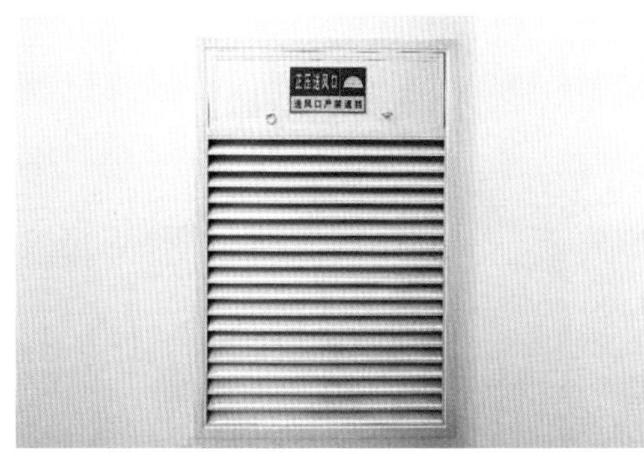

图 1.3-68　送风口安装平正

图 1.3-69　变配电柜安装牢固、排列整齐

电气竖井布局合理，排布整齐；箱内接线相序正确，回路清晰（图 1.3-70、图 1.3-71）。

图 1.3-70　电气竖井布局合理

图 1.3-71　箱内接线相序正确，回路清晰

槽盒安装横平竖直；电缆绑扎牢靠，标识清晰；槽盒穿楼板、穿墙防火封堵严密（图 1.3-72 ~ 图 1.3-74）。

图 1.3-72　槽盒安装规范

图 1.3-73　电缆绑扎牢靠，标识清晰

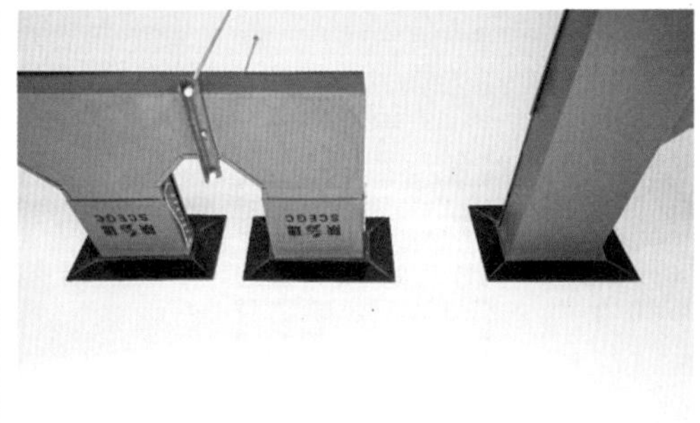

图 1.3-74　槽盒穿楼板、穿墙防火封堵严密

总等电位设置合理，回路清晰，标识齐全；接地测试点使用方便（图 1.3-75、图 1.3-76）。

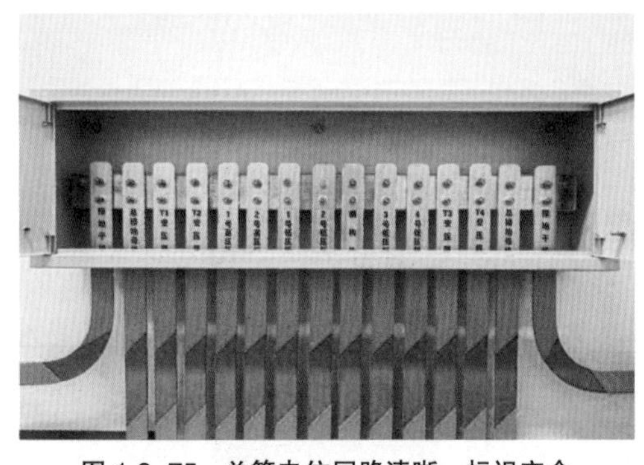

图 1.3-75　总等电位回路清晰，标识齐全

图 1.3-76　接地测试点使用方便

设备接地连接可靠；接地测试点实用美观，检测方便（图 1.3-77、图 1.3-78）。

图 1.3–77　设备接地连接可靠

图 1.3–78　接地测试点检测方便

泛光照明效果独特亮丽，与建筑风格和谐统一，用灯光重塑建筑与自然的融合（图 1.3–79）。

图 1.3–79　泛光照明勾勒建筑外形，美轮美奂

1.3.8　智能建筑

智能建筑由智能化集成系统、信息网络系统、综合布线系统、公共广播系统、会议系统、信息导引及发布系统、火灾自动报警系统、安全技术防范等 17 个智能化系统组成。各系统设计先进、安装规范、运行稳定（图 1.3–80、图 1.3–81）。

图 1.3-80　模块化弱电机房

图 1.3-81　安防控制室

智能化系统性能可靠、功能完备、信号准确、运行稳定，大屏图像显示清晰；防静电地板铜带接地牢靠、接线标识齐全；弱电网络机柜布线整齐有序，接地可靠（图 1.3-82 ~ 图 1.3-85）。

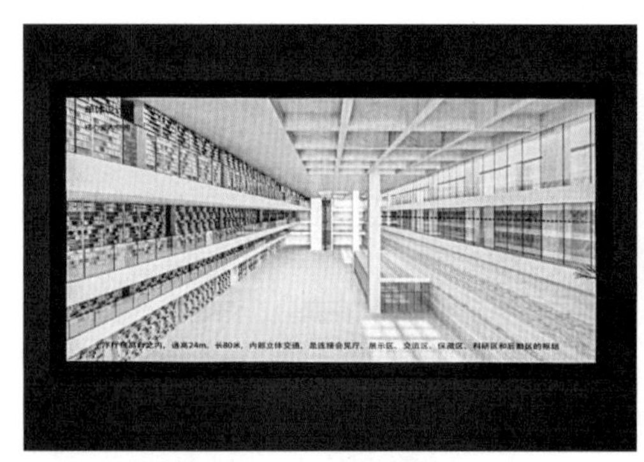
图 1.3-82　大屏图像显示清晰

图 1.3-83　防静电地板铜带接地牢靠

图 1.3-84　机柜内布线整齐有序

图 1.3-85　机柜内接地可靠

1.3.9　电梯

15 部无机房电梯（含 7 部消防电梯、2 部无障碍电梯），运行平稳，平层准确，各项功能检测合格（图 1.3–86）。

图 1.3–86　电梯运行平稳、平层准确

1.3.10　建筑节能

节能工程设计严格遵循绿色建筑标准，应用 Low–E 中空玻璃、无机纤维喷涂、变频设备、太阳能集热器、橡塑保温等多项节能材料及技术，科学实施，节能减排效果十分显著（图 1.3–87 ～ 图 1.3–90）。

图 1.3–87　高透 Low–E 中空玻璃

图 1.3–88　太阳能集热器

图 1.3-89 建筑自然采光

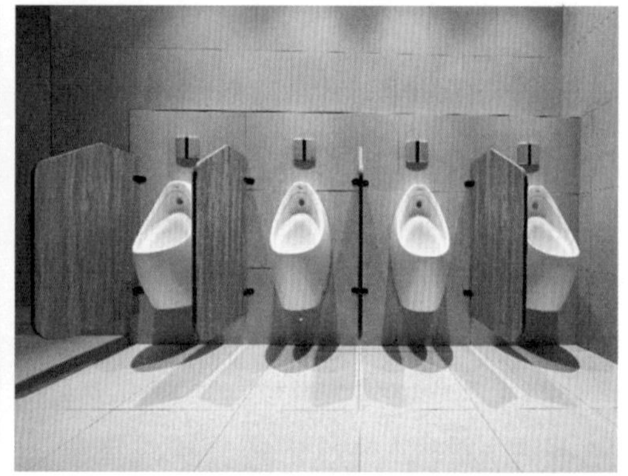

图 1.3-90 感应节水器具

1.3.11 无障碍设施

阅览室无障碍设施齐全，使用方便；无障碍卫生间设施齐全、使用便捷，呼叫装置位置合理，反应灵敏（图 1.3-91、图 1.3-92）。

图 1.3-91 阅览室无障碍设施齐全

图 1.3-92 无障碍卫生间设施齐全

1.4 科技创新成果

1. 新技术应用

应用“建筑业”10 项新技术中的 10 大项 39 子项，通过陕西省建筑业创新技术应用示范工程验收，达到国内领先水平。

2. 科技创新成果

（1）获得专利 11 项，省级工法 2 项，国家级 BIM 成果奖 3 项，省级 BIM 成果奖 4 项，国家级 QC 成果 1 项，省级 QC 成果 8 项，省级工程建设标准（参编）1 项，发表论文 4 篇。

（2）自主创新技术 11 项，研发的专利技术《一种基于深基坑预应力锚索二次张拉的防护装置》，攻克了高大山体永久边坡锚索装置的耐久性难题；发明了《一种隔震支座高效施工方法》专利技术，取得了建筑隔震《一种微型升降调节器》《一种平面水平度测量装置》等实用新型专利，解决了高烈度区隔震建筑建造难题。《山体地下大空间隔震建筑施工关键技术研究》取得陕西省建设工程科学技术进步一等奖，达到国内领先水平（图 1.4-1 ～ 图 1.4-7，表 1.4-1 ～ 表 1.4-3）。

发明专利、实用新型专利一览表　　表 1.4-1

序号	成果	名称	颁发单位	专利号	授权日期
1	发明专利	一种隔震支座高效施工方法	国家知识产权局	ZL 2021 1 1305498.9	2022 年 09 月 09 日
2	实用新型专利	一种微型升降调节器	国家知识产权局	ZL 2021 2 2709325.5	2022 年 03 月 18 日
3		一种平面水平度测量装置	国家知识产权局	ZL 2021 2 2706426.7	2022 年 03 月 18 日
4		一种配电柜上出线槽盒结构	国家知识产权局	ZL 2021 2 2159019.9	2022 年 01 月 28 日
5		一种土壤水分饱和测量器	国家知识产权局	ZL 2021 2 2858577.4	2022 年 04 月 19 日
6		组合式储物柜	国家知识产权局	ZL 2022 2 1688313.7	2022 年 10 月 28 日
7		瓷砖找平定位器	国家知识产权局	ZL 2021 2 0167697.7	2021 年 10 月 15 日
8		门联窗焊接模具	国家知识产权局	ZL 2021 2 0165692.0	2021 年 11 月 30 日
9		一种装配式一体化安全岛	国家知识产权局	ZL 2022 2 1008963.2	2022 年 08 月 30 日
10		一种防撞击监控器	国家知识产权局	ZL 2022 2 1008992.9	2022 年 08 月 26 日
11		一种基于深基坑预应力锚索二次张拉的防护装置	国家知识产权局	ZL 2022 2 0945507.4	2022 年 08 月 01 日

图 1.4-1　一种隔震支座高效施工方法

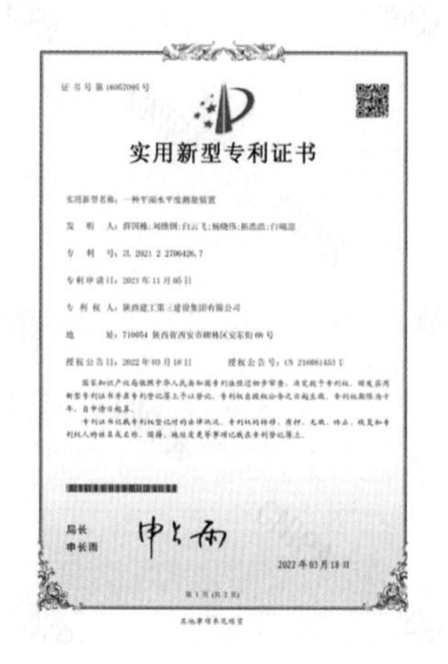

图 1.4-2　一种平面水平度测量装置

工法、工程建设标准一览表　　　　表 1.4-2

序号	成果	名称	颁发单位	专利号	授权日期
1	工法	凹凸型基面疏散指示灯安装施工工法	陕西省科学技术厅	9612022Y2855	2022 年 10 月 25 日
2		全空气中央空调紫外线消毒施工工法	陕西省科学技术厅	9612022Y2854	2022 年 10 月 25 日
3	省级工程建设标准	建筑结构隔震技术规程	陕西省住房和城乡建设厅、陕西省市场监督管理局联合发布	DB 61/T 5020-2022 备案号 J16276-2022	2022 年 04 月 10 日

图 1.4-3　凹凸型基面疏散指示灯安装施工工法

图 1.4-4　全空气中央空调紫外线消毒施工工法

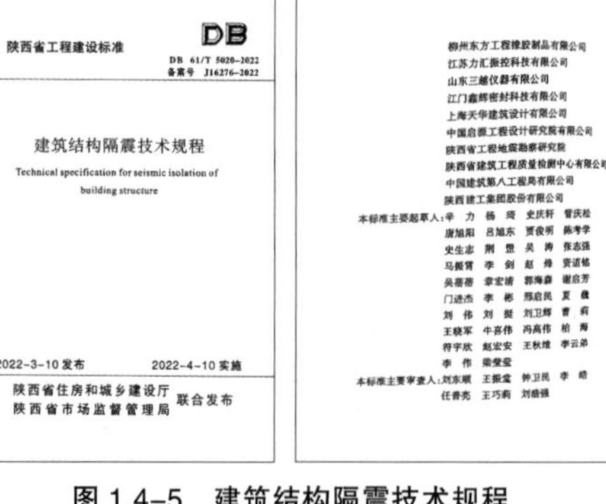

图 1.4-5　建筑结构隔震技术规程（参编）

BIM 成果一览表　　表 1.4-3

序号	成果	名称	颁发单位	专利号	授权日期
1	国家级优秀奖	2021 年“金协杯”第二届全国钢结构行业数字建筑及 BIM 应用大赛	中国建筑金属结构协会	A070	2021 年
2	国家级二类成果	二二工程 - 西安项目在机电安装施工阶段 BIM 技术应用	中国安装协会	2022BIM-11-092	2023 年 03 月
3	国家级三类成果	二二工程 - 西安项目钢结构工程 BIM 技术综合应用	中国建筑业协会	BIM 单项 2021-081	2022 年 02 月
4	陕西省第六届“秦汉杯”BIM 应用大赛	二二工程 - 西安项目钢结构工程 BIM 技术综合应用	陕西省建筑业协会	2021241	2021 年 08 月
5	陕西省第六届“秦汉杯”BIM 应用大赛	BIM 技术在引领项目方案优化和技术管理方面的应用与研究	陕西省建筑业协会	2021179	2021 年 08 月
6	陕西省第六届“秦汉杯”一类成果	二二工程 - 西安项目钢结构工程 BIM 技术综合应用	陕西省建筑业协会	BIM 单项 2021-081	2022 年 02 月
7	第七届“秦汉杯”三类成果	BIM 技术在二二工程 - 西安项目动力中心的综合应用	陕西省建筑业协会	2022161	2022 年 07 月
8	第六届“唐都杯”三类成果	二二工程 - 西安项目在机电安装施工阶段的 BIM 技术应用	西安建筑业协会	—	2022 年 12 月

图 1.4-6　国家级Ⅱ类成果

图 1.4-7　中建协 BIM 成果

02

CHAPTER

第 2 章

工程设计

2.1　设计理念

2.1.1　设计构思

西安国家版本馆选址在西安南郊秦岭圭峰北麓的陡坡地上。鉴于项目的重要性、用地的特殊性，首先明确了“山水相融、天人合一、汉唐气象、中国精神”的设计主导思想，在总体上充分利用山形高耸险峻的圭峰为背景，面向开阔平坦的渭川，其西北正对周代丰京的轴线，其东南有始建于东晋的草堂古寺。于是决定从圭峰制高点向北引出项目的轴线，总体格局力求方正、大气、典雅，采用皇家山水园林的群落空间布局。

因汉长安国家图书馆、档案馆的天禄阁、石渠阁均为高台建筑，故决定在中轴线上以高台置阁作为本馆主体建筑的形象，两侧依地形变化逐台错落，设置各功能区。形成中轴对称、主从有序的建筑序列。中轴北部地势平坦处，利用秦岭太平峪的径流水源设计了文济池。在池南地形陡起的坡地上，设计了中心山地园林。以池、林为衬托，景深直达圭峰，文济高阁愈加气势恢宏。实现了山水交融、馆园结合的美好景象。所有建筑均采用现代结构、现代材料、绿色技术，构筑出的缓坡大挑檐的坡顶体现出汉唐风格（图 2.1-1）。

图 2.1-1　工程设计效果图

2.1.2　建筑设计理念

1. 定位

1）标志性

图书馆是地域文化的集中体现，是市民文化活动的重要公共场所，二二工程 – 西安项目建筑应成为区域内重要的标志性建筑。

2）文化性

项目所在区域文物古迹众多、汉唐名人历史典故内容丰富；项目用地的西边正对周代丰京遗址。

项目用地距离始建于东晋的草堂寺 4km。此地原为后秦皇帝姚兴在汉长安城西南所建的逍遥园。弘始三年（公元 401 年），姚兴迎西域高僧鸠摩罗什居于此，苫草为堂翻译佛经，因名草堂寺。由于其在此译有佛教的“中观三论”，草堂寺也因此被奉为三论宗祖庭。

二二工程 – 西安项目建筑的形象应成为陕西灿烂历史文化的象征，体现汉唐建筑豪放古拙、舒展飘逸的形象特色。

3）时代性

盛世营书馆，传统文化的复兴需要新时代先进的理念和技术，二二工程 – 西安项目建筑应当具有鲜明的时代特征。

4）功能性

二二工程 – 西安项目是功能复杂完备的现代图书馆建筑，建筑应具有安全、绿色、集约高效的功能性。

2. 设计理念

1）中轴对称、主从有序

规划建筑呈中轴对称式布局，轴线以圭峰至高点为起点，体现了中国传统的严谨和秩序。

为配合国家项目，沿版本馆轴线新建城市道路文济路，并在项目入口处环山路南北两侧规划了城市广场、绿地等文化节点，营造文济阁入口空间的场所氛围。

中国最早的国家图书馆是西汉的天禄阁、石渠阁。以秦汉高台建筑的特色体现出文济阁的汉唐雄风。中轴线上的建筑主体为高台建筑，高台之内是保藏区功能用房，保藏区与南边的洞库通过室内廊道连接；高台之上的建筑群体是文济阁所在的展示区。高台前布置前序建筑体现出了传统序列空间和主从有序的群体建筑的布局特征。中轴线东侧由北往南分别是文教区、研究及业务用房、数据中心及业务加工区；西侧由北而南分别是多功能区、后勤服务用房和动力中心。

2）因山就势，自然和谐

以南面的圭峰为背景，使之成为远景构图要素，从视觉上拉大了园区的空间景深。

项目用地依托秦岭圭峰，以“云横秦岭”为意向，建筑的屋顶、墙柱为浅灰色，在苍翠的圭峰衬托之下，建筑依地势逐层抬高，与层层山峦相互映衬，唱和相应。

充分发挥场地的坡地特点，在不同标高的台地上营造出观景条件。

3）引水之力，筑山地园林

项目选址山林，场地坡度约15%，突出区域内的山水优势，在场地北侧中心园林内借助地势修建雨水收集池，将场地内的降水通过滤、渗、蓄等手法净化后引入池中，兼做中心水景和场地浇灌的补充水源。

4）绿色建筑技术应用

（1）围护结构热工性能提高10%。

（2）2号楼保藏区按100年耐久性设计。3号楼展示区、8号楼多功能区、9号楼交流区和12号楼读者服务中心均为钢结构，采用耐候性防腐涂料。

（3）所有楼栋均采用可移动、可组合的办公家具、隔断，并且建筑结构与建筑设备管线分离；（2号、3号、9号、12号）采用大开间和大进深的结构布置；（3号、6号、7号、9号、12号）内隔墙使用预制隔墙、轻质隔墙、玻璃等可灵活拆卸的隔墙材质。

（4）项目设置不小于1000m^2的室外健身场地和450m的健身慢跑道，为人们提供环境良好的健身场地。

（5）项目的建筑设计简约、规则，体形系数小，极少配装饰性构件（装饰性构件造价占建筑总造价的比例小于1%）。

（6）2号楼保藏区南侧外墙设置双层墙，增加围护结构的热阻，降低建筑能耗；其他三侧相邻过道和机房，其作用与双层墙一致。

（7）生活垃圾应分类收集，垃圾容器和收集点的设置应合理并与周围景观协调。

（8）硬质铺装中透水铺装的面积达到50%。

（9）室外处于建筑阴影区外的活动场地获得构筑物、乔木、花架等遮阴面积的比例大于10%。

（10）本项目在建筑的规划设计、施工建造和运营维护三个阶段应用建筑信息模型（BIM）技术。

（11）项目为适应百年建筑的发展要求，建设智慧型园区，同时具备接入智慧城市的条件。

2.1.3　结构设计理念

1. 场地对项目的影响情况

（1）因建设场地处于发震断裂带 5km 以内，所以根据《建筑抗震设计规范》GB 50011—2010（以下简称抗规）的要求，结构计算时水平地震影响系数乘以增大系数 1.5，必要时依据断裂带专题研究提供的地震动参数进行复核计算。

（2）根据相关规范，本场地部分建筑物位于陡坎上，属于地震不利地段，结构计算时水平地震影响系数最大值乘以 1.1 ~ 1.6 的增大系数。

（3）2 号楼序厅及保藏区采用基础隔震方案，与土体之间设永久性隔震沟。

2. 结构设计使用年限

各单体主体结构使用年限为 50 年；其中，1 号楼洞库、2 号楼保藏区、4 号楼动力中心、5 号楼数据中心及业务加工区的结构耐久年限为 100 年。

3. 抗震设防分类

1 号楼洞库、2 号楼保藏区、4 号楼动力中心、5 号楼数据加工中心抗震设防分类为乙类，其余建筑为丙类。

4. 陡坎支护

各台地间陡坎应设置永久性支护，以保证陡坎及其上建筑物的安全。

5. 减隔震设计

为减小地震作用对建筑物的影响，2 号楼保藏区采用基础隔震装置，建筑物与土体之间设永久性隔震沟；后勤服务用房、研究及业务用房局部布置屈曲约束支撑。

6. 超长钢筋混凝土结构抗裂设计

（1）1 号楼洞库基础底板、屋面顶板、南侧外挡土墙沿长向布置预应力钢筋以控制混凝土收缩裂缝。

（2）1 号楼洞库基础底板及屋面顶板混凝土添加抗裂膨胀剂以减小收缩裂缝。

（3）以上部位设置后浇带，并适当增加配筋率以控制裂缝开展。

2.1.4　给水排水设计理念

1. 设计范围

（1）生活给水系统。

（2）排水（生活排水及雨水）系统。

（3）冷却循环水系统。

（4）室内消火栓给水系统。

（5）室内自动喷水灭火系统（包括微型自动扫描灭火装置消防系统、雨淋系统及水幕系统）。

（6）室外消火栓系统。

（7）室内建筑灭火器配置。

（8）气体灭火系统。

（9）雨水收集回用系统。

2. 水源

采用城市自来水作为本工程生活及消防用水水源。

3. 排水

污水可经由区内化粪池处理，后排入市政污水管网，雨水采用内外排相结合的排水系统。雨水经收集后进入馆区雨水收集及回用设施经处理后作为中水回用，多余的雨水排至环山路的市政雨水管网。

4. 消防

严格执行国家有关防火设计规范。给水排水消防设计符合国家及行业相关防火规范及消防主管部门的要求。

2.1.5　暖通设计理念

本工程采用全空调系统，按照使用要求，分为舒适性空调和工艺性空调。藏品库房采用恒温恒湿空调系统，由动力中心提供冷热源、电极加湿。

洞藏库采用定风量恒温恒湿空调系统。洞库展区采用变风量恒温恒湿空调系统：根据室内负荷调整送风量；根据展品要求控制室内温、湿度；根据室内 CO_2 浓度控制新风量。洞库因其特殊的地理位置，额外单独设置除湿系统，以备极端情况湿负荷过大时启用，保证存放珍品书籍的室内对于湿度的要求。

展厅等高大空间采用全空气定风量空调系统 + 排风系统，在室内外设有温度

及 CO_2 传感器，根据室内外的焓值及室内 CO_2 含量调节新、回风百分比，以节约运行能耗。研究室、接待室等小空间采用风机盘管加新风系统。餐厅采用风机盘管加新风换气系统。

本工程地处西安市，冬冷夏热。采用电冷机 + 冷却塔供冷，市政热水经换热机组换热供热 / 燃气真空热水锅炉供热。冷冻水供回水温度 7/12℃，热水供回水温度 60/50℃。水系统采用一次泵变频变流量系统，节约能源。

设备用房、库房等设置机械通风系统；餐厅设有机械新风换气系统，过渡季可开启旁通通风换气；舒适性全空气空调系统均设置对应的排风系统，过渡季可全新风运行，通风换气。采用气体消防的房间，设有灾后清空机械通风系统。

严格执行国家消防规范及标准。按照工程实际情况，设有机械加压送风系统、自然排烟系统（手动排烟窗、电动排烟窗）、自然补风系统、机械排烟系统、机械补风系统。

室外管道敷设采用综合管沟，便于检修、管理。

2.1.6　电气设计理念

（1）变电所深入负荷中心，以减少电缆线路损耗。

（2）合理确定变压器容量，采用低损耗、低噪声节能干式变压器，D-Yn11 型结线，达到《电力变压器能效限定值及能效等级》GB 20052—2020 中规定的目标能效限定值及能效等级的要求。

（3）照明控制：面积不大的房间采用翘板开关就地控制，大厅、走廊及公共场所采用智能型照明控制系统。

（4）采用建筑设备管理系统对给水排水系统、采暖通风系统、冷却水系统、冷冻水系统、冷热源等机电设备进行测量、监控，达到最优运行的方式，并获得节约电能的效果。

（5）柴油发电机房进行降噪处理。满足环境噪声昼间不大于 55dB（A），夜间不大于 45dB（A），其排烟管的设置位置及高度符合环保部门的相关要求。

（6）选用绿色环保且经国家认证的电气产品。在满足国家规范及供电行业标准的前提下，选用高性能变压器及相关配电设备，以及高品质电缆、电线降低自身损耗。

2.2 建筑设计

2.2.1 方案设计

二二工程－西安项目从现场实地踏勘到工程设计图纸完成历时一年有余，设计方案经过多轮推敲和打磨，力求全方位展示“写意汉唐”的主题。

项目设计伊始，已届84岁高龄的张锦秋院士尚在医院治疗。2019年6月，院士在深入研究设计任务要求和地形图、听取设计团队踏勘现场汇报后，在病房口述了“二二工程－西安项目”的设计构想：

“一、规划上应体现历史轴线，入口处前应正对城市干道。

二、项目入口处环山路南北两侧应有广场、绿地等文化节点，营造文济阁入口空间场所氛围。

三、从东边太平峪引活水到用地内，山、水、建筑共同，形成山环水绕、山水相融的园林景观。

四、中国最早的国家图书馆是西汉的天禄阁、石渠阁，文济阁也应以秦汉高台建筑来体现汉唐雄风。中轴线上的建筑主体为高台建筑，高台之内是文济阁的保藏区功能用房，保藏区与南边山体内的洞库通过室内廊道连接；高台之上的建筑群体是展示区；高台前布置前序建筑体现传统序列空间和主从有序的群体建筑布局特征；中轴线东西两侧分别是研究区、交流区、业务用房区、行政办公区、生活保障区用房。”

简短的描述，工程的轮廓框架已清晰展现。不同于城市背景下的建筑，本项目选址在圭峰山下，为践行张锦秋院士“和谐建筑”的思想提供了远离城市、接近自然的环境条件。

项目位于圭峰北坡，北望长安。圭峰主峰海拔高1528m，在秦岭各支脉中不算高，但是在小范围内，山形似玉圭，顶天立地，一山独尊，四座较矮的山峰列于北侧，形成众星拱月之势。项目用地在山脚到环山路之间的坡地中间，用地的等高线大体平行，不太规则。

轴线是传统建筑群体空间秩序和观众参观秩序的框架和主线。建筑群体的空间秩序和观众的参观秩序又是决定标志性建筑与城市生活关系的关键因素，标志性建筑首先应肩负起区域主景观和区域最佳观景点的重任。

在病房里，张锦秋院士用铅笔和尺规手绘草图，从圭峰的最高点引一条轴线与等高线基本垂直，以此线作为项目的轴线。此轴线向北穿过环山路后，继续延伸一个街区，以此轴线为道路中心线，在原规划的路网系统上增加一条城市道路，命名为文济路。文济路、环山路和北侧秦岭二路的交汇处，形成四个城市小广场。项目用地与环山路之间、到文济路之前，做稍大的城市广场作为项目与城市道路之间的过渡空间。一系列空间节点串联在一起形成的文济轴，将秦岭、国家版本馆西安分馆与西安高新区有机地连接成一个整体。文济轴机缘巧合刚好在圭峰北面四座较矮的山峰正中，从文济路的方向看建筑群体的背景，虽然是秦岭自然山形，山峰的轮廓线形成的一主四辅格局却主从有序、等级森严，虽为天成、宛如人工，非常契合国家版本馆的建筑特点。

项目的设计原则一经确定，设计团队立刻投入紧张的工作中。2019 年 8 月 30 日“221 工程”建设指挥部总指挥主持召开建设指挥部第二次会议，听取了“二二工程 – 西安项目”领导专班的第一轮 7 个概念方案的汇报后，进一步明确：“221 工程”建筑设计方案由张锦秋院士牵头，依据新汉唐风格的定位，融入历史与现代、传统与时尚等元素，优化中建西北设计研究院有限公司（以下简称中建西北院）提出的 7 个设计构思方案，精选 3 ~ 4 个推荐方案，9 月下旬报省委领导小组审批，9 月底前报中宣部审定。

张院士在指导方案时指出，本项目作为国家版本馆，兼具图书馆、档案馆和博物馆的功能，虽然选址在圭峰山下，但仍是一个功能复杂的大型公共建筑，因此有必要采用相对集中的总体布局，以满足其日常运营中高效、便捷的功能需求。

2019 年 11 月 22 日陕西省委书记、省委“二二工程 – 西安项目”领导小组组长胡和平主持召开省委“二二工程 – 西安项目”领导小组第二次会议，在听取各有关方汇报后，会议研究确定从张锦秋院士领衔设计的 4 个精选方案中选定方案一作为西安分馆的建设方案，并立即将 4 个方案和研究结论一并上报中宣部。

2019 年 12 月 20 日陕西省委宣传部部长牛一兵率西北设计院设计团主要成员在中宣部向黄坤明部长等有关领导汇报了四个方案及省委的意见。中宣部领导充分肯定了陕西的工作，并确定方案一为实施方案。

2.2.2　单体设计

1 号楼（洞库）

位于用地南侧的居中位置，北侧连接保藏区书库，洞库洞藏区的室内地面与保藏区书库地下二层水平连通。洞库建筑面积 9037.82m²，局部设备用房为两层，设备区层高 5.1m，洞内最高净高 9.1m。

洞库内设洞库展厅、序厅、洞藏库、设备用房等。洞藏库采用双洞形式，分两组布置，每个洞藏库净宽 12m、长约 66.2m，出入口位于洞库两端。洞库展厅净宽 12m、长 22.6m。洞藏库之外设通行走道，走道净宽 3 ~ 4m，可允许电瓶车通行。

洞库的主要使用功能为珍藏版本的存储用房，洞库内设人防物资库和人员掩蔽所，人防抗力等级均为核六级、常六级，防护类别均为甲类（图 2.2–1）。

2 号楼（保藏区）

保藏区在 1 号楼（洞库）的北侧，位于整个项目的核心，整个区域南北长 116.5m，东西宽 108m，共有自然楼层四层，因为场地是山脚坡地，按照平均埋深计算，保藏区地上两层，地下两层，地上建筑高度为 11m，地下深度为 9.75m。

主要使用功能为储存纸质出版物版本、微缩版本、音像制品及电子出版物版本、其他出版物版本、非出版物版本和数字版本（磁带）的库房。

2 号楼位于建设用地的第四级台地上、序厅南侧、4 号楼 5 号楼之间，占地面积 8629.5m²，建筑面积 41021.53m²，其中地上面积 23638.69m²，地下面积 17382.84m²。

2 号楼地下一层为版本库房、版本入库主入口，通过地下通道与 5 号楼连通，并且与 1 号楼洞库相连通，各层间版本入库通过专用电梯运送。建筑为地下二层，地下一层、二层主要功能为版本库房，地下一层与序厅交界处设置专业阅览室。各层东、西两侧为本层库房用设备间（图 2.2–2）。

3 号楼（展示区）

展示区在保藏区之上，平面为“口”字形，建筑地上一层，建筑高度为 7.0m，主要使用功能为展厅。

图 2.2–1　洞库前厅设计效果图

图 2.2–2　序厅设计效果图

展示区北端中央高阁地上四层，建筑高度为 19.9m，屋脊高 23.2m，主要使用功能为会见厅。

展示区北端两翼的辅阁为地上二层，建筑高度 13.2m，主要功能为电梯、卫生间和设备用房（图 2.2–3）。

图 2.2–3　文济阁效果图

4 号楼（动力中心）

动力中心位于建设用地的第四级台地上，库藏区西侧、服务用房南侧，占地面积 2013.03m^2，总建筑面积 2930.34m^2。该楼为地上局部两层的多层建筑，建筑总高度为 11.3m。建筑耐火等级为一级，结构类型为钢筋混凝土框架结构。

本子项为整个项目的动力中心，设置包括为本项目服务的主要设备用房。首层设置消防水池、消防水泵房、变电所、消防安防控制室、换热站等用房。二层主要设置锅炉房、水泵房、管理用房、卫生间等（图 2.2–4）。

图 2.2–4　动力中心设计效果图

5 号楼（数据中心及业务加工区）

数据中心及业务加工区位于建设用地的第四级台地上，库藏区东侧，研究区南侧，占地面积 2158m^2，总建筑面积 4886.60m^2。该楼为地上二层、地下一层的多层建筑。该建筑为坡地建筑，结合地形高差地上和地下的出入口分设于两个标高，均可直通室外。建筑总高度从室外地面最低处算起高 16.1m，建筑耐火等级为一级，结构类型为钢筋混凝土框架结构。

数据中心及业务加工区地下一层为业务加工区，主要用于实物版本到馆后的接收、分拣、登到、编目、分藏整理，版本冷冻除虫、版本修复、版本加固以及版本临时周转等。根据前期调研与访谈，该区域的平面布置形式以大空间为主，方便后期使用。版本整理完毕后通过与库区连通的室内走道入库收藏，实现了版本入库的便捷性和安全性。地上一层设置存储机房、发电机房、变电所、UPS 机房、控制中心等。地上二层设置弱电机房、备用机房、预留机房和管理办公用房等（图 2.2–5）。

6 号楼（后勤服务用房）

后勤服务用房主要使用功能为职工餐厅、厨房、物业管理和职工服务用房等后勤服务用房。餐厅设 180 座。建筑主体地上三层，建筑高度为 14.45m。西侧入口位于门厅一层（图 2.2–6）。

图 2.2–5　数据中心室内设计效果图

图 2.2–6　餐厅设计效果图

7 号楼（研究及业务用房）

本子项主要使用功能分为研究区和业务区。研究区主要是中华版本总目编纂、古籍整理研究、版本学基础研究、中华古籍数字化应用研究、版本保护修复研究、版本数字化与复制等研究用房。业务区为版本普查及征集区、库房管理区和业务管理用房等，建筑面积 2820.91m^2。建筑地上三层，局部一层，建筑高度为 14.45m（图 2.2–7）。

图 2.2-7　研究及业务用房设计效果图

8 号楼（多功能区）

8 号楼在中心园林西侧，主要使用功能为一个 267 座演播厅、一个 153 座多功能厅和一个 81 座放映厅。建筑面积 3116.61m^2。建筑地上一层。建筑高度为 11.4m（图 2.2-8）。

9 号楼（交流区）

交流区在 9 号楼东中心园林东侧，外观上与 8 号楼以园区中轴线对称。主要使用功能为读者阅览、培训教学、文创区、版本复制区、馆际互借区等对外活动用房。建筑地上一层，建筑高度为 11.4m。一般阅览区设 492 座（图 2.2-9）。

图 2.2-8　大演播厅设计效果图

图 2.2-9　交流区大厅设计效果图

10 号楼（飞云亭）

飞云亭名字取自“大风起兮云飞扬”，位于雨水收集池西畔，平面正方形，为重檐攒尖屋顶，供行人休憩、乘凉或观景用。飞云亭为开敞性建筑，没有围墙，造型轻巧，以钢结构、金属幕墙和金属屋面建构而成。

11 号楼（秦月轩）

秦月轩名字取自“秦时明月汉时关”，建筑位于雨水收集池的东畔，临水而建，平面长方形，四面开敞，屋顶为歇山顶，采用钢结构、金属幕墙和金属屋面。

12 号楼（读者服务中心）

读者服务中心主要使用功能为问询、寄存、票务、接待、休息、咖啡、茶座等。建筑高度为 9.2m（图 2.2-10）。

图 2.2-10　读者服务中心设计效果图

13 号楼（寄存处）、14 号楼（门卫值班室）

寄存处位于 13 号楼大门西侧，也称小件寄存处；门卫值班室位于 14 号楼大门东侧。两座建筑外观以项目中轴线为轴完全对称，建筑高度为 3.6m。

15 号楼（东岗亭）、16 号楼（西岗亭）

东岗亭位于 15 号楼东侧的机动车出入口处的门卫岗亭；西岗亭位于 16 号楼西侧机动车出入口处。两座建筑以项目中轴线为轴完全对称，建筑高度 2.9m。

17 号楼（东地下车库）、18 号楼（西地下车库）

东地下车库位于 17 号楼东侧的公众停车场；西地下车库位于 18 号楼西侧的公众停车场。两座建筑以项目中轴线为轴完全对称，建筑埋深 4.70m。各设地下机动车停车位 94 个，共 188 个；各设非机动车停车位 106 个，共 212 个。

2.2.3　设计难点

（1）巨大的场地高差：项目场地南北高差达 77m，坡度为 15%。为保证功能的合理性并节约土方工程使用量，通过地形建模的推敲，将现场分为 6 层台地。运用挡土墙、绿坡等手段化解了矛盾。还利用挡土墙面设计了反映陕西文明的文化墙，多处挡土墙面运用了竹纹机理的处理方法，成为环境设计的一大特色。

（2）秦岭北麓山前断裂带：增加了工程防震、抗震的难度。通过在关键部位的结构选型和基础隔震设计，解决了这些难题。

（3）场地内有冲沟、灌溉渠经过：通过设置截洪沟和对渠道改线等措施，解决了这些难题。

（4）跨越黑河引水管道工程：场地北侧边界外为黑河引水管渠，该管渠是西安市民的生活水源，管渠两侧各有 5m 保护带和 10m 控制带，该范围内严格限制工程建设，场地需跨越黑河引水管道与城市广场、道路连接。设计以三座桥梁与项目用地相接，中间为人行桥，两边为车行桥，妥善地处理了场地之间的连接关系。

2.2.4　景观设计

1. 园林设计理念

（1）溯活水之源，济盛世之兴。中华文化多元一体、同根同脉，中国园林正是其中的一脉清澈活水。数千年以来，中国园林秉承“自然”的理念和手法，追求“天人合一”的至高境界，具有独特的民族风格，形成了非凡的艺术成就。

作为延续、传承和展示中华文明的传世工程，西安国家版本馆环境设计传承中国造园之精髓，结合项目具体功能的需求，注入时代特色，打造具有“中国特色、中国风格、中国气派”的整体园林面貌，从园林文化的角度展示了中华文明的风采，弘扬了中华民族优秀的传统文化（图 2.2–11）。

（2）写意汉唐。陕西文化积淀深厚，汉唐两代是其重要和突出的文化坐标。大汉雄风威武雄强，“非壮丽无以重威”，风格粗犷，具有“笼盖宇宙”的气魄。

图 2.2–11　园林设计效果图

“山河千里国，城阙九重门。不睹皇居壮，安知天子尊”，这是唐代皇家宫殿的壮伟气象。同时，人们以诗歌颂扬自然之美，以水墨表现山林野趣，因借自然环境，以诗画情趣入园，使园林具有了诗情画意、朴素雅致的特色。

西安国家版本馆园林设计继承了这种汉唐风韵，风貌追求雄浑壮阔之势，以点化自然的手法装点山水，远观其势，整体形成一幅气象宏阔、意境高远的立轴山水画；近察其质，借圭峰，聚大池，景随路移，步移景异，别有洞天，充满诗情画意之趣（图 2.2-12、图 2.2-13）。

图 2.2-12　园林设计效果图 1

图 2.2-13　园林设计效果图 2

2. 园林设计原则

园林设计坚持“生态优先、人文并重、科学设计、以人为本”的原则。

3. 功能分区与总平面布置

结合建筑功能分为北区、南区和外环区（图 2.2-14）。北区是以开阔绿地为主的公共开放型空间。南区以高台庭院、广场为主，处于项目地势的最高处，空间开阔，简洁明快，强调环境与天地自然的对话。外环区是项目地块的防护林带，既是区内的屏障，也是项目与外部山林的柔性过渡（图 2.2-15）。

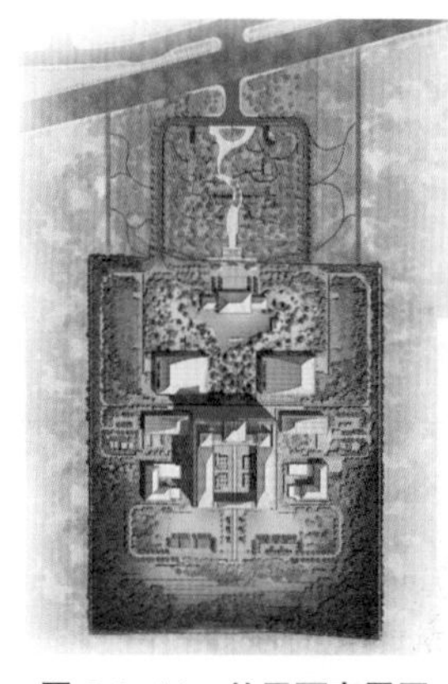

图 2.2-14　总平面布置图

图 2.2-15　南区、北区分区示意效果图

项目以外环车行路和中央步行系统串联起各功能区，环境布置以中心园林为中心，主体建筑和圭峰遥相呼应，整体形成山水园林布局之模式。沿项目中轴线，自北向南依次设置北入口广场、雨水收集池、池心石、休闲绿地、中心坡地、太平泉、阅台、南广场、屋顶内庭院、松院、竹院、梅院、兰院以及外环林带（图 2.2-16 ~ 图 2.2-18）。

图 2.2-16　太平湖效果图

图 2.2-17　园林设计效果图 3

图 2.2-18　园林设计效果图 4

4. 叠山理水

古人云："园不可无石"，叠石是中国园林的独特技法，是古人在造园实践中对大自然之美凝练后的写意表达。本项目中的叠石尽量做到简洁、节约，用石解决地形高差挡土的基本功能并以项目整体朴素、自然的山林艺术效果出发，原则以"藏"为主，在地形高差变化大、道路重要对景节点和建筑窗景等处，必须用石加以处置。在景石叠置工艺上较之传统，融合了现代材料和技术——在地形高差大，平面距离短的地方，使用钢筋混凝土挡墙相结合的方式，如瀑布和飞云亭两处叠石，基础部分均设钢筋混凝土挡墙，在较小的平面距离里解决了挡土的功能问题，然后再在挡墙外置石，达到预期的艺术效果。此种方式最大程度上减少了天然景石的运用，节约了自然资源和成本，同时也科学地保证了景观的安全性（图 2.2-19）。

"水贵有源"，"文"必以"源头活水"来"济"，园林理水因循自然之理，引太平峪活水，在场地内随形就势地形成"涌泉""溪涧""瀑布""池"等大自然中典型水的形态，充分展现水的乐趣（图 2.2-20）。

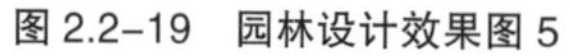
图 2.2–19　园林设计效果图 5

图 2.2–20　园林设计效果图 6

5. 花木配置

种植设计秉承“生态为骨、文化为魂、和谐统一”的原则，进行分区设计。

北区营造“山林野趣、诗情画意”的植物景观氛围，突出简明、舒朗、清新、明亮的植物空间特点，主要树种有皂荚、板栗、国槐、油松、丛生女贞、垂柳、苦楝、茶条槭等。

南区营造“庄重典雅”的气质，突出开阔明朗的空间特点。主要树种有板栗、油松、白皮松、华山松、柿子树、朴树、茶条槭、银杏、鸡爪槭、山杏等。

东西两侧庭院空间功能以配套服务为主，空间氛围安静且独立，环境设计各自以植物形成主题特色。主要树种有油松、刚竹、梅花、白玉兰以及石楠、海桐等（图 2.2–21、图 2.2–22）。

图 2.2–21　园林设计效果图 7

图 2.2–22　园林设计效果图 8

外环突出“林木苍茫”的植物意象，种植密度相对较大，成片成群的组合方式，对内部环境形成良好的围合感，同时也联系、融合外部的山林环境。主要树种有油松、白皮松、丛生女贞、大叶女贞、苦楝、板栗、铺地柏、山杏等。

6. 铺装设计

园林铺装设计遵循“生态优先、坚固安全、实用美观”的原则。在铺装选材和加工的过程中注重色彩、质感、尺度、纹理等细节上的要求。主要景观节点和集散广场的铺装材料为规则的花岗石，休闲步道及庭院的铺装材料以碎拼石板为主；车行路铺设黑色沥青。

图 2.2–23　园林设计效果图 9

7. 园林设施小品设计

园林小品包含石灯、坐凳、景桥等设施，这些设施小品贯穿全园，在尺度和实际功能上与人的关系最为密切，且使用频率高。景观设计对其材料、造型、尺度、色彩、肌理、摆布位置等方面均做了统一规划，突出简约、质朴的特点（图 2.2–23、图 2.2–24）。

图 2.2–24　园林设计效果图 10

8. 导识系统设计

导识系统设计以简洁的形式融入“书法元素”，在辨识醒目功能的基础上，凸显了独特的文化内涵（图 2.2–25）。

9. 园林创作过程回顾

园林设计工作从 2019 年 10 月开始，在张锦秋院士的领衔指导下，方案设计历时一年多，团队多次向省委宣传部汇报，听取诸多领导和相关专家的意见并修改，最终于 2021 年 3 月 4 日收到省委宣传

图 2.2–25　导识系统设计效果图

部关于景观方案的正式确认函，随后进入紧张的施工图制作阶段。

项目时间紧、任务重、质量要求高，从概念方案到施工图，再到落地施工，张锦秋院士全程悉心严格地把控，她说：“这是一个山地型园林，你们要好好学习一下承德避暑山庄——普陀宗承之庙山地园林的处理手法，尤其是它中心的坡地景观。”

通过对普陀宗承之庙的学习研究，使设计团队对中国传统文化中“自然、虚实相生、避实就虚”等哲学思想和造园手法有了更为深刻的理解，最终的园林方案避实就虚，在整组建筑群前区中心因形就势地布置了一组自然山水庭院，与主体建筑文济阁高下相映。

2020年春节期间是项目园林方案设计的关键时期，当时设计人员都被封控在家，无法当面讨论方案，只能借助网络进行沟通。设计方案初稿通过微信发给张院士，无论多晚，张院士都认真研究回复，并强调：“对这个项目的园林景观要有个基本认识，它和我们的建筑一样是传统建筑的现代化，不是圆明园也不是芙蓉园，所以不能过多采用一些不适宜的手法。”

园林主体开始施工是2021年4月，文济池地形轮廓初现；2021年11月，池南瀑布景石立成；2022年3月吊装文济池中央题名石。

2022年5月，园林施工已经进入最后的收尾阶段，题名刻字的点睛之笔也提上议程。其中，位于北入口广场中央的馆名石镌刻内容为：“西安国家版本馆”，字体为颜体，是从唐名帖中集成。关于这几个字，张院士看后提出，“既然采用从唐碑帖中集字的方式，那就应该充分尊重原碑帖，不能擅自修改，颜体宽博大气，现在很多笔画细节不对，不像颜体了，此馆名字体很重要，它更大的作用是具有符号化的象征意义，将来可以作为本单位的标准字体使用。”

10. 景观设计创新

在景观设计过程中，我们力求新材料新工艺的运用，比如竹纹艺术混凝土与场地中大面积挡土墙的结合运用。环境中设计钢筋混凝土挡土墙规模和体量庞大，高度从2.5 ~ 6m不等，总长度约1500m。这些挡土墙的饰面做法对室外环境整体视觉风貌的塑造尤为重要。项目以汉唐文化为底蕴，唐人好竹，园区内亦大量种竹，挡土墙面层的“竹纹”加强了“竹”的文化内涵，自然竹林中竹竿呈线状肌理竖向排列，极富简洁之美，与建筑立面装饰的竖向线条肌理协调统一，下凹的竹纹在不同时段的光影下呈现变幻之美，随挡土墙层列的竹纹与成片真竹交相呼应，竹纹墙又是真竹的延展和抽象表达。

2.2.5　夜景照明设计

1. 建筑立面照明设计

1）设计原则

（1）符合现行国家及行业规范标准，展现地域生态的原生夜间光环境，尊重自然、保护自然，严格控制光污染，体现建筑空间依山借势、主次有序的建筑特点，保持整体协调统一、坚持绿色设计。

（2）设计坚持以人为本，注重整体艺术效果，突出重点，创造舒适、和谐的夜间光环境，并兼顾白天景观的视觉效果。

（3）照度、亮度及照明功率、密度值应控制在现行国家及行业规定的范围内。

（4）合理选择照明光源、灯具和照明方式；合理确定灯具安装位置、照射角度和遮光措施，以避免光污染。

2）设计思路

（1）设计主题：以“秦岭横云，月夜华光”为主题，力求突出建筑与日月山峦交相辉映、层峦叠嶂的诗意感，对夜间建筑形象进行提炼，用灯光重塑建筑与自然的融合，突出高台筑阁的威仪感及标志性（图 2.2–26）。

（2）尺度划分：整体布局划分为三个尺度，以圭峰为背景，从北侧入口借地

图 2.2–26　照明设计效果图

势高差规划人的视觉呈现，将3号、12号、8号和9号楼依次排列，为行人在观赏性上，形成亮度上的递进和深入，营造纵深感，从而突出“阁”的主体定位；城市尺度以主次有序的汉代云纹布局为灯光的体现，强调舒展飘逸的屋面特征，从而形成重点突出、和谐的总体照明效果。

（3）色温分析：项目作为大型公建项目，依山借势，处于生态自然区内，同时结合建筑肌理，选用2700K的暖色光，打破夜间的萧肃感，与夜间的圭峰形成冷暖对比，给人以温馨、亲近之感。本项目不宜选择彩色光，与周边环境及建筑定位不和谐。

（4）亮度分析：一级亮度为3号楼展示区，整体亮度最高，突出高台楼阁的威仪感及庄重感，用灯光点亮地标建筑。二级亮度为12号、8号和9号楼外立面效果，强调入口及人的视角。三级亮度为各个小亭、门岗亭、地下车库等附属建筑，营造舒适、无眩光的近人尺度。

2. 景观照明设计

景观照明设计遵循景观整体设计方案及理念，照明应尊重自然，进行合理的植物照明，只营造重点位置，保护原生环境，达到“只在此山中”的游园感受，同时保证白天景观的美观性，保证灯具的隐藏性和安全性。

平日模式下，灯光以彰显植物本色的暖色光为主，同时功能照明采用地位照明的方式，尽量不立杆，弱化人工照明的痕迹，达到建筑、景观与环境三者的和谐统一。

景观照明采用“横向分类，立面分层，近景精准照明，远景混光照明”的原则。

景观照明园路采用低位照明方式，减弱道路照明对低亮度环境区的影响。

停车场设置智慧路灯，结合充电桩功能，实现汽车充电、照明、视频监控、信息发布、背景音乐、气象信息采集、一键报警、GIS定位等多重功能。

贵宾入口照明结合石柱进行设计、内置LED灯具照明方式，使之与环境更加融合。

2.2.6　设计效果

“二二工程－西安项目”的设计因借圭峰、依山就势、高台筑阁，彰显文济阁建筑标志性的同时，营造云横秦岭、北望渭川的诗情画意之境。

采用天禄阁、石渠阁高台建筑形象，筑高台置崇阁，尽显汉唐雄风。

建筑总体采用紧凑高效的集中式布局，高台位于平面图案的中心（图 2.2–27、图 2.2–28）。

图 2.2–27　汉代云纹

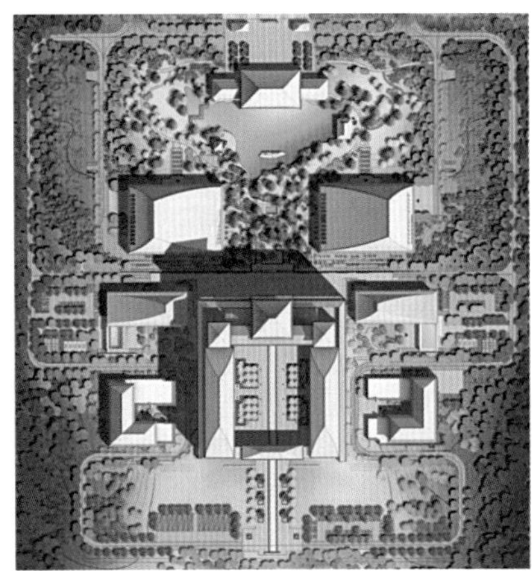

图 2.2–28　建筑总体布局

以书库功能为主体的高台下接开放区，上承展示区与文济阁，其他功能区均紧邻台体而建。

用地划分为六个台地。第一、二级台地及高台上建筑区为开放区，其他为非开放区。

大门、入口广场、读者服务中心和太平湖在第一级台地上。

第二级台地上的对外交流区与高台底部的序厅呈“品”字形布局，三者围合中心绿地，是园区最具活力的公共空间（图 2.2–29）。

图 2.2–29　太平湖效果图

由于项目选址在圭峰北坡，中心绿地因山就势，将陡坡设计成山地园林。林间步道是读者步行出入交流区的主要道路。

从基地东侧的太平峪引活水进园区，潺潺溪水在林间沿地形蜿蜒而下，至第一级台地汇聚成文济池。池面东西宽 166m，南北长 88m。湖中立石，两岸亭榭相望。山、水、建筑共同形成了山环水绕、山水相融的园林景观（图 2.2–30）。

图 2.2–30　林间步道效果图

第三级台地东侧的科研区与西侧的生活保障区通过高台内部的连廊连接。

第四级台地上是技术设备区和高台内的保藏区。

高台顶部为展示区和具有接待功能的文济阁。

从流线来说，文济阁的陈列院是正式接待贵宾的第一站。在此可聆听讲解员的介绍，俯瞰全馆，然后参观展览。也可先看展览，然后登阁休息。主阁居中，重楼庑殿，辅阁重楼攒尖，两翼展开。建筑外观以现代钢结构写意汉唐建筑，出檐深远，体现出飘逸、舒展的造型特征（图 2.2–31、图 2.2–32）。

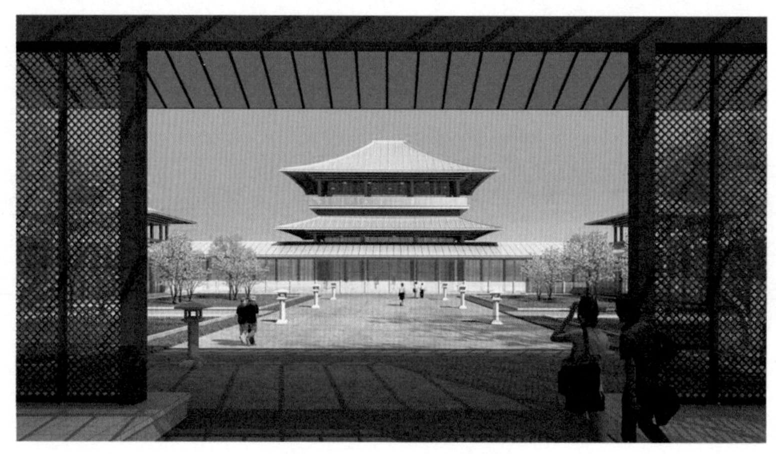

图 2.2–31　文济阁效果图

图 2.2-32　文济阁贵宾室效果图

序厅在高台之内，通高 24m，长 80m，内部立体交通，是连接会见厅、展示区、交流区、保藏区、科研区和后勤区的枢纽。序厅的版本库以华夏文化基因库为立意，自然天光从顶部天窗流入，在室内形成动人的光影（图 2.2-33）。

图 2.2-33　序厅实景图

交流区的建筑屋顶、墙面、台座三段式的处理手法是唐风汉韵在新时代下的演绎。交流区分置东西两侧，面向中心园林区，平面由大演播厅、大报告厅、小演播厅和阅览区组成（图 2.2-34）。

研究区在高台东侧，功能分为研究和业务两个区域，院落围合，简洁高效。

空间序列上起、承、转、合。总平面规划借鉴了传统建筑中轴对称的空间格局。北广场、服务中心、文济池、中心园林、序厅、文济阁、南广场作为园区内的重要空间节点，位于贯穿南北的空间虚轴上，形成空间序列上的起、承、转、合。

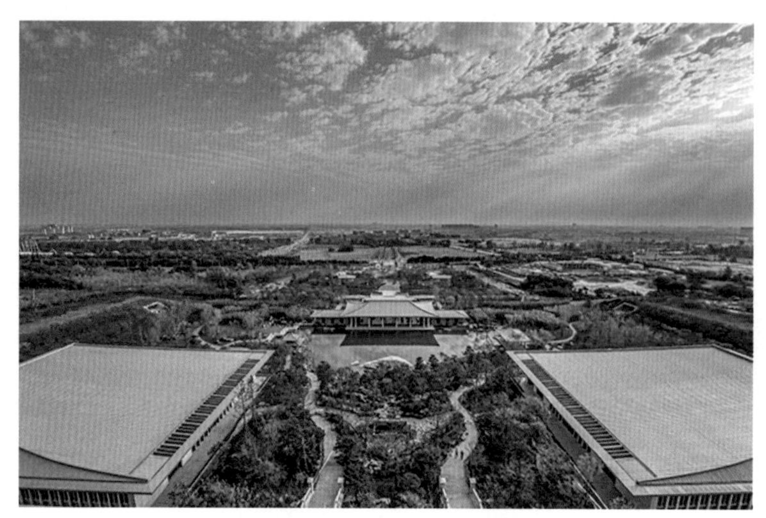

图 2.2-34　交流区实景图

空间特色上大疏大密，旷奥结合。结合建筑空间布局，环境绿化设计形成大疏大密，旷奥结合的空间特色，外围沿地块红线，结合地形坡度，林木密布，形成绿色屏障，具有实而密的空间特点；中心轴线北部以太平池为中心，南部以高台建筑内庭院为中心，均为开阔疏朗的空间，整体内外相衬，虚实相应，以环境空间的布置增强人的体验感受。

“园林是立体的山水画”，圭峰山下，这里的一花一草、一山一水都是中华文明传承与创新的见证，随着时间的延续，它们将扎根于此，蓬勃生长，与巍巍秦岭有机交融。

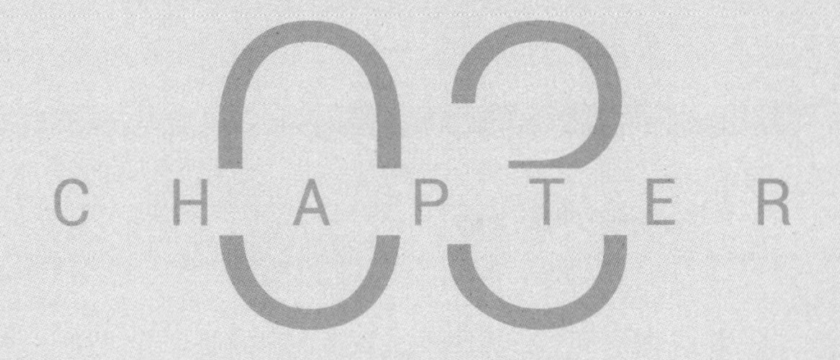

第3章

工程总承包管理

3.1 工程设计管理

1. 西安地区气象资料

1）温度

鄠邑区气温月变化规律：以7月为中心，中间高，两头低，呈马鞍形。年平均气温13.5℃。最热月为7月，平均气温26.8℃；最冷月为1月，平均气温-0.5℃。年平均最高气温19.1℃，年极端最高气温43℃（1966年6月21日）；年平均最低气温8.7℃，年极端最低气温-19℃（1977年1月3日）。

2）相对湿度

最冷月平均相对湿度67%；最热月平均相对湿度72%。

3）降水量

鄠邑区年际降水变化大，季节降水分配不均。9月份降水特别多，年平均降水量为627.6mm，最多为957.5mm（1964年），最少为391.8mm（1977年）。冬季降水最少，仅24.8mm，占全年降水量的4%，形成冬旱。秋季降水最多，为217.3mm，占全年34.6%。尤其是8～10月，这三个月的雨量最集中，占全年40.2%，其中9月份雨量最大，为110.5mm，且阴雨日数多。

4）风速及风向

鄠邑区历年各月风向以西风（W）为主，其次是东北风（NE）。月最大风速：春季以4月、5月最大（17m/s），夏季以6月最大（14m/s），秋季以9月最大（17m/s），冬季以1月最大（14m/s）。历年最大风速17m/s，出现在1959年5月20日和1968年9月18日。瞬间最大风速23m/s，出现在1982年8月12日。

5）日照

鄠邑区属暖温带半湿润大陆性季风气候区，四季冷暖干湿分明，无霜期年平均216天，光、热、水资源丰富，全年光照总时数为1983.4h。

2. 地形地貌

工程项目位于秦岭脚下，属山地地形，地势南高北低，拟建场地地势起伏较大，地面标高介于480.20～565.60m之间，最大相对高差约77m。拟建场地内存在两处明显陡坎，陡坎东西走向，将场地从北向南大致分为3块，呈台阶状。

（1）第一块，从场地北边界到冲洪积阶地南边界，地面高程介于480.20～504.30m之间，地形较为平缓，区间多为杂草、灌木。

（2）第二块，从冲洪积阶地南边界到乌东村三组北侧，地面高程介于509.40～517.70m之间，地形平缓，植被茂盛。

（3）第三块，从乌东村三组北侧到场地南边界，地面高程介于 522.30 ~ 565.60m 之间，地势起伏较大，植被茂盛。区间范围内的原乌东村三组村址，多为 1 ~ 2 层的民房，现除个别尚存，其他已被拆除。

拟建场地西南角遗留砖厂取土坑，取土坑南侧形成局部陡坎，陡坎高差约 20m，坡角约 40°。

拟建场地现有部分村庄建筑，有一道发育冲沟从场地南侧，距离东边界约 150m 距离处进入场地，东边的太平峪有一条西引渠，从乌东段横穿基地中部，穿行而过。原西引渠在基地内通过暗管连接。

3. 水文

鄠邑区主要地表水系有涝河、新河、太平河以及高冠河。勘察场区，附近最大的水系为太平河水系，太平河发源于秦岭的静峪脑，全长 32.00km，流域面积 200.09km^2，山区集水面积 179.01km^2，总落差 380.00m。出山后又汇纳神水峪、紫沟峪、十房峪、土地峪、牛心峪的流水，流至长安区境内的郭村向北投入沣河。

鄠邑区属富水区，中等年地下水储量为 1.9143 亿 m^3，不重复储量为 1.01 亿 m^3，占年总降水量的 10.8%。地下水分布除山区多为含水介质的火成岩外，浅层水的分布主要在平原，按埋藏条件可分为六个岩组：①渭河及支流漫滩（包括涝河、太平河），水位埋深 1.75 ~ 7.7m；②渭河一级阶地区，水位埋深 4.23 ~ 12.55m；③渭河二级阶地区，水位埋深 1.6 ~ 18.2m；④洪积平原，水位埋深 3.0 ~ 71.0m；⑤洪积扇群区，水位埋深 15.0 ~ 70.0m；⑥黄土丘陵区，水量贫乏。

4. 场地地层的构造与特征

1）断层

（1）初勘报告内容

西北综合勘察设计研究院提供了本项目岩土工程勘察报告（初勘），关于断层的内容如下：

拟建场地地表未发现断裂活动痕迹。根据《西安工程地质图》（1 ∶ 20 万，1991 年由“陕西省地质矿产勘查开发局”第一水文地质工程地质队测制）拟建场地南侧有秦岭山前断裂发育。

根据《物探技术报告》，推测场地南部及南侧分布有两条隐伏断层（F1 断层、F2 断层），近东西走向。隐伏断层 F1 位于场地内南部，距离南边用地界线 55m，在现状地面下 123.88m 深处，依据抗规，覆盖层大于 60m 的可不考虑其对建筑物的影响；隐伏断层 F2 位于拟建场地以南，距离拟建场地最近距离约为 60.0m。断裂带的具体情况，最终根据活动断裂专题研究的结果判定。

（2）专家论证会结论

考虑到本项目的重要性及初勘报告关于断层情况的描述，2020 年 4 月 16 日召开了秦岭山前断裂对“二二工程”项目影响专家论证会，会议结论如下：

1. 项目定址于环山路和秦岭北缘断裂所围限的狭长地带，地震基本烈度为 8 度，场地地质环境较为复杂，据岩土初勘初步成果和建筑设计方案，采取相应工程措施控制工程风险后可以进行建设。

2. 从项目工期因素及对建筑抗震设计相对有利的角度考虑，建议设计按“优化方案”开展下一步工作。

3. 基于工程重要性，加之紧邻活动断裂活动带，建议开展活动断裂专题研究，以便为建筑抗震设计提供支持。

4. 建议靠近山体一侧增加适量钻孔，进一步查明断裂分布及破碎情况。

（3）断层地震安评结果

由中国地震局第二监测中心提供的《二二工程－西安项目工程场地地震安全性评价报告》已经由业主召集的专家评审会评审通过，报告确定了秦岭山前主断层 F1 及次级断层的位置、走向及深度，并提供了相关地震设计参数，作为本工程设计的依据。报告内容显示，秦岭北缘主断层 F1 从场地南侧通过，场地内存在 F2 次级断层，断层破碎带宽约 110m，场地南侧主断层距离 1 号楼洞库南侧墙约 210m，F2 次级断层距洞库南侧墙 36m。

2）节理

拟建场地南侧山坡下伏基岩为花岗岩，露头中等风化～强风化，节理较为发育。地质测绘对出露基岩进行了节理统计，基岩主要发育有三组优势节理，第一组节理产状为 144°～156°∠65°～80°，第二组节理产状为 3°～12°∠49°～60°，第三组节理产状为 243°～275°∠43°～68°，其中第二组与第三组节理走向与山体边坡走向基本一致。节理间距 0.4～0.6m，岩体体积节理数 Jv 为 4～9 条 /m^3。节理面一般平直，延伸长，闭合良好。

5. 能源供应及公用设施条件

1）道路

用地北侧环山路是城市主干道（双向四车道），红线宽 60m，通行状况良好；文济路为规划道路，红线宽度 40m，正对项目中轴线，与环山路交接。

2）给水管线

项目给水水源由项目西侧约 2km 的草堂水厂供给，草堂水厂负责在项目北侧

（环山路以南）的现有给水管道上开口，并设置检查井和水表井。水表井至项目给水末端的工程包含在本项目中。

3）雨水、污水管线

雨水、污水管道由高新区草堂科技产业基地负责接至项目红线处。

4）电力管线

项目正式用电为双回路电源，分别从草堂 1 号楼变电站、草堂 2 号楼变电站接入。草堂 1 号楼变电站在现有的设备基础上扩容，草堂 2 号楼变电站为新建。以变电站环网柜或高压柜以下 20cm 线缆为界，本项目包含 20cm 线缆以下至项目末端的电力工程。

5）热力管线

项目热源由距本项目约 5km 的西安市热力集团草堂供热公司提供，由环山路引入。

6）天然气管线

项目天然气由北侧草堂科技产业基地内现有西安草堂天然气有限公司提供，距离项目 2km。天然气公司负责管道接至用户末端，即天然气使用设备接口。

7）通信管线

通信管沟由市电信公司建设通信管沟至项目红线处。

3.2 协同管理

3.2.1 管理策划

1. 指导思想

以高度的使命感、荣誉感和责任感，通过科学组织、团结协作、严谨高效、求实创新，通过高标准管理策划和超强的执行力，把西安国家版本馆建设成为代表新时代、新水平的标志性工程，成为国家重点项目的风向标。

本项目作为集团公司的重点信誉工程，成立专项领导小组指导项目建设，定时召开专项会议解决项目问题。项目管理整体定位如图 3.2-1 所示。

2. 管理目标

在施工组织规划中明确了对整个工程建设在进度、质量、科技创新、安全文明施工、成本管理等方面的管理目标。

图 3.2-1　项目管理整体定位

（1）进度目标：提前完成各项进度节点目标。

（2）质量管理目标：获得陕西建工控股集团“华山杯”、西安市建设工程“雁塔杯”、陕西省建设工程“长安杯”、中国建设工程“鲁班奖”。

（3）绿色施工管理目标：西安市建筑业绿色施工示范工程、陕西省建筑业绿色施工示范工程。

（4）文明工地目标：陕西省文明工地。

（5）科技创新目标：获得陕西省科技进步奖、陕西省创新技术应用示范工程。

（6）成本管理目标：探索新型经营管控模式，实现良好的经济效益。

（7）安全目标：杜绝生产安全死亡、重伤事故；轻伤事故频率在4‰以下；安全标准化考评合格率100%；安全达标合格率100%；安全检查整改督办办法项目执行率达到100%；重大危险源检查合格率100%（开工以来，未发生质量安全事故，安全文明施工措施费一次支付且专款专用）。

3. 管理规划

建设单位创新实行“EPC”总承包管理，即E+P+C模式（设计采购施工）/交钥匙总承包设计采购施工总承包［EPC，即Engineering（设计）、Procurement（采购）、Construction（施工）的组合］是指工程总承包企业按照合同约定，承担工程项目的设计、采购、施工、试运行服务等工作，并对承包工程的质量、安全、工期、造价全面负责，是我国目前推行总承包模式最主要的一种。交钥匙总承包是EPC总承包业务和责任的延伸，最终是向业主提交一个满足使用功能、具备使用条件的工程项目。

根据本工程实际情况，在施工组织设计中对项目“管理体系”“施工模式”“管理要求”等方面做了创新性的设计。

1）管理体系

为实现该项目“五、四、三”整体管理目标，工程伊始，就从项目管理组织架构上按照高起点、高标准的要求，在全集团公司抽调精英管理人员，组建优质高效的项目管理团队。

针对项目实施重点难点内容进行深层次分析，提前策划，制定可靠有力的保障措施，坚持“精品工程、永临结合、科学合理、智慧建造”的建设原则，集中调集集团优势资源，严格按照建设要求的时间节点保质保量完成建设任务。管理体系如图3.2–2所示。

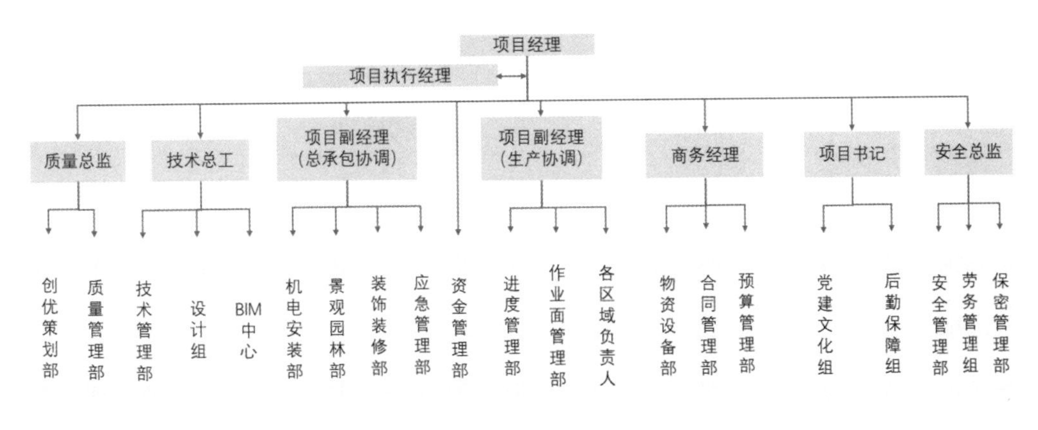

图3.2–2 项目管理体系

2）施工管理模式

建设单位采取大总承包的模式。总承包合同范围包括：基坑工程，主体混凝土结构工程，钢结构工程，通风、给水排水、电气设备、管线工程，电梯步道，消防工程，智能化工程，幕墙和金属屋面工程，精装修工程，设备机房工程。

根据总承包合同范围、工程特点和以往的工程经验，施工组织中对各阶段施工模式做了安排：主体混凝土结构施工和机电安装施工在施工组织中创新总承包管理模式，实行“总承包统筹、区域管理”。此管理重在统筹和授权、责权利共享。新模式中的主要材料、设备、劳务队伍、塔式起重机、周转材料等由总承包单位组织统一招标、签订合同。总承包单位下属单位签订区域管理协议，按照项目约定的质量和数量派出管理人员，加入项目管理体系，负责组织管理完成所分配区域的各项任务目标，并负责成本控制。

施工组织对钢结构、通用机电安装工程、金属屋面、幕墙、高架桥、预应力、精装修、消防和智能化等专业分包的施工条件、标段划分、分包范围、界面划分、管理要求、合同条件等，根据工程总体施工部署进行科学策划，其中钢结构、高架桥、通用机电安装工程、预应力、消防、智能化、金属屋面、围护幕墙、精装修应由总包单位牵头，联合建设单位招标，总分包双方签订合同，总承包单位对专业分包实施总承包管理。除系统性极其明显以外，应至少有两家分包单位，形成合理竞争。这种模式对工程的总体控制效果非常明显。

3）管理要求

施工组织中明确了本工程在区域管理时，实行合同管理，并辅以行政指挥。总承包单位以统筹、协调、管理、控制、保障为主。各区域管理自成体系，参与总体决策、资源组织、成本控制、支付结算。明确管理目标、管理责任、加强过程监管、制定奖罚办法、实施阶段考核和结果考核。坚持责任、权力、利益对等的管理原则。

对项目主要管理人员进行严格审查和面试，不能满足要求的人员一律不得参与本工程管理。所有单位在进场之前必须签订合同，所有管理人员要做到讲政治、守规矩、听指挥。

技术、质量、安全、商务、生产、行政后勤等管理部门要分析各自风险控制点，划分风险控制等级，制定不同的风险控制措施。

3.2.2　总体管理

工程组织管理是一项综合性、系统性、专业性、时间性强的任务，需要应用到管理学、相关产业链、人力资源、数字网络建造、财务和成本控制等相关领域的理论知识，采取科学系统的分析手段，在时间、空间上对工程所有工序进行合理的组织安排控制，实现各项指标。尤其对于国家版本馆这样体量大、系统多、设计复杂、技术先进、功能强大的公共建筑，工程的组织部署更是十分重要的，事关工程的成败。

总平面管理：

1）管理原则及重点

该工程占地面积大，参与施工的单位、工程材料设备多。科学合理的施工现场总平面布置是保障整个工程有序推进的前提，严格、高水平的施工现场总平面管理是特大型工程管理水平的综合体现。

该工程总平面管理由项目经理亲自部署，由项目总工亲自主持总平面的规划设计工作。

总平面管理需要在了解与掌握不同阶段的场地环境、交通组织、场地布置、施工组织、施工方案、物流存储、场地排水、消防保卫、临时用电保障、临时办公等相关信息的基础上，结合工程设计特点进行考虑，规划出科学的总平面布置图，减少工程投入、优化界面交叉、合理确定场地使用，提高施工效率，减少材料设备的二次倒运。

2）整体施工部署

根据以上原则及本工程建设的各阶段特点，在充分考虑各类因素后，对施工现场做出合理的平面布置，具体如下：

（1）项目周边主要道路如图 3.2-3 所示。

图 3.2-3 项目周边道路

（2）计划完成 7 个加工、安装定型化场地，1 个参观平台及步道；场地规划道路永临结合，施工道路 670m，临时生产施工道路 630m，塔式起重机 7 台。塔式起重机部署平面如图 3.2-4 所示。场地道路规划如图 3.2-5 所示。

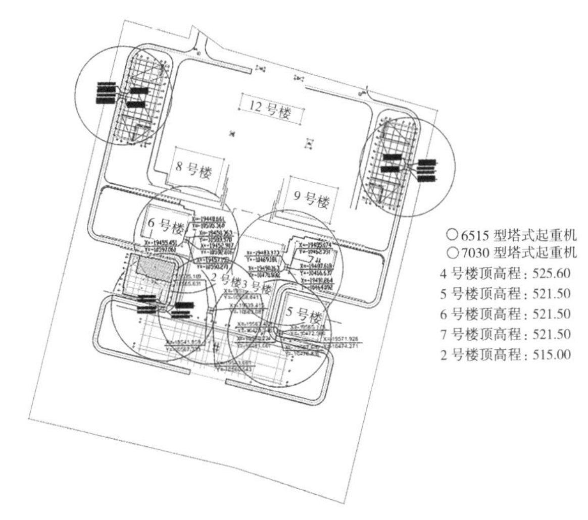

图 3.2-4 塔式起重机部署平面图

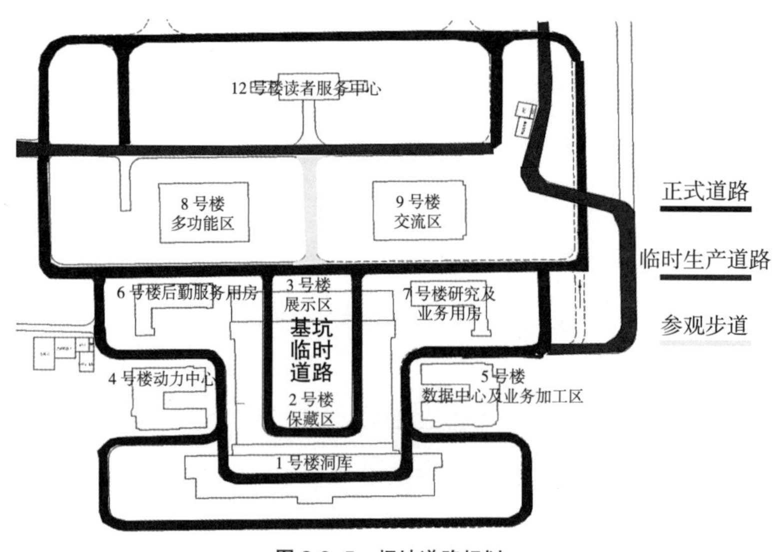

图 3.2–5　场地道路规划

（3）项目分区及施工顺序。结合类似工程施工经验，根据图纸设计内容及现场实际情况，综合考虑施工段面积、施工资源均衡投入、垂直运输机械的使用和对总工期的影响等因素。

土建工程遵守“先地下、后地上，先主体、后装修，先土建、后设备”和装修施工“由外至内”以及“外装修由上向下、内装修由下向上、收尾由上向下”的原则，采用平行流水、立体交叉作业以及合理的施工流向。

安装工程按照系统分布综合组织室内、室外同时开工建设的原则，室内管线采用 BIM 技术进行综合排布，室外施工穿插进行，以保证不影响现场整体道路通行为原则，局部抢工。

①清表及土方开挖分区。清表及土方施工阶段划分为三个区域，组织局部平行施工，在台地修建临时道路，分区清理出场。清表及土方开挖分区如图 3.2–6 所示。

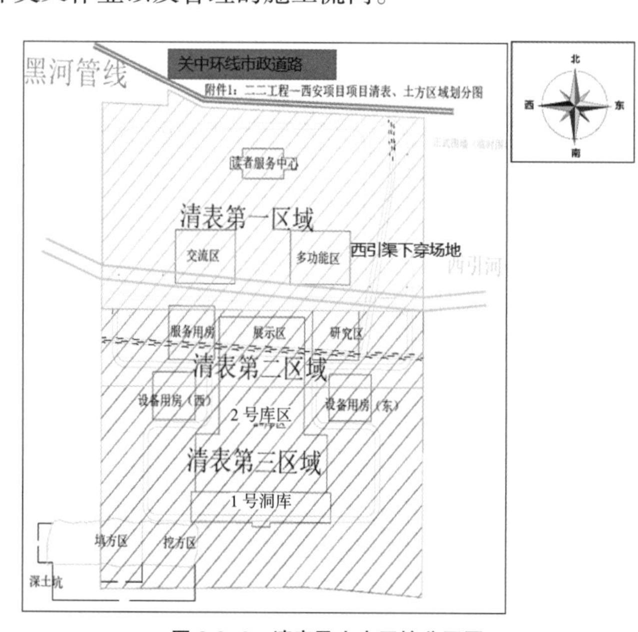

图 3.2–6　清表及土方开挖分区图

②基础与主体阶段总平面布置。现场道路结合设计最终道路位置，采取永临结合的形式，以临时施工道路作为后期正式道路的地基。根据实际施工情况，布设 7 台塔式起重机，布置加工区域 6 个，包括钢筋、木工、安装加工棚等，泵车浇筑点 18 个，设置现场库房若干，满足现场施工要求。主体与基础阶段总平面布置如图 3.2–7 所示。

③二次结构及装饰装修阶段总平面布置。此阶段结合主体施工阶段道路布设原则，最大程度上保留原加工区域作为材料堆放场地，方便施工，机动灵活，随时调整。同时，为室外铺装和绿化亮化工作预留工作面，使室内外装修协调同步进行。二次结构及装饰装修阶段总平面布置如图 3.2–8 所示。

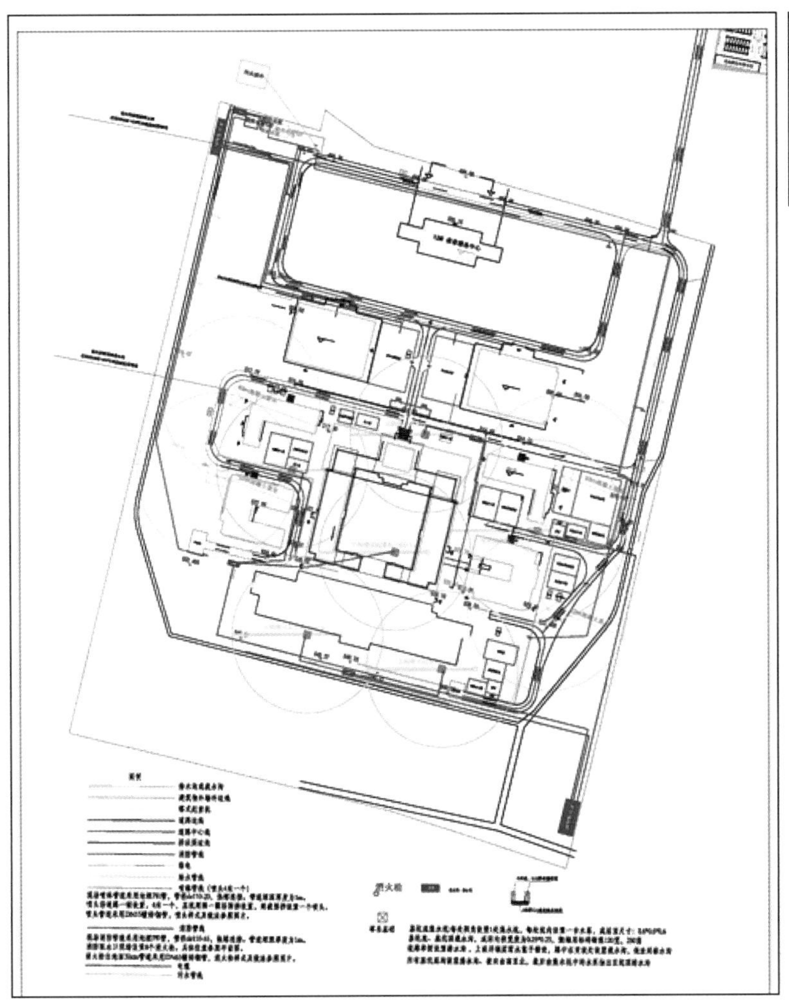

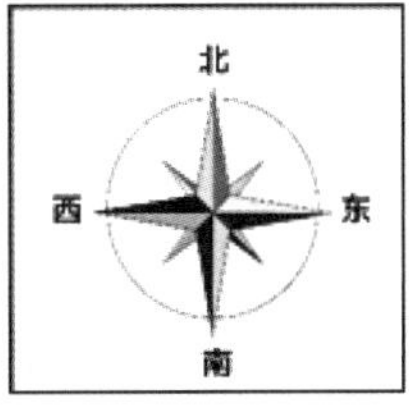

图 3.2–7　主体与基础阶段总平面布置图

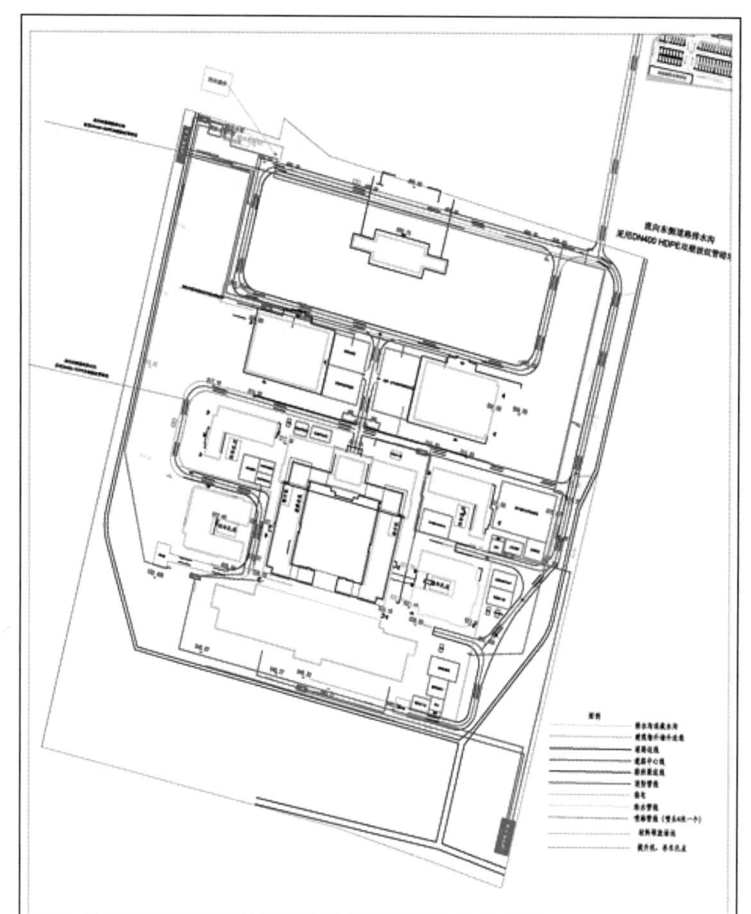

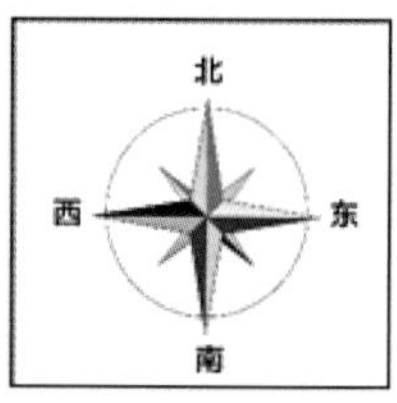

图 3.2-8　二次结构及装饰装修阶段总平面布置图

（4）临建概况。因项目建设工期紧张，考虑全面开工，故将临建设置在红线以外，避免对后期室外抢工造成影响。

规划临建占地 40.39 亩（约为 2.69hm^2），分为办公区、管理人员生活区、劳务生活区及配套停车场；停车位 132 个，高峰期间可容纳 1000 人办公和生活使用。

办公生活区位于秦岭保护区范围内，整体采用园林式设计，与秦岭自然景观融为一体，体现了人与自然和谐相处的画面。项目部道路硬化采用建筑垃圾再生砖铺设；排水设置海绵城市和雨水收集池，用于场地绿化浇水；场地照明设施采用太阳能路灯和太阳能景观灯；生活区总体热水供应采用空气能热水器；场地绿化率 80%，所用树木均使用现场林木进行移植，达到“四季常青，三季有花”的设计理念。临建场平布置 BIM 图如图 3.2-9 所示。

图 3.2-9　临建场平布置 BIM 图

3.3　技术质量管理

3.3.1　技术管理

1. 概述

技术管理是从技术保证的角度实现对工期、质量、成本的有效控制。技术管理贯穿于项目施工的全周期，包括施工准备阶段、施工阶段、竣工阶段。

（1）在施工准备阶段，针对项目特点、难点，通过对图纸、材料、地理位置等各类工程的相关资料进行调查、研究、分析，编制科学、经济、适用的施工组织设计。施工前，由技术部门对图纸进行审查，发现图纸中的问题，提出优化节点建议，并通过全面的图纸会审解决图纸问题、优化节点，形成经过建设单位、设计单位、监理单位、施工单位签字确认的图纸会审记录，并作为施工依据。

（2）在施工阶段，通过编制各类专项施工方案，进行各专业图纸深化设计，并利用科技创新的手段有效地解决工程重点、难点，科学地指导现场施工。对现场施工过程全程检查、验收，同步形成技术管理资料，对现场问题进行分析，提出解决方案，在安全状态下保障施工质量及施工进度。

（3）在竣工阶段，对各类技术管理资料进行整理、归档，按照竣工验收程序向各个相关单位、部门提供相应的竣工验收资料。

2. 施工组织方案管理

1）施工组织设计管理

（1）施工组织设计的编制

施工组织设计由项目经理主持、项目总工组织，项目部技术部牵头，工程、质量、安全、商务、物资等各个相关部门分工编制。

（2）施工组织设计的审批

自施项目施工组织设计编制完成后，由项目技术、工程、机电、质量、安全、商务、物资、项目总工、项目副经理、项目经理签字，形成项目部的施工组织设计编制会签表，报项目总承包部审批。陕西建工第三建设集团有限公司技术质量部组织会签，施工组织设计的会签、报批通过项目管理系统完成。对技术难度大、风险较高的工程施工组织总设计，要报陕西建工第三建设集团总工程师，并召开专家论证会，审核确定。

（3）施工组织设计的修改与补充

在施工过程中，当工程条件、总体施工部署或主要施工方法发生变化时，项目经理或项目总工应组织相关单位和人员进行研究，如需调整施工方法、施工顺序、保证措施等，应及时对原施工组织设计或施工方案进行修改和补充，并履行报批手续。

（4）施工组织设计的中间检查

项目实施过程中应进行中间检查，中间检查可按照工程施工阶段进行。通常将建筑工程划分为地基基础、主体结构、装饰装修、机电安装等阶段。中间检查的次数和检查时间，可根据工程规模大小、技术复杂程度和施工组织设计的实施情况等因素自行确定。并应当做好现场检查、整改的过程记录。根据中间检查提出的整改意见，如需对原施工组织设计进行修改与补充，可按流程加以执行。

2）施工方案的分类

施工方案按类别可以划分为：一般分部分项施工方案、专项施工方案、危险性较大分部分项施工方案。超过一定规模的危险性较大分部分项施工方案，要组织专家进行论证。

（1）一般分部分项施工方案管理

项目部技术人员根据设计文件、标准规范、施工组织设计要求编制一般、专项施工方案，组织相关部门会签，项目总工程师审批后报监理审批。临时用电组织设计要报陕西建工第三建设集团技术质量部组织会签，由陕西建工第三建设集团总工程师审批。季节施工方案要在冬季、雨期来临之前完成编制，经项目部内部会签后报监理审批，并报陕西建工集团股份有限公司备案。

（2）专业分包方案管理

实行专业工程分包的，其专项方案由专业承包单位组织编制，由分包单位总工程审批并加盖分包单位公章，报总承包单位项目经理部审核。一般施工方案需经项目总工审核后报监理批准。危险性较大的分部分项工程施工方案，经项目总工审核后，报陕西建工集团股份有限公司履行会签程序。超过一定规模的危险性较大的分部分项工程施工方案由项目部组织专家进行论证。

（3）危险性较大分部分项施工方案管理

在危险性较大工程施工前，项目部技术人员根据设计文件、标准规范、施工组织设计要求编制专项施工方案。经项目部内部会签，项目部安全、生产、商务负责人，项目总工程师、项目经理审核后，报陕西建工第三建设集团技术质量部组织会签，由陕西建工第三建设集团总工程师审批。超过一定规模的危险性较大的分部分项工程施工方案由项目部组织专家进行论证。

3. 科技创新管理

1）管理目标的设计

工程施工难点众多，科技含量高。在项目之初，就进行了科技创新的管理规划，设立管理目标。科技管理的总体目标为陕西省绿色施工工程、陕西省新技术应用示范工程、陕西省科技进步奖，争创国家科学技术进步奖。

围绕工程建设的需求，结合工程的特点、难点，进行工程科技创新及管理的策划，建立项目的科技管理体系，搭建项目科技管理团队，制订项目科技工作计划，分步骤、分阶段地推进项目科技工作，打造成国内工程施工领域科技的新标杆。主要工作内容包括：

（1）工程关键技术攻关。协助项目主管领导，协调陕西建工集团股份有限公司内外相关资源开展科技攻关，保证工程建设顺利、优质地推进。

（2）信息化、智慧工地建设。实现项目人、材、机等的数字化管理、施工技术的智能集成是建筑施工企业转型、升级的重要抓手。通过有序地推进项目智慧工地的基础设施、项目协同工作平台、项目信息化管理平台等建设，支撑工程实现精细化管理。

（3）BIM 相关工作的组织实施。首先按照“以我为主，以外为辅”的思路，整合陕西建工第三建设集团内外相关资源搭建工程 BIM 团队；依照项目应用需求，调研相关工程的应用情况，制定本工程 BIM 应用的实施方案（包括：基本应用、行业领先应用、创新性应用）；联合项目各部门按部就班、有序地推进项目的 BIM 应用，为工程精益建造提供手段、工具。为项目创优、创奖提供素材支撑。

（4）科技课题立项及组织实施。整合陕西建工第三建设集团内外资源，搭建科技创新团队，结合工程建造难点及可能的创新点，联合相关单位组织申报各类科研课题，牵头组织相关科研课题的实施。

（5）工程科技创优、创奖。按照工程科技管理目标的要求，对工程科技创优、创奖任务进行分解，分步组织实施。

（6）科技成果总结。结合工程建设，在专利、工法、工程标准、专业论文、科技报奖等方面与项目各部门协同开展工作，为工程最终的创优、创奖奠定基础。

（7）工程的科技成果宣传、展示。通过工程观摩、行业会议交流、学术会议交流、制作宣传材料等多种方式进行工程科技成果转换、提升工程项目的社会知名度。

2）管理体系的构建与管理

依托陕西建工集团股份有限公司、陕西建工第三建设集团有限公司两级科技创新与管理体系，建立项目主管领导牵头的科技管理体系。建立项目信息化管理、BIM、科技管理等相关的规章、制度、流程、机制等。搭建项目科技管理团队，团队人员要求具备较强的技术、科技管理经验，建议人员编制不少于 5 人，可考虑专职和其他部门人员兼职的形式。搭建覆盖总承包单位、分包单位的 BIM 团队，各分包单位搭建自己的 BIM 实施团队，团队人员应具有相关专业的施工经验和 BIM 实施经验，人员编制以满足开展相关工作为准。联合建设单位、设计单位、国内相关科研院所，搭建产、学、研、用相结合的科技攻关与创新团队。聘请施工技术、绿色施工、BIM、信息化等国内知名专家担任顾问，对工程关键的科技环节把关、指导。

建立以项目经理为首、项目管理团队全员参与，产学研相结合的科技创新体系。项目组建科技开发领导小组，项目经理担任科技开发领导小组组长，项目技术系统领导担任副组长，在科技开发领导小组办公室内设置科技中心。

3）制订科技开发工作计划

依据项目整体科技开发目标规划，结合施工生产任务的需要，编制年度科技实施计划。列入年度科技开发的项目（简称科研项目）包括：新技术（包括新产品、新工艺），科技项目研究开发、施工技术革新、技术改造项目，在技术引进基础上的自主创新项目等。年度计划的内容包括：项目名称，主要研究内容，分阶段进度与技术指标，项目起止时间，完成项目所需计划资金，项目负责人，保证条件（试验、设备等）以及成果形式等。积极申报陕西建工集团股份有限公司、陕西建工第三建设集团有限公司的各项科技开发项目，积极参与其他单位的相关科研课题。项目科技中心作为科技开发的归口管理部门，负责项目科技计划的制订，科技开发项目的申报、立项、过程管理和验收、总结。

4）科技开发经费管理

科技开发经费的使用必须遵守现行国家有关法律、法规和相关财务制度，坚持科学立项、择优支持、公正透明的原则。经费的申请和使用，应当勤俭节约、专款专用，充分利用现有科技资源，使有限的经费发挥最大的效益。经费使用应严格遵守陕西建工集团股份有限公司财务制度中关于科技经费管理的相关规定，执行相关管理流程。经费支出范围包括：人员费用、实验外协费、合作费、设备购置费、材料费、资料印刷费、调研费、租赁费和其他相关费用等。

5）科研档案管理

科研档案是指课题组在开展科学研究和实践活动中直接形成的具有保存价值的文字、图表及声像等各种载体的材料。科研档案必须实行集中、统一管理，确保档案的完整、准确、系统、安全，便于开发利用。凡列入上级主管部门和北京城建集团立项的研究课题（项目），所形成的科研档案均应归入北京城建集团档案室。科研档案是科研管理工作的重要组成部分，是科研活动的重要环节，要与科研计划管理、课题管理、成果管理等工作紧密结合，实行科研工作与建档工作"四同步"管理，即下达任务与提出归档要求同步，检查计划进度与检查科研文件材料形成情况同步，验收、鉴定成果与验收、鉴定科研档案材料同步，上报登记、评审科技成果与档案部门出具科研课题归档情况的证明材料同步。

科研档案是审核评议科研成果的一项重要依据。从课题获准立项起，课题负责人应指定专人负责科研技术档案工作，按规定认真积累、收集、整理本课题形成的技术档案材料，如实反映研究的全过程。

3.3.2　质量管理

1. 概述

（1）把工程建设成为"精品工程、样板工程、平安工程、廉洁工程"。

（2）深入贯彻、严格落实，从各级项目负责人做起，牢固树立样板意识，统一质量认识，坚持"零缺陷"、精益求精、一丝不苟、源头抓起、过程严控、严格验收。

（3）集成最先进的技术方案措施，采用先进的数字质量控制手段，选用先进的施工装备，精心、精细、精准管理。

2. 质量管理策划

质量目标：

1）总体质量目标

确保工程获得陕西省优质结构工程奖、西安市优质工程“雁塔杯”奖、陕西省优质工程“长安杯”奖、中国建设工程“鲁班奖”。

2）过程质量控制目标

（1）以对进场原材料、成品、半成品 100% 检查、验收。

（2）原材料要按规定时间进行全部的检验与试验。

（3）分部、分项、检验批质量检验、评定、报验一次通过率为 100%。

（4）分部、分项、检验批施工质量精品率为 80% 以上。

（5）完成各项施工记录、工程技术资料等按部位、施工进度及时、准确、完整地进行收集。

（6）计量、检测、试验等设备、器具的送检，鉴定率和合格率均为 100%。

3. 质量管理体系及管理制度

1）总承包质量管理体系

（1）本工程为国家重点工程，对陕西省及周边地区发展有重要意义，陕西建工集团股份有限公司高度重视，选派了具有丰富施工经验的管理人员组建总承包项目经理部。项目经理由具有同类工程施工经验的高级工程师担任，项目总工由具有同类工程施工经验、技术水平较高的高级工程师担任。

（2）建立了以项目经理为第一责任人的质量管理体系，并要求钢结构、屋面、幕墙、精装修、机电等专业分包单位选派出业绩突出、责任心强的业务骨干参与质量管理工作，使得质量管理体系能够正常、有效地运行。

（3）总承包质量部在各分部工程统筹分工管理的基础上，设置专门的质量分管人员对各分包单位的质量进行日常管理，按照现场各项质量管理制度，运用取样复试、旁站、实测实量、专题分析会、奖罚等一系列手段，主要对过程监督检查、组织验收、质量资料填写等质量行为进行管控。

2）对分包单位质量管理体系的要求

（1）要求各分包单位也建立完备的质量管理体系，分包单位的项目经理、技术负责人必须有类似大型工程的施工经历，所有质量管理人员必须有 2 个以上的工程经历，有质量管理经验和创优经验，责任心强，业务能力强，每家分包单位必须配备不少于 2 名专职质量管理人员。同时，各分包单位的总部应设置针对本工程的质量管理督导小组，至少由总部内一名负责技术质量的领导担任组长，定期对现场施工质量进行检查督导，从总部层面做好本工程质量控制。

（2）总承包质量部对进场的分包单位质量管理体系及人员资格进行审核。

4. 质量成品保护

（1）各分包单位结合各自标段现场情况，分析各阶段的成品保护重点，组建成品保护机构并编制切实可行的《成品保护措施方案》，报送总承包技术部和监理审批。成品保护机构及专职成品保护巡视员要加强监督成品保护措施的落实。

（2）各分包单位科学合理地安排工序，上、下工序之间做好交接工作和记录。采取“护、包、盖、封”的保护措施，对成品和半成品进行防护和专人巡视检查。

（3）成品保护奖罚措施：

①对破坏成品的人员要记录在册，注明破坏事件的发生日期、发生破损的部位、造成的损失，并对破坏成品的人进行说服教育。初次违反者，照价赔偿；对于二次违反者，处以双倍罚款；第三次违反者，将其开除。

②定期召开成品保护分析会，表扬好的班组或个人，并给予个人 1000 ~ 2000 元的奖励，对成品保护表现差的班组或个人要公开批评，并对个人处以 1000 ~ 2000 元罚款。造成较大损失的还要对所属施工队进行罚款。

③成品保护不仅是省工省料的问题，也是体现文明施工，确保工程质量、进度的一个很重要的方面，自始至终要高度重视。对违反保护措施、故意破坏的现象要及时纠正。

3.4　成本及采购管理

1. 概述

由于二二工程－西安项目属于大型重点工程，在组建项目部的初期，按照陕西建工集团要求，会同集团多个二级单位共同制定了以“五个创效”为理念，抓好“事前、事中、事后”三个过程，抓住“一条主线”，在收入和支出两个环节上做好管理的工作思路。

2. 成本管理措施

1）做好“两算”对比

开工前编好施工材料预算，做好施工预算和中标价的“两算”对比，各级人员都应对材料计划支出情况有全面的了解，并采取有效的措施，严格控制支出。推行项目管理首先就是要“先算后干”“干中核算”，预先控制、月月规范的结算，才能使成本管理的风险化解于过程之中。这才是项目成本目标实现的保证。这就要求项目部各岗位责任到位，成本原始资料积累收集规范，各种台账记录准确及时，从而使项目当期结算有对比的依据。

2）提出订货计划

专业技术人员必须反复认真地对工程设计文件进行熟悉和分析，根据工程定测的实际数量尽快提出材料申请计划和加工订货计划，使其有足够的进货和加工周期，节约加工费用。

订货原则：

（1）材料的质量性能必须达到或超过工程设计文件的要求。

（2）材料的价格必须合理，以低于本项目所需材料的概预算价格为主攻方向。

（3）减少中间环节，一切与厂家直接见面并以国营大中型厂家为主。

3）材料的信息化管理

为做好本项目的工程成本管理工作，本项目在组织机构中将通过集团公司广讯通软件建立材料市场信息库，进行信息化管理。所有有关材料的名称、数量、税率以及供应商的资料都有备案，包括所供应的材料型号、价格等，使项目材料成本在管理过程中能动态把控，及时作出调整。

3. 采购管理措施

对工程项目成本的有效把控是施工企业提高经济效益的主要步骤。因此，本项目十分重视工程项目施工过程中的成本控制及做好竣工验收后的结算工作。在注重工程质量、工期的同时，项目部对工程成本进行严格把控。由于本工程规模大、造价高、专业工程多，技术上和管理上哪怕一个很小的失误都有可能造成巨大的损失，故而在实际施工中，项目部采取了一系列措施、制度以控制成本。

1）明确工程项目管理组织对项目成本的职能分工

由合同预算部、财务部、生产部、质量部、材料部、劳资员等组成成本控制的执行机构：合同预算部负责审核各部分工程项目的预算和工程进度报表、工程计量；财务部负责编制本项目资金使用计划、各工程款项的支付；生产部负责提出优化设计方案初步意见及优化施工组织设计意见；质量部负责提供工程质量检验结果；材料部负责设备材料采购计划、设备材料询价、设备材料招标投标工作等。

2）选用技术措施控制成本，多种方案进行成本经济比较

施工阶段的工作是根据设计图纸投入原材料、人力、机械设备及半成品、周转材料等变成工程实体的过程，事先应在投标文件中的施工组织设计基础上，做好优化细化工作，编制出工艺上合理、技术上先进、组织上有效的施工方案，并均衡地安排各个分项工程的进度。按照平面流水、立体交叉的作业原则，合理地确定工程施工网络设计，保证工作面不闲置，工序作业不间断，各班组协调有序地作业。安排中既要考虑机械设备和周转材料的合理调度使用，又要考虑原材料的需用量和库存量，杜绝积压、闲置、浪费。施工方案的优选原则是“科学、经济、合理”。

3）新技术的运用、提高效率的施工方法和工艺

制定技术方案时，在保障工期、质量的前提下，充分考虑经济合理性，尽量采用新材料、新工艺、新技术，以增加方案的科技含量，提高效益。例如，无缝施工技术的采用可以使工期提前，同时也带来了巨大的经济效益；又比如采用新型减水剂，大幅降低了用水量；用钢筋气压焊代替闪光对焊、电渣压力焊等，使每个接头的平均成本下降。在采用“三新”的同时，项目部积极改进传统施工方法，也取得了较好的效果，例如，经过细致的理论计算，必要时辅以现场试验，改变了传统保守的支模方法，以节约模板、扣件、钢管和方木。

在机械设备的选型配置、部署、进退场时间等方面，项目部也进行了周密的考虑，充分利用各类型设备的特性、有效工作时间、作业范围等进行合理安排，以取得较好的经济效益。

4. 变更洽商签证管理

1）及时确认有效的资料

工程结算的主要依据除了设计单位签发的施工图纸就是变更、洽商和图纸会审，成本管理工作应该关注的重点是设计依据能否满足计量和组价的要求，即设计依据中描述的调整或新增工作内容、工作范围一定要准确，附图中的重要标注、轴线位置、尺寸要详细，不能仅是示意图，还应能达到满足计量的要求。新增材料、设备的规格型号、材质、品牌要求（如有）要明确，能够满足组价需求。

现场签证中要明确形成签证的设计依据或指令性文件的编号、名称，调整或新增工作的内容，已完成、已发生费用的工作内容和需要拆改的工作内容。尤其

要特别注意的是：由于拆和改所产生的措施费（包括安全文明施工费）的二次或多次投入的内容。再附上同角度拆改前、过程中、拆改后的照片。可计量的附图要标注尺寸，可计量的附图要签认工程量。

2）建立台账管理

建立变更洽商和签证的关联台账。通过台账反映出变更与签证的逻辑关系，通过台账检查变更、洽商等设计依据是否产生已完成型的工作内容，是否产生签证，避免结算时才发现缺资料、少依据。

5. 重要分项工程成本管理措施

项目成本管理是一个动态的全过程管理，尤其对重要分部工程以及亏损项，事前要深入研究、详细测算成本，预测可能发生的问题、风险，提出预防措施和解决方案。在工程施工过程中及时发现问题，解决问题，采取措施，预防纠偏。做好阶段性总结、分析，及时纠偏。最后，总结项目在管理过程中出了哪些问题，有哪些改进措施，项目经济管理工作应做到心中有数。项目策划主要包括前期的成本策划，进场后的商务策划，合同交底，施工过程中的方案调整、优化，以及随着收入支出的改变，及时进行动态成本调整和经济活动分析。重要分项工程成本管理控制措施主要内容如表 3.4–1 所示。

重要分项工程成本管理控制措施　　表 3.4–1

控制阶段	控制措施
事前控制	在投标阶段，依据招标工程量清单、招标图纸，结合市场询价情况进行成本测算
	在施工准备阶段，进行经营策划、方案优化及合同交底工作，为后续施工过程中的经营工作做充分准备
事中控制	进场后，及时进行施工图预算，与原清单进行对比，动态调整投标阶段的成本测算，分析盈亏点
	推行五大创新，降本增效
	做好索赔、变更、洽商和现场签证工作
	成立专项小组，全过程控制采购、施工、结算等工作
	把控合同签订条款，降低成本风险，严格执行合同约定，控制分包合同外的用工，坚决执行奖罚制度
	收集、整理过程资料，为结算工作做准备
	做好财务抵税工作，降低税款成本。与其他总承包单位加强沟通及协作
事后控制	在施工过程中，出现偏差之后，进行核算对比、分析总结，找出缺陷原因，采取控制措施、及时纠偏、改正问题

（1）材料设备、专业分包、劳务分包以及机械租赁均要统一比选、招标、签订合同，便于供方管理。

（2）在招标、比选及签订合同的过程中，各部门共同参与。

（3）利用资金杠杆，提前支付工程款，有利于在合同签订阶段的让利优惠，降低成本。

（4）分析亏损项目，策划二次创效，通过主动变更和方案优化实现科技创效，通过以制度为前提，包括计划、流程、审核来实现管理创效，通过提前熟悉清单，运用报量技巧，有策略地上报形象进度，尽可能地提前回收资金。同时，通过关键的时间节点，控制分包分供资金支付，实现资金创效，实现资金价值的最大化。

（5）对于提前策划仍无法避免的索赔事件，尽量将索赔转化为变更或往来信函等形式进行处理，保证过程中收集的资料和依据的有效性，根据最终的索赔依据确定结算索赔事项。结合成本策划和过程中的动态控制管理，及时梳理亏损的分项工程，将其提前列为竣工结算的侧重点和突破口。

6. 分阶段结算

为了减轻竣工结算的压力、缩短结算周期、尽早回收工程款，项目部主动推动并实现了分阶段结算工作，在特大型工程中尚属首次，效果明显。双方签订了分阶段结算备忘录。分阶段结算工作的启动避免了一般工程结算期严重延期情况的发生，及时回收工程款，减轻资金支付压力。

7. 精细化管理

1）建立成本责任制

明确项目部各部门的成本控制责任及内容，并按照各自的职责分工开展施工生产工作。在日常工作中，将主动控制成本费用作为各相关部门的重要责任，实现成本预控管理的规范化、程序化、制度化，提高企业的经济效益和企业的核心竞争力。

2）制订成本实施计划

通过精心管理，严格控制成本，在已进行了项目成本核算的前提下，制订项目成本控制计划，对项目成本目标根据施工工序进行分解，确定控制方法和控制措施。项目部各部门对施工项目成本的发生或形成过程进行控制，以合同清单和施工图纸的增减为依据，严格控制分包、采购等施工所必需的经济合同的数量、单价和金额，切实做到“以收定支”。合理配置施工资源、控制物资和劳动消耗、挖潜提效、克服浪费、节支降本，制定计划目标成本，将落实项目施工过程中所发生的实际成本与计划成本的一致性作为目标，在保持统计口径一致的前提下，进行对比，找出差异，及时调整，确保计划控制目标的落实，使成本控制从局部到整体都处于受控状态。

3）成本考核与奖惩

在工程项目实施中，按施工项目成本目标责任制的有关规定，将成本的实际指标与计划指标进行对比和考核。评定施工项目成本计划的完成情况和各责任者的业绩，并据此给予相应的奖励和处罚。

4）规范分包计量付款

分包工程管理是整个项目成本控制的重要组成部分。明确的施工范围划分，严谨的成本预控方案，优秀的分包队伍选用，按时、适量的工程进度款计量支付，完整的过程变更资料积累和过程影像资料累计，公正的结算审核，上述每一步的落实，均对分包工程的施工进度、成本控制、完工结算都有着至关重要的影响。

04

CHAPTER

第 4 章

多台地土方开挖及支护技术

4.1 概述

4.1.1 地质灾害辨识

1. 区域地质构造及地质灾害辨识

项目拟建场地位于鄠邑区，鄠邑区位于渭河断陷盆地中段南部，西安凹陷的东南隅。西安凹陷是渭河断陷盆地中的沉积中心之一，周边为四条深大断裂带，东边界为长安—临潼断裂，西边界为哑柏断裂，南边界为秦岭北麓山前断裂，北边界为渭河断裂。凹陷内新生代地层厚逾 7000m，其中第四系地层厚达 500 ~ 1000m。区内构造形迹主要表现为隐伏断裂构造，按其走向分为 EW 向、NE 向和 NW 向三组。

拟建场地南高北低，地势高差较大。场地及周边未见滑坡、崩塌、泥石流等不良地质作用。故拟建场地可以用于建筑。

场地南侧距秦岭北坡坡脚较近，场地与秦岭位置关系如图 4.1-1 所示。

秦岭北坡局部可见风化落石（图 4.1-2），工程建设前应对山前风化落石和危岩进行清理，后期应做好防护工作，避免对场地产生影响。

根据设计总平面布置图，场地整平后 1 号楼洞库南侧为广场，长度约 38m，广场南侧将形成一个人工斜坡，该斜坡高 29m，坡度约 22°，上接原始坡面，原始坡面坡度约 15°。坡体组成物质为含碎石的粉质黏土及含粉质黏土的碎石。经

图 4.1-1　场地与秦岭位置关系

图 4.1-2　山体风化落石

验算，该边坡稳定系数为 1.76，大于 1.35，处于稳定状态，但应采取坡面护面措施，同时做好坡体表面排水工作。

平台与平台间边坡的高度 5 ~ 10m 不等，建议结合基坑支护设计采取永久性支护措施（如挡墙、护坡桩、护坡桩 + 锚索等）。

地质条件可能造成的风险：

（1）场地表层分布的填土在基坑开挖时应采取措施防止其坍塌。

（2）场地中部分布的西引河隧洞应提前改线，在基坑开挖前将原有隧洞挖除，以免影响基坑开挖。

（3）场地地层分布不均，局部不透水层会形成上层滞水，基坑开挖过程中应注意提前做好排水措施。

（4）于基底持力层局部土体近饱和，呈软塑状态，施工过程中应采取相应处理措施，避免扰动形成橡皮土。

（5）透水性强，长时间强降雨可能造成地下水位上升。

2. 场地地震效应

根据场地岩土工程条件和建筑场地总平面布置图，拟建 2 号楼保藏区、2 号楼序厅、6 号楼服务用房及 7 号楼研究区北侧临近边坡坡度，按《建筑抗震设计规范》（2016 年版）GB 50011—2010 判定，上述建筑场地属抗震不利地段，其余建筑场地属建筑抗震一般地段。

抗震设防有关参数根据抗规及《中国地震动参数区划图》GB 18306—2015，

西安市鄠邑区庞光镇设计地震分组为第二组，抗震设防烈度为 8 度，设计基本地震加速度值为 0.20*g*，场地特征周期为 0.40s。根据中国地震局第二监测中心完成的《二二工程 – 西安项目工程场地地震安全性评价报告》，拟建工程场地 50 年超越概率 10% 的地面峰值加速度为 0.21*g*，拟建工程场地属 0.20*g* 区，特征周期为 0.40s。地震基本烈度属Ⅷ度。

4.1.2　土方工程概述

建筑用地占地面积 300 亩（约 $20hm^2$），建筑面积为 $83150.95m^2$。拟建场地东西长约 400m，南北宽约 500m。建筑用地内部地势由北向南逐步抬高，高差 73m，整体坡度约为 15%。土方开挖整体划分为四个大的台阶地。各台阶土方开挖“分层、分段”进行，每一层开挖深度与支护结构竖向间距相一致，土方挖填总量约 140 万 m^3（图 4.1–3、图 4.1–4）。

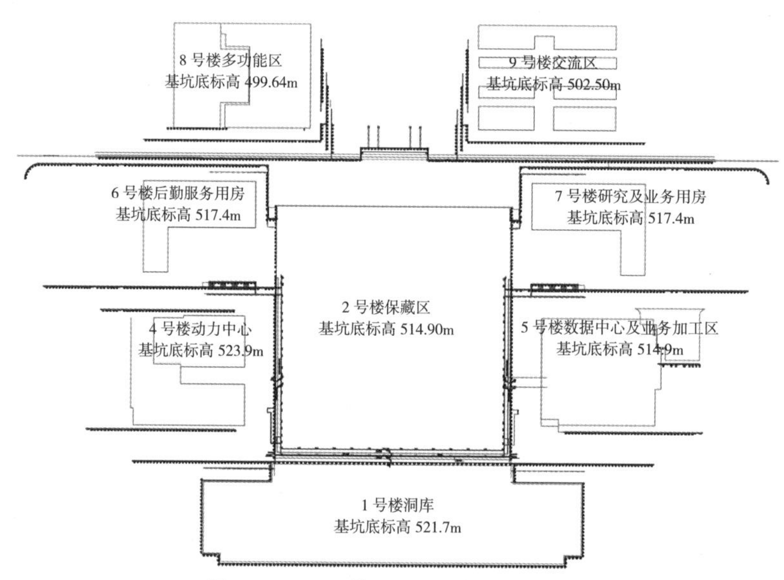

图 4.1–3　工程基坑开挖标高平面示意图

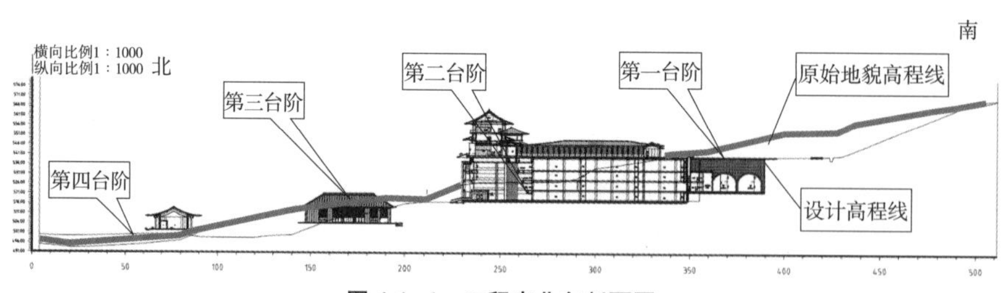

图 4.1–4　工程南北向剖面图

4.1.3　支护设计概述

基坑支护采用护坡桩 + 冠梁 + 锚索 + 板墙支护形式，基坑支护分为永久基坑和临时基坑。临时基坑支护结构设计使用期限为 12 个月。永久基坑支护结构使用期限为自支护结构成型后 100 年，场地抗震设防烈度为 8 度。

1）1 号楼、2 号楼

1 号、2 号楼临时基坑支护及永久边坡支护，基坑开挖深度 2.10 ~ 18.30m。

（1）临时基坑支护：除 2 号楼宝藏区基坑北侧 1–1 剖面临时基坑安全等级为三级外，1 号楼洞库的 LMNOPQ 段和 FGHIJK 段临时基坑安全等级均为一级。

（2）永久支护：2 号楼宝藏区东侧、西侧、南侧为永久支护，1 号楼洞库南侧为永久支护，支护结构使用期限为自支护结构成型后 100 年。除 AT 段、BC 段永久支护安全等级为二级外，其他永久支护安全等级均为一级。

边坡支护采用护坡桩 + 冠梁 + 锚索 + 板墙支护形式，桩径 800/1000mm，桩间距 1.60/1.80m，预应力锚索长度 12 ~ 36m，根据不同深度布置 1 ~ 6 道锚索，外挂厚度为 200mm 的厚板墙；2 号楼北侧临时性支护采用 1 ∶ 0.5 放坡挂网喷混凝土方案（图 4.1–5、表 4.1–1）。

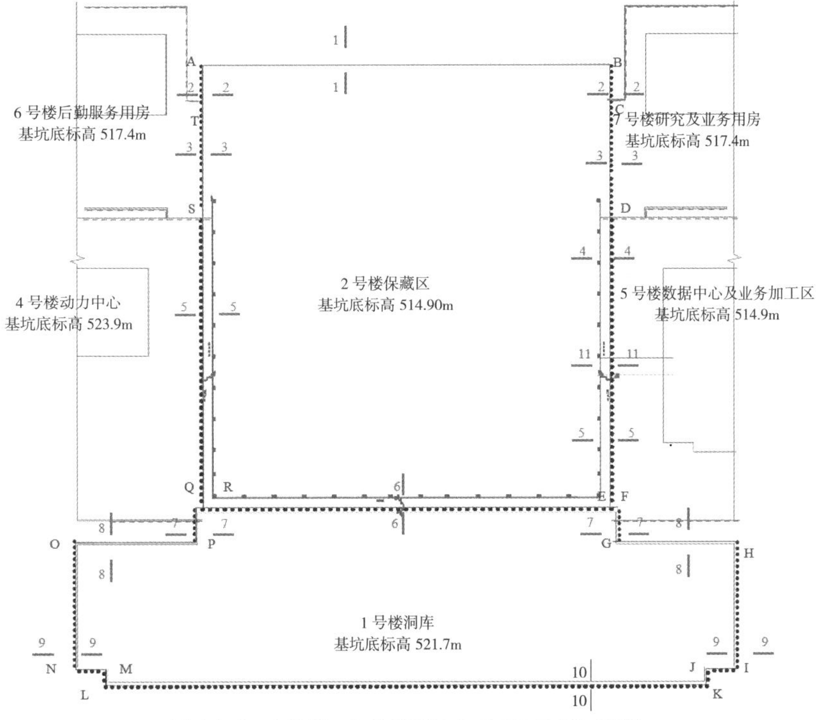

图 4.1–5　1 号楼、2 号楼基坑支护平面布置示意图

1 号楼、2 号楼基坑支护设计参数　　　　表 4.1-1

支护形式示意图					
分段	1-1 剖面：临时支护	2-2 剖面：永久边坡	3-3 剖面：永久边坡	4-4 剖面：永久边坡	5-5 剖面：永久边坡
开挖深度（m）	2.10	3.22	6.40	13.40	13.40
支护形式	1 ∶ 0.5 放坡 + 挂网喷混凝土	护坡桩 + 冠梁 + 板墙	护坡桩 + 冠梁 + 锚索 + 板墙	护坡桩 + 冠梁 + 锚索 + 板墙	护坡桩 + 冠梁 + 锚索 + 板墙
支护形式示意图					
分段	6-6 剖面：永久边坡	7-7 剖面：临时支护	8-8 剖面：临时支护	9-9 剖面、1-11 剖面：永久边坡	10-10 剖面：临时支护
开挖深度（m）	8.15	6.30	6.30	18.30	18.30
支护形式	护坡桩 + 冠梁 + 锚索 + 板墙	护坡桩 + 冠梁 + 挂网喷混凝土	放坡 + 挂网喷混凝土	护坡桩 + 冠梁 + 锚索 + 板墙	护坡桩 + 冠梁 + 挂网喷混凝土

2）4 ~ 7 号楼

4 ~ 7 号楼的基坑开挖深度 3.90 ~ 8.70m，边坡最大高度不超过 6.85m（图 4.1-6）。

永久性边坡采用护坡桩 + 板墙支护，4 号楼动力中心基坑南侧采用支护桩 + 放坡挂网喷混凝土支护，标高 527.90m 以下放坡坡率 1 ∶ 0.5，支护桩兼做边坡支

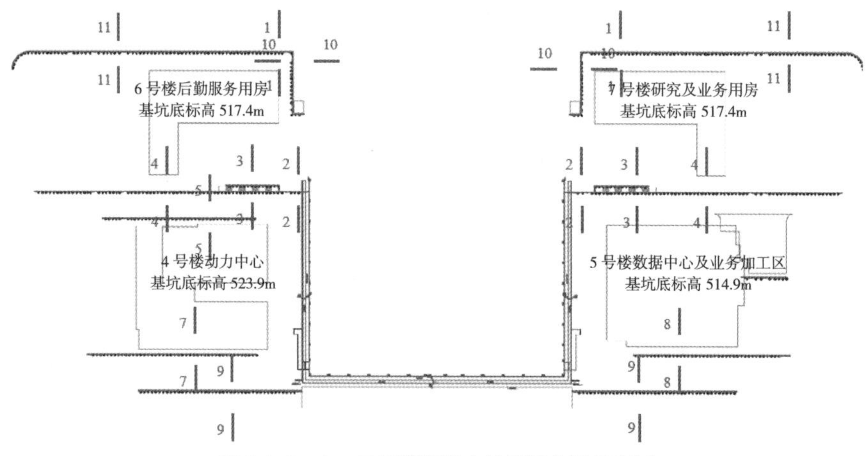

图 4.1-6　4 ~ 7 号楼基坑支护平面布置示意图

护结构。5 号楼数据中心及业务加工区基坑南侧采用支护桩支护，支护桩兼做永久支护结构，基坑深度段内桩间土采用挂网喷混凝土支护。其他基坑深度 –8.70m 地段采用 1 ∶ 0.75 放坡 + 挂网喷混凝土支护；基坑深度小于 –4.50m 地段采用 1 ∶ 0.5 放坡 + 挂网喷混凝土支护。

边坡支护采用护坡桩 + 冠梁 + 板墙支护形式，桩径 800mm，桩间距 1.60m，外挂厚度 200mm 的厚板墙。基坑安全等级为二级（5 号楼基坑南侧为一级）（表 4.1–2）。

4 ~ 7 号楼基坑支护设计参数　　表 4.1–2

支护形式示意图					
分段	1–1 剖面	2–2 剖面	3–3 剖面	4–4 剖面	5–5 剖面
开挖深度（m）	0.61 ~ 4.04	5.85	0 ~ 5.85	1.45 ~ 4.45	1.00 ~ 3.78
支护形式	护坡桩 + 冠梁 + 板墙	护坡桩 + 冠梁 + 板墙	护坡桩 + 冠梁 + 板墙	护坡桩 + 冠梁 + 板墙	护坡桩 + 冠梁 + 板墙
支护形式示意图					
分段	6–6 剖面	7–7 剖面	8–8 剖面	9–9 剖面	10–10 剖面、11–11 剖面
开挖深度（m）	3.70	0.30 ~ 4.40	0.30 ~ 3.80	1 ~ 6.85	—
支护形式	护坡桩 + 冠梁 + 板墙	护坡桩 + 冠梁 + 板墙	护坡桩 + 冠梁 + 板墙	护坡桩 + 冠梁 + 板墙	护坡桩 + 冠梁 + 板墙

3）8 号楼、9 号楼

8 号楼多功能区的基坑及东侧、南侧的边坡，9 号楼交流区的基坑及西侧、南侧的基坑深度介于 3.50 ~ 6.36m 之间，边坡支护采用护坡桩 + 冠梁 + 板墙支护形式，桩径 800mm，桩间距 1.60m，外挂厚度 200mm 厚板墙。

基坑支护：8 号楼多功能区基坑深度 –6.66m 区段采用支护桩支护，8 号楼多功能区其他区段和 9 号楼交流区基坑采取放坡开挖，–6.66m 地段坡率 1 ∶ 0.75，–3.8m 地段坡率 1 ∶ 0.5（图 4.1–7，表 4.1–3）。

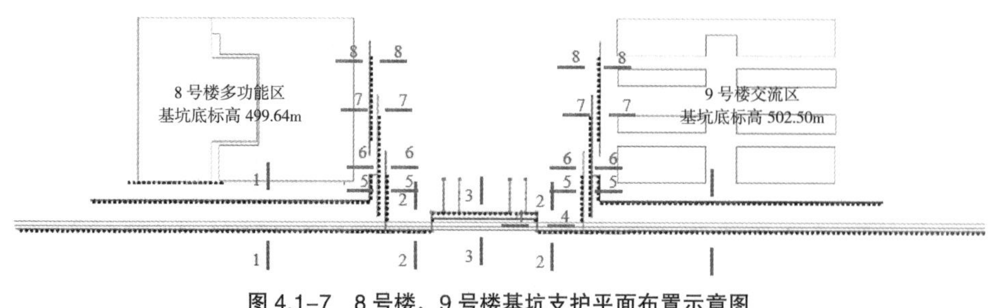

图 4.1-7 8 号楼、9 号楼基坑支护平面布置示意图

8 号楼、9 号楼基坑支护设计参数 表 4.1-3

支护形式示意图					
分段	1-1 剖面	2-2 剖面	3-3 剖面	4-4 剖面	5-5 剖面
开挖深度（m）	10.42	2.42	1.77	1.77 ~ 2.40	2.50 ~ 7.50
支护形式	护坡桩 + 冠梁 + 放坡 + 板墙	护坡桩 + 冠梁 + 板墙	护坡桩 + 冠梁 + 板墙	护坡桩 + 冠梁 + 板墙	护坡桩 + 冠梁 + 板墙
支护形式示意图					
分段	6-6 剖面	7-7 剖面	8-8 剖面		
开挖深度（m）	5.50 ~ 6.70	0 ~ 5.50	0 ~ 2.50		
支护形式	护坡桩 + 冠梁 + 板墙	护坡桩 + 冠梁 + 板墙	护坡桩 + 冠梁 + 板墙		

4.2 总体工序穿插组织

4.2.1 施工总体部署

总平面图布置原则：

首先对现场分台阶开挖，对各段落支护桩工作面开挖平整，现场护坡桩计划于 2021 年 1 月 18 日全部完成，分层开挖土方并进行锚索、板墙施工，计划于

2021 年 3 月 30 日完成全部锚索和板墙的施工。

其次对现场按设计高程进行分区，土工施工阶段共分为 11 个区域（图 4.2-1）。支护施工按照单体部署共分为三个区域：1 号楼、2 号楼支护桩工程，4 ~ 7 号楼支护桩工程，8 号楼、9 号楼支护桩工程。

（1）1 号楼、2 号楼支护桩工程：在土方开挖至 540.00m 时，进行 9–9、10–10 剖面支护桩工程施工；工程降至 528.10m 时，进行 4–4、5–5 和 7–7 剖面支护桩工程施工；开挖至 521.10m 时，进行 3–3 剖面支护桩工程施工。待 7–7、9–9 和 10–10 剖面支护桩强度达到设计要求时，方可进行 1 号楼基坑开挖。开挖时应按照锚索设计高程，逐层开挖，锚索工程与土方工程穿插进行（图 4.2–1）。

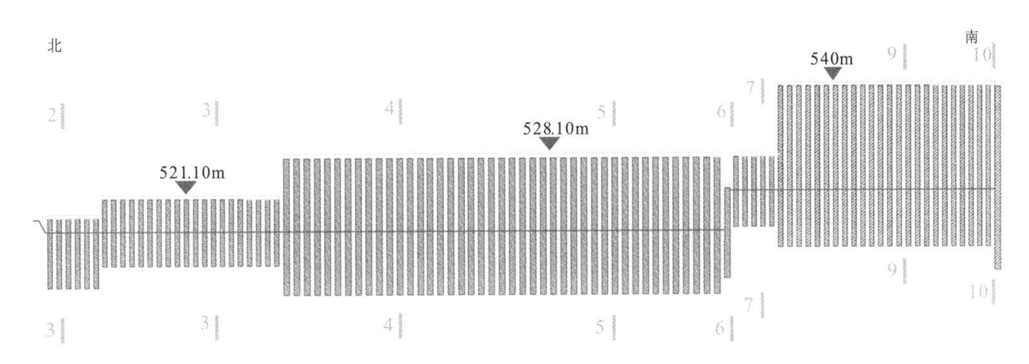

图 4.2–1　1 号楼、2 号楼支护桩南北立面示意图

（2）4 ~ 7 号楼支护桩工程：因该支护工程分布较广，可同时开展，故在土方开挖至 534.70m 时，进行 9–9 剖面支护桩工程施工；开挖至 531.00m 时，进行 8–8 剖面支护桩工程施工；开挖至 527.2m 时，进行 5–5 剖面支护桩工程施工；开挖至 526.57m 时，进行 3–3、4–4 剖面支护桩工程施工；开挖至 519.5m 时，进行 10–10、11–11 剖面支护桩工程施工。待桩身混凝土强度达到设计要求后，方可进行桩头破除、支护桩检测、冠梁工程施工，随后进行土方的开挖。4 ~ 7 号楼周边均采用支护桩加板墙，基坑为 1 ∶ 0.5 放坡，挂网喷浆支护，其中 5 号楼为深基坑（–8.7m），5 号楼南侧采用支护桩 + 锚索 + 板墙支护，其余三面采用 1 ∶ 0.75 放坡，挂网喷浆支护。

（3）8 号楼、9 号楼支护桩工程：首先将土方开挖至 516.5m，进行 1–1 ~ 6–6 剖面 55 ~ 243 号、368 ~ 395 号、319 ~ 346 号支护桩施工，待桩身混凝土强度达到设计要求后，进行破桩头、支护桩检测、冠梁工程施工。然后对土方进行开挖，高程降至 509m 时，进行 7–7、8–8 剖面 298 ~ 318 号、244 ~ 297 号、1 ~ 54

号、347 ~ 367 号、396 ~ 414 号支护桩施工，待桩身混凝土强度达到设计要求后，进行破桩头、支护桩检测、冠梁工程施工。8 号楼、9 号楼南侧为支护桩 + 板墙，基坑为 1 ： 0.5 放坡，挂网喷浆支护。

土方工程施工时，整体规划为东进西出，形成环线，可有效避免因车辆交会进出产生的安全隐患（图 4.2–2）。

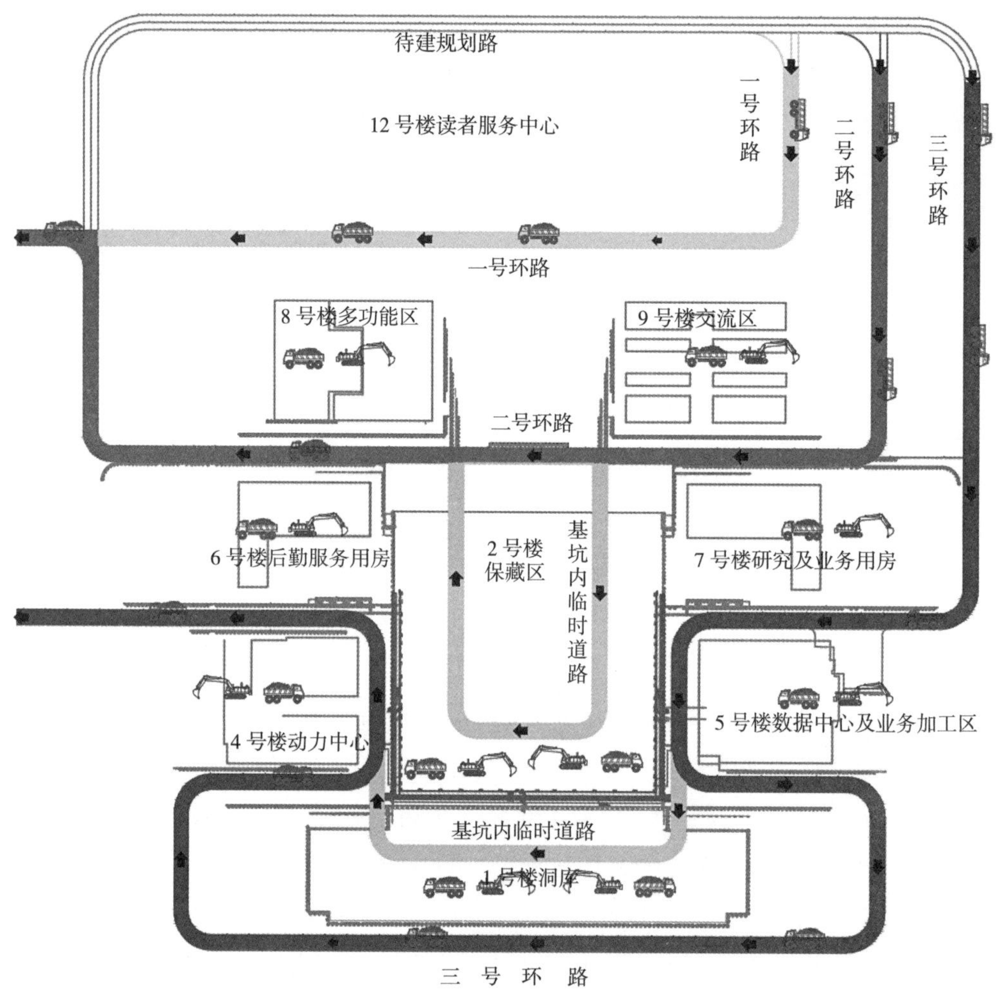

图 4.2–2　土方施工道路布置示意图

4.2.2　土方开挖与支护穿插组织

本项目根据支护设计及工程设计，施工可分为三大区域，第一区域为 8 号楼、9 号楼、12 号楼，第二区域为 4 ~ 7 号楼，第三区域为 1 ~ 2 号楼。第三区域分为①～③三个小区域，共计三个楼位基坑，该区域位于关键线路。首先进行此处支护桩施工，然后土方开挖与锚索施工交叉进行。第二区域分为④～⑦四个小区域，该区域共计四个楼位基坑，开挖时根据支护桩施工顺序，先进行 4 号楼、5 号楼基坑开挖，然后 6 号楼、7 号楼基坑同时进行开挖。第一区域分为⑧～⑩三个小区，共涉及三个楼位基坑开挖，首先进行 8 号楼、9 号楼南侧支护桩的施工，支护桩达到设计要求后方可进行 8 号楼、9 号楼的基坑开挖，12 号楼为半填半挖基坑，施工时先进行填方区的杂填土清理，挖方区杂填土清理完成后，按设计要求就近取土进行基坑回填（图 4.2-3）。

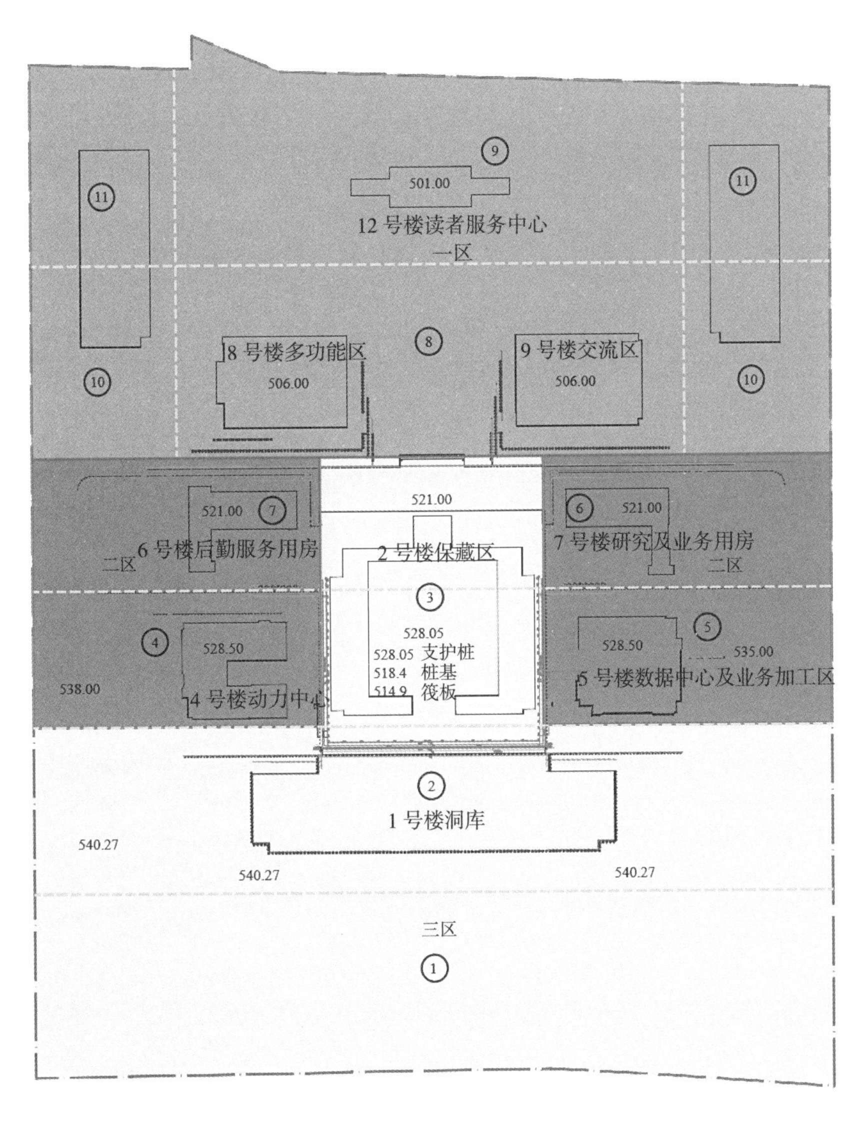

图 4.2-3　土方开挖分区示意图

（1）①号区域面积 400m × 80m，从南到北按长 23m、高差 10m 进行放坡，坡度 1 ： 2.3，每隔 23m 设一条 3m 宽的马道。

（2）②号区域（1 号楼）场平标高为 540.27m，南侧及东西侧支护桩工作面标高为 540m，现场满足支护桩施工。

土方及锚索施工以 9–9、10–10 剖面为例，剩余锚索及土方施工类同；支护桩浇筑完成后，锚索及土方开挖，分层穿插进行；预留锚索施工作业面，进行中间区域土方外运，待首层锚索施工完成后，开挖下层锚索施工作业面，分层依次进行，直至工程桩作业面。

南侧 1 号楼洞库周边 9–9、10–10 边坡高度达 18.3m，目前总体坡度按 1 ： 2 分台阶放坡，预留土体宽度约 36.6m，须完成锚索后，方能施工此范围内的工程桩。边坡设置 6 道预应力锚索，根据《建筑边坡工程技术规范》GB 50330—2013 及设计要求，锚索张拉宜在锚固体强度大于 20MPa 并达到设计强度的 80% 后进行。

待锚索施工完毕，土方施工同步完成，基坑周边 9–9 剖面支护形式为支护桩 + 锚索 + 冠梁 + 板墙，10–10 剖面为支护桩 + 冠梁 + 挂网喷浆。基坑初次开挖标高为 523.4m，之后进行工程桩施工；二次开挖标高为 521.7m，之后进行破桩头及桩间土清理（图 4.2–4）。

（3）③区域场平为 521.00 ~ 528.05m，2–2 剖面支护桩施工标高为 517.92m；3–3 剖面支护桩施工标高为 521.1m；5–5 剖面支护桩施工标高为 528.1m；6–6 剖面

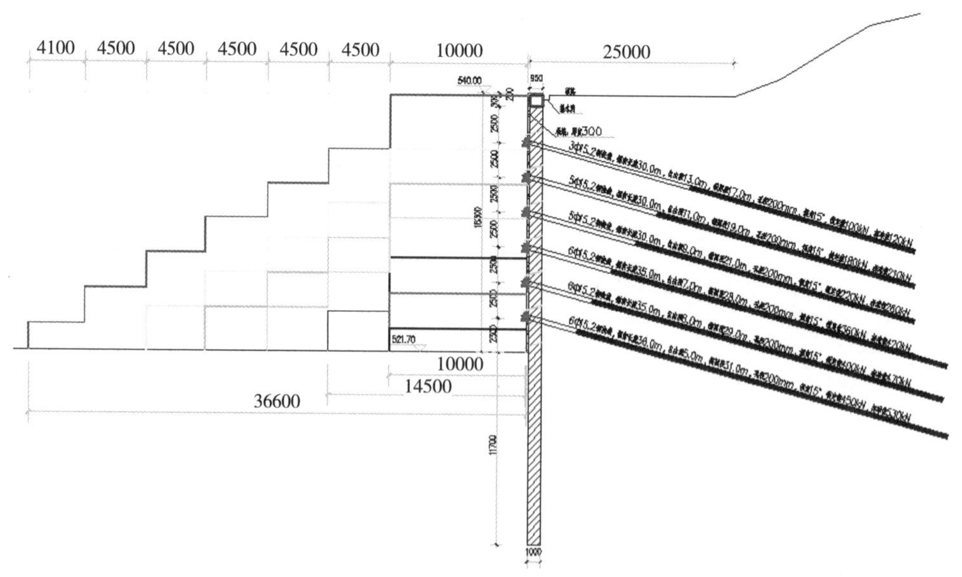

图 4.2–4 土方及桩基锚索施工示意图

支护桩施工标高为 522.85m。根据现场场平情况，优先施工 5-5 剖面，同时进行土方交叉施工，最后进行 2-2 剖面截面支护桩、锚索及土方施工。

③区域（2 号楼）基坑周边除 1-1、2-2 剖面外，其余支护形式均为护坡桩 + 冠梁 + 锚索 + 板墙形式。1-1 剖面支护形式为放坡 + 挂网喷浆，放坡系数 1 ∶ 0.5；2-2 剖面支护形式为支护桩 + 冠梁 + 板墙，基坑初次开挖标高为 518.4m，之后进行工程桩施工，二次开挖标高为 514.9m，之后进行破桩头及桩间土清理。

（4）④区域基坑楼位（4 号楼）场平标高为 528.50m，基坑南侧开挖标高为 524.3m，北侧开挖标高为 523.9m，基坑边坡采用放坡 + 挂网喷浆，坡比为 1 ∶ 0.5。

（5）⑤区域场平标高为 528.50m，基坑开挖深度为 519.60m，楼位（5 号楼）基坑南侧为永久性支护，形式为支护桩 + 冠梁 + 板墙，其余为采用 1 ∶ 0.75 放坡 + 挂网喷浆支护。

（6）⑥区域和⑦区域相同，楼位（6 号楼、7 号楼）场平标高为 521.00m，基坑开挖深度为 517.4m，楼位基坑边坡支护形式采用 1 ∶ 0.5 放坡 + 挂网喷浆支护。

（7）⑧区域楼位（8 号楼、9 号楼）场平标高为 506.00m，9 号楼基坑开挖深度为 502.50m，8 号楼基坑开挖分为两个基坑，西侧开挖深度为 499.64m，东侧开挖深度为 502.50m。8 号楼基坑深度 6.66m，区段 A1 ~ A2 采用护坡桩 + 挂网喷浆支护，其余深度 6.66m，区段采用 1 ∶ 0.75+ 挂网喷浆支护；9 号楼区段基坑深度为 3.5m，采用 1 ∶ 0.5+ 挂网喷浆支护。

4.3　支护结构施工技术难点控制

该工程属于深基坑工程，且地质勘察结果表明，本深基坑工程的地质以杂填土、含碎石粉质黏土及含粉质黏土碎石组成，场地东南侧有一小型冲沟，靠近山前地带冲沟下切侵蚀形成“V”字形冲沟；因上游流域和汇水面积不大，仅丰水季节在沟口形成小型瀑布；冲沟在拟建场地东侧自南向北通过，向下游侵蚀逐渐变弱的坡降与周边地面坡降趋于相同；冲沟在枯水季节无水。从本项目深基坑工程的场地地形条件、地质条件、基坑特点等方面综合考虑，基坑设计采用分台阶进行支护，工程设计共分为六个台地，每个台地高低差处均设置永久性支护。支护形式有：护坡桩、冠梁、锚索、板墙支护。

结合该项目地质情况、地表水情况，支护结构施工技术难点主要为：

（1）护坡桩成孔易塌孔，以及遇到较大碎石钻进困难。

（2）锚索成孔碎石多的地层易塌孔。

4.3.1 较多碎石、块石复杂地层护坡桩成孔的技术措施

1. 机械准备

因施工场地地层中含有大小不均匀的碎石，成孔机械选择履带式旋挖机（220），钻机钻杆采用机锁钻杆，在钻杆上有加压皱键条，动力头可以通过加压键条对钻杆加压，可以打比较硬的地层。

2. 施工场地准备

施工前应平整场地，清除杂物，换除表层土，保证钻机底座填土密实，以免产生不均匀沉陷；在施工范围内，不妨碍桩基施工的场地挖好泥浆池和沉淀池，用钢管围护并安装安全网，设警示标志，同时做好作业场地排水工作。在施工范围内挖设好临时排水沟，确保施工场地不积水。

3. 旋挖钻机成孔

履带式旋挖机就位前应对旋挖机各项准备工作进行检查，为安全起见，两台旋挖机之间的工作距离不能小于 30m。旋挖机安装后的底座和顶端应平稳，就位核对好中心后，开始钻孔，在护筒底处应低压慢速钻进，钻至护筒底下 1.0m 左右后开始正常钻进。

在钻进过程中，旋挖机不能产生位移或沉陷，否则应及时处理。处理孔内事故或因故停钻时，必须将钻头退出孔外。钻孔进行前，司钻人员必须先熟悉地质状况，从而确定所处地层，调整钻进参数，钻孔作业应分班连续进行，及时填写钻孔施工记录，交接班时应交代钻进情况及下一班应注意的事项。

旋挖钻机采用筒式钻头，施工时在孔内将钻头下降到预定深度后，转钻头并加压，旋起的土挤入钻筒内。泥土挤满钻筒后，反转钻头，钻头底部封闭并提出孔外，然后自动开启钻头底部开关，倒出弃土成孔。遇较大碎石可采用筒钻，低速慢钻对孔内较大碎石四周进行松动，通过碎石挤密捞渣或采用筒式钻头配合捞渣，钻进至设计标高（图 4.3–1、图 4.3–2）。

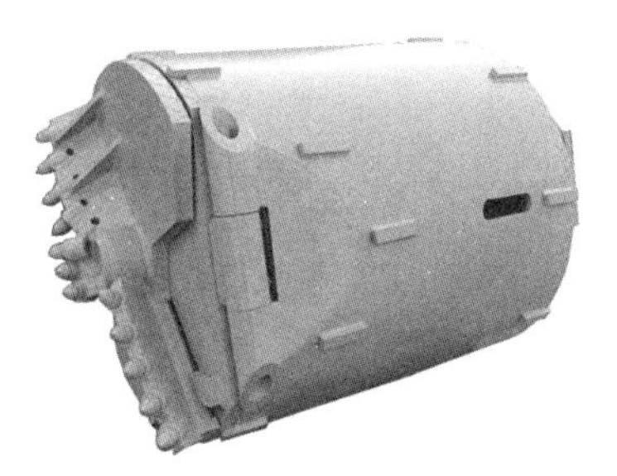

图 4.3-1　筒式钻头

图 4.3-2　筒钻

4.3.2　较多碎石、块石复杂地层锚索成孔的技术措施

1. 机械准备

钻孔机械选用优博林 868-1 型履带钻机进行成孔作业。采用跟管钻进施工工艺，通过中心钻头及套在中心钻头外的同心套冲击破碎岩石造孔，同时利用同心套的扩孔作用将套管带入孔内，同心套内设键槽，中心钻头反转通过同心套中退出。同心跟管能较好地解决因地质条件复杂而造成的卡钻及孤石钻进问题，更加有利于施工操作，提高钻孔工效。

2. 施工场地准备

锚索施工工作面需要预留 8 ~ 10m 宽的平台，每一道锚索工作面预留高度比锚索孔标高低 40 ~ 60cm。先由大挖机开挖土方至锚索孔标高，再由小挖机修整土方至锚索工作面标高。为保护大挖机土方开挖时对护坡桩的影响，靠近护坡桩的位置预留 80 ~ 100cm 土由小挖机修整至护坡桩表面。后由测量员使用水准仪打出锚索标高，确定锚索孔位置。

3. 锚索成孔

钻机就位调整角度：钻机就位后，调整机身，用量角器测定钻杆角度。

套管准备：先启动水泵，注水钻进，并根据地质条件控制钻进速度，接外套管时，要停止供水，把丝扣处泥沙清除干净，抹上少量黄油，要保证所接套管与原有套管在同一轴线上。

钻孔施工：钻进过程中随时注意速度、压力及钻杆的平直，直到孔深比设计要求深 0.3 ~ 0.5m。当钻杆遇到不明障碍物时，应停止钻孔，等调查清楚后，方可以继续施工。

钻机精确定位并调整好角度后，与工作平台连接安装牢靠。钻孔深度严格按照图纸进尺施工，钻孔直径 ϕ150/200mm，钻孔倾角 15°。钻孔深度达到设计深度后，孔底岩粉完全排清后，方可提钻（图 4.3-3 ~ 图 4.3-5）。

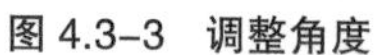

图 4.3-3　调整角度

图 4.3-4　套管准备

图 4.3-5　钻孔施工

4.4　深基坑智能监测技术应用

4.4.1　智能监测技术特点

针对监测中的问题，自动化在线监测技术的发展能够很好地解决传统监测中的不足（表 4.4-1）：

（1）不需要人员多次进入现场，节省人力物力。

（2）能够全天候 24 小时实时监测，确保数据的连续性。

（3）当结构物出现异常时，系统能够及时发出预警通知。

（4）每周、月提供翔实的数据报告，并对结构当前的状态进行全面评估。

自动化在线监测特性　　表 4.4-1

项目	自动化在线监测特性
实效性	不受天气影响实时监测，在恶劣环境下仍保证数据稳定
连续性	进行长期不间断的 24 小时自动化测试，能够反映细微的变化趋势
准确性	基本上克服了人的主观造成的误差
可量化	以科学的数据来监测，以量化为基础，提供海量的数据
便捷性	随时查看，后台操作，实现自动化、远程化、可回查、可复制性强
安全性	安全稳定、主观误差小

4.4.2　监测目的

1. 及时发现不稳定因素

由于土体成分的不均匀性、各向异性及不连续性决定了土体力学的复杂性，加上自然环境因素的不可控影响，必须借助监测手段进行必要的补充，以便及时获取相关信息，确保基坑稳定安全。对工程施工期间基坑（及支护体）和其影响范围内的环境变形、被保护对象以及其他与施工项目有关的内容进行监测，以便及时、全面地反映工程围护体的变换情况，是基坑工程实行信息化施工的主要手段，是判断基坑安全和环境安全的主要依据。

2. 验证设计，指导施工

通过监测可以了解结构内部及周边土体的实际变形和应力分布，用于验证设计与实际的符合程度，并根据变形和应力分布情况为施工提供有价值的指导性意见。

3. 保障业主及相关社会利益

通过对周边地表、建（构）筑物、地下管线监测数据的分析，调整施工参数、施工工序等一系列相关环节，确保周边环境的正常运行，有利于保障业主利益及相关社会利益。

4. 分析区域性施工特征

通过对围护结构、周边环境监测数据的收集、整理和综合分析，了解各监测对象的实际变形情况及施工对周边环境的影响程度，分析区域性施工特征，尤其要关注周边建筑物、道路地表，以及地下管线沉降和不均匀沉降的大小和变化发展情况。为理论验证提供对比数据，为类似工程积累相关经验。

传统监测的主要技术参数均由人工定期用传统仪器到现场进行测量，安全检测工作量大，受天气、人工、现场条件等许多因素的影响，存在一定的系统误差和人为误差。同时，人工监测还存在不能及时监测各项技术参数、难以及时掌握工程的各项安全技术指标等缺点，这些都影响工程的安全生产和管理水平。基坑围护结构及周围岩土体自动化监测系统的实施，便于施工单位和安全监管部门快速掌握与工程安全密切相关的技术指标的最新动态，有利于及时掌握工程的运行状况和安全状况。

5. 在线化监测目的及布点原则

基坑在线化监测手段目的在于强化施工时对基坑支护的安全管理，对于已识别出来的安全隐患风险点进行重点监测，利用在线化监测的实时性、连续性等优点对基坑围护结构和周边环境重点位置进行监测，突出重点部位重点关注特点，所以在点位布设时会根据现场的实际情况酌情考虑（可能会和相关基坑支护监测规范的要求有所出入）。

4.4.3 本项目智能化监测风险分析、监测重点与难点及解决方案

1. 基坑自身的风险

本场地基坑边坡工程存在的安全风险主要包括周边挖填方、地面超载和地质条件异常。

2. 监测难点

由于现场交叉施工作业多，现场施工人员对监测点的保护意识不强，监测点容易在施工、挖土等操作时受到损坏，对监测点的保护是监测工作的难点之一。因此，针对监测点的布设及保护作出以下几种建议：

（1）对于监测点的保护工作，在监测工作开始前对参建单位进行技术交底；加强监测点保护意识，做到谁破坏谁负责；监测单位应在监测点布设完毕后，在对应监测点附近较明显的地方挂设标识牌，防止现场因施工等情况造成人为破坏；平时多加强对基坑周边的巡视工作。

（2）若已对监测点造成破坏，应第一时间通知监测单位到场，具备修复的监测点应第一时间修复，及时加测数据，以保证基坑变形数据的连续性。

3. 监测点保护措施

1）监测点埋设过程中的保护措施

监测点的保护是活动的连续监测的数据，是保证监测成果有效、可靠的重要举措。在监测点的布设过程中，应根据实际情况尽可能将监测点位布设在不易被破坏且方便观测的地方。综合监测项目的布设点及埋设方法，本项目埋设过程中需要对支撑内力监测点、地下水位等监测点重点进行保护。

2）监测点埋设完毕后的保护措施

测量标志的保护工作十分重要，很多测试由于埋设后及监测过程中对监测点保护不力，或不加保护，致使监测点被破坏而无法继续观测。为加强对监测点的保护，保证监测工作的质量，应采取以下措施：

（1）设置专用监测点标识

在测点周围设置醒目的标识标牌和警示标志（喷红油漆或插小红旗），提醒现场作业人员或机械注意保护，严禁无故破坏；并派专人定期到现场进行巡查。

（2）监测点保护交底

项目的实施多个参建单位参与，且各参建单位交叉施工，参建人员工种较多，监测点的保护也需要项目各参建单位的配合。监测点埋设后由建设单位组织各参建单位进行交底，并规定针对性的监测点保护措施。主要交底内容如下：

①地面硬化施工期间主要保护土体、水位孔；

②施工计划的变更及时通知相关方，避免因未能及时采取保护措施而使测量与测试标志遭到破坏。

（3）监测点物理保护措施

埋设好的测斜管、水位管顶部一般低于硬化地面 20cm 左右，使用带链条铁盖套筒保护装置进行保护。

为了防止基坑施工期间将元器件导线碰断，可将裸露在外的导线通过 PVC 管套起来，统一绑扎到围护墙体外侧的专用保护盒内，并在旁边挂设测点标识标牌。

（4）自动化监测设备的保护措施

应加强对自动化数据采集模块及传输模块的保护，及时进行维护检查，保证监测的正常进行。

4.4.4　监测项目与测点布设及智能检测设备介绍

1. 基坑监测点布置图（图 4.4–1）

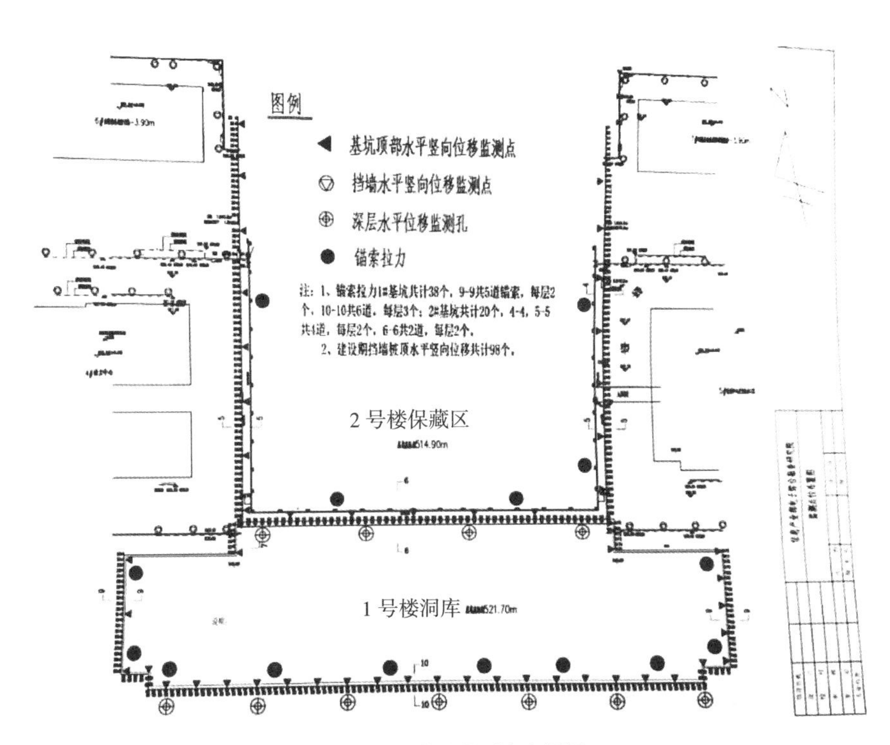

图 4.4–1　基坑监测点布置图

2. 施工期间监测项目、测点布置和监测精度要求（表 4.4–2）

施工期间监测项目、测点布置和监测精度要求 表 4.4–2

序号	监测项目	位置或监测对象	测点布置	仪器	监测最小精度	备注
1	围护结构、边坡顶水平位移、竖向位移	围护结构桩顶或边坡顶	沿基坑周边布设，间距 10 ~ 20m；基坑中部、阳角、深浅基坑交界处、荷载较大部位、邻近建构筑物和管线处、地质复杂处	全站仪、水准仪	1.0mm	
2	围护结构（桩、墙）体水平位移、竖向位移	围护结构内	沿基坑周边（桩、墙）布设，间距 20 ~ 40m；基坑中部、阳角及代表性部位	测斜管、测斜仪	1.0mm	
3	锚杆、锚索拉力	锚杆、锚索	受力较大且具有代表性的位置，基坑每侧中部、阳角，地质复杂、周边存在重要建（构）筑物处	应力计或应变计	0.5%F.S.	
4	深层水平位移	土体及支护桩位移	监测点与平面位移监测点、支撑轴力监测点布置在同一断面上；土体深层水平位移监测的测斜管长度不小于基坑设计深度的 1.5 倍	测斜管	0.25mm/m	
5	1 号楼洞库南侧高边坡监测	边坡顶部，中部，底部	监测点布置在同一断面上；土体深层水平位移监测的测斜管长度根据设计要求布置	全站仪、GNSS、测斜管	1.0mm 0.25mm/m	

3. 智能检测设备介绍

1）盒式固定测斜仪

盒式固定测斜仪主要用于桥梁（典型的有桥塔、高墩等）、基坑（典型的有基坑周围建筑物、高耸结构物）、电塔、石油机械（油田抽油机）等结构物水平位移或倾角的长期自动化监测。具体参数指标如表 4.4–3 所示。

盒式固定测斜仪 表 4.4–3

监测项	设备名称	设备型号	技术指标	设备图片
基坑周边建（构）筑物倾斜监测	盒式固定倾角计	MQJD30–485–C	量程：± 30°； 分辨率：0.01°； 系统精度：± 0.05°； 温度范围：–40 ~ +85℃	

监测原理：

倾角计测量角度的核心部件为一个基于 MEMS 技术开发生产的高精度双轴倾角传感器（图 4.4–2，其中箭头代表 X、Y 轴方向），器件内部包含了硅敏感微电容传感器以及 ASIC 集成电路。倾角计通过内部倾角传感器测量地球的重力加速度在 X、Y 轴上分量来对倾角进行测量。也就是说，倾角传感器所测量到的重力加速度分量等于倾斜角度的正弦（sin）×1g（图 4.4–2），通过逆运算就能得到角度数据。如果所测量到的重力加速度分量为 0°，那么倾斜角就为 0°。

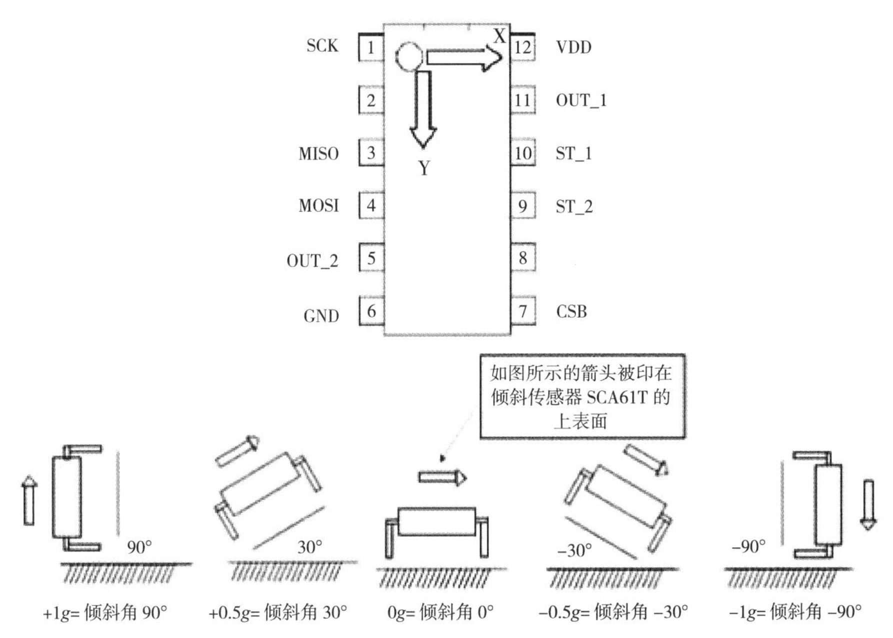

图 4.4–2　监测原理示意图

2）静力水准仪

静力水准仪是一款高精度、高稳定性的智能化设备。该产品采用铝合金材质，轻量一体化结构，坚固耐用。配有可续接的标准水准接口和背压接口，带有锁紧功能的接头，既便于管路连接操作，又能确保水路和气路的密封性。多台静力水准仪可以总线连接，且有手动排气装置的一款专为沉降检测而设计的产品。具体参数指标如表 4.4–4 所示。

具体参数指标　　　　**表 4.4–4**

监测项	设备名称	设备型号	技术指标	设备图片
基坑顶及基坑周边建（构）筑物沉降监测	静力水准仪	HR8066	量程：2000mm； 分辨率：0.01mm； 精度：±0.1mm； 工作温度：−40 ~ 70℃	

监测原理：

（1）工作原理：压差式测量系统由多个静力水准仪通过一根充满液体的PU管连接在一起，最后连接到一个储液罐上，相比于管线的容量，储液罐拥有足够大的容量，能够有效减少因温度变化导致管线容量产生细微变化所带来的影响。将储液罐及其附近的静力水准仪视为基点，基点必须安装在垂直位移相对稳定或者可以通过其他人工手段测量确定的位置，接下来就可以通过测点静力水准仪的数据变化直接测得该点的相对沉降（图4.4–3）。

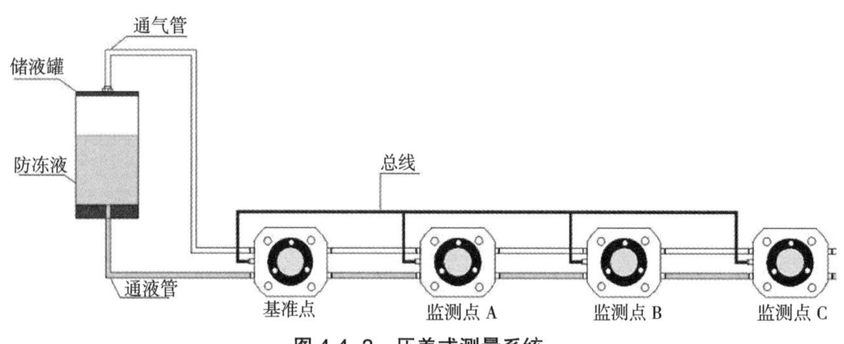

图4.4–3　压差式测量系统

（2）系统采集计算原理：根据连通管原理，系统搭建完成后各测点基本处于同一标高，当连通管一端（末端）密封后，整个通液管路中的液体是不流动的，当测点随结构变形（沉降或隆起）时，测点相对于基点储液罐中的液面的相对高差即产生变化，测点测值相应改变，此改变量即为该测点的相对沉降量。

静力水准仪变量计算公式：

$$\Delta h = (h_i - h_0) - (H_i - H_0)$$

式中　Δh——当前时刻测点计算值（即相对变形展示值），kPa或mm；

h_i——测点当前时刻测量值，kPa或mm；

h_0——测点初始时刻测量值，kPa或mm；

H_i——基点当前时刻测量值，kPa或mm；

H_0——基点初始时刻测量值，kPa或mm（0.01kPa对应高度变化为1mm）。

3）锚力计

锚索应力采用锚力计进行自动化监测，该设备主要用于对岩土工程、土木建筑结构和地下洞室中锚索/锚杆在加载及时间作用下的应力变化情况的监测。锚力计采用进口的优质钢弦，先进的制造及安装方法以及全防水的密封结构，具有极好的灵敏性、可靠性及长期稳定性。具体如表4.4–5所示。

锚力计　　表 4.4–5

监测项	设备名称	设备型号	技术指标	设备图片
锚索应力监测	锚力计	MAS–VHLC–**	分辨率：0.1%F · S； 温度量程：–20 ～ 70℃； 测温精度：± 0.5℃	

监测原理：

锚力计是通过采用在中空的承压筒体上安装高稳定性、高灵敏度的振弦式传感器，然后测量承压筒体上的应变变化推出承压筒体上所承受的荷载。当被测载荷作用在锚力计上，将引起弹性圆筒的变形并传递给钢弦，转变成振弦应力的变化，从而改变振弦的振动频率。电磁线圈激振钢弦并测量其振动频率，频率信号经电缆传输至振弦式读数仪上，即可测读出频率值，从而计算出作用在锚索测力计的载荷值。

振弦式锚索计由高强度钢制成中空承压筒，周边均匀布置了多个振弦式传感器。作用在承压筒上的荷载可由固定在筒体上的振弦式传感器直接测出。采用多个振弦式传感器可以基本消除不均匀或偏心荷载的影响。内置的温度传感器可监测锚力计的环境温度。为了适应现场的恶劣条件，采用了整体密封技术。振弦式传感器的频率受温度影响，因此在测试振弦频率时应同步测试温度，以便进行测试数值的修正，锚力计带有高精度数字温度传感器，可用于修正测试值（图 4.4–4）。

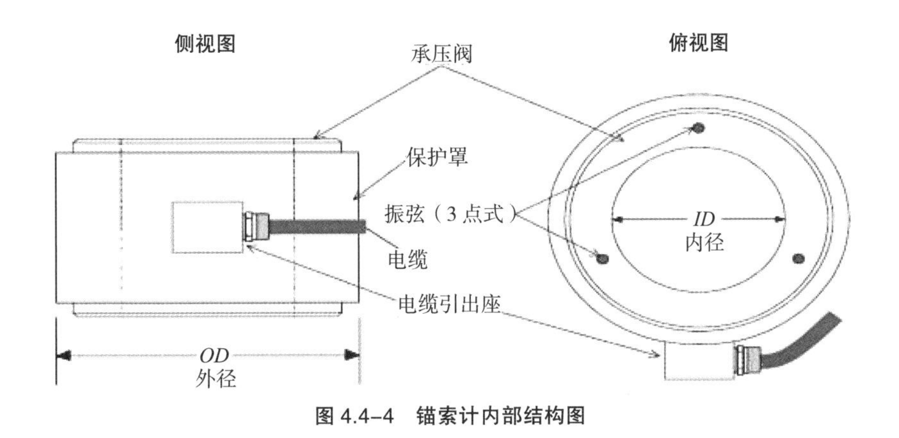

图 4.4–4　锚索计内部结构图

4）系统组成

系统由感知层、传输层和运用层组成，具体为传感器系统、数据采集子系统、数据传输子系统、数据库子系统、数据处理与控制系统、安全评价和预警子系统，通过各层相互协调，实现系统的各种功能（图 4.4–5）。

图 4.4-5 系统组成

（1）传感器子系统

自动化监测的传感器子系统作为感知层，是整个监测系统的基础部分，能在恶劣的条件下，对监测结构物的各监测项能提供真实、实时和可靠的安全监测数据。传感器子系统，即把结构物理量的变化转换成其他信号的方式，例如声、光、电、磁等，对结构的变化进行定量转换，变为人们比较熟悉的数值等，从而了解结构的受力及其他参数等。

（2）数据采集子系统

数据采集子系统就是采集传感器子系统测量的环境条件和结构自身的声、光、电、磁等信号，并将信号处理成数字信号。数据采集子系统应当具有一定的诊断功能，对于异常的信息数据、传感器失效和损坏部位等能进行快速的分辨，并保证系统能够在恶劣的气候条件（如飓风、地震、暴雨等）下正常运行，连续采集、传输结构安全等情况，监测各项信息数据。数据采集子系统还具有一定的数据初步处理功能。

（3）数据传输子系统

数据传输子系统常用的通信方式有 GPRS/3G/4G、光纤和无线网桥。视频数据的传输常用的方式有光纤等。组网方式的选择原则（图 4.4-6）：

①手机信号能够覆盖的地区，应优先考虑选用 GPRS/3G/4G 进行组网，运营

商根据实际情况进行选择；

②现场和监控中心可通视，且距离不超过10km，可考虑采用无线网桥的方式进行数据传输；

③现场无手机信号或数据流量过大（含视频监控）时，需采用光纤进行传输。

图 4.4–6　数据传输子系统

（4）数据库子系统

数据库子系统是一种数据处理系统，为实际可运行的存储、维护和应用系统提供数据的软件系统，是存储介质、处理对象和管理系统的集合体。其软件主要包括操作系统、各种宿主语言、实用程序以及数据库管理系统。数据库子系统由数据库管理系统统一管理，数据的插入、修改和检索均要通过数据库管理系统进行，以用于开展各项正常工作。数据管理员负责创建、监控和维护整个数据库，使数据能被任何有权使用的人有效使用。

（5）数据处理与控制子系统

数据处理与控制子系统是数据传输子系统的下一个环节，对于数据采集和传输子系统采集、传输过来的大量原始数据资料，需要通过数据处理与控制子系统，进行更深一步的处理和分析。通过软件、硬件系统的处理，进行数据校对检验、总体数据初步分析、响应后续子系统功能模块的指令等。数据处理和控制子系统实现了数据查询、存储、可视化等结构化处理，控制着结构处安装的数据采集设备，通过数据库操作实现了数据的提取和处理，是对原始数据进行处理和分析的关键系统部分。

数据处理与控制主要包括对数据进行过滤、二次处理等，并用原始数据或曲线等进行展示，然后通过 App 或者 PC 端，进行原始数据或者以曲线的形式等进行展示，以供后续打印相关表格、数据等。

（6）安全评价与预警子系统

安全评价与预警子系统的主要功能就是对采集数据进行统计分析，并在各种环境条件下、在一定的温度和荷载的作用下，得到结构关键部件和控制截面的参数值，确定变形及受力等的值域范围。在各种情况下，监测关键参数的变化，并通过数据判断出变化趋势。在遇到突发状况的时候，能够提前判断结构的各种状况。在变形和受力等达到限值的时候发出预警信息，结合预警机制，及时对不稳定结构或可能出现失稳的结构采取一定的治理措施，并加以进行防治，防止灾害的发生或进一步扩大，以减少损失。

4.4.5　平台数据展示

监测系统通过智能节点将传感器采集到的数据利用 4G/5G 网络实时发送到云平台，实现即时预警、报警，监测数据经过统计和处理后自动生成相应的曲线和报表。

1. 项目在监测过程中的数据展示

（1）基坑沉降监测数据分析，如表 4.4-6、图 4.4-7 所示。

深基坑沉降（mm）　　表 4.4-6

编号	终端地址	终端名称	点位名称	初始值	目前值	测量开始时间	测量结束时间	累计变化量
0108000010	1 号楼沉降	桩顶沉降	1	692.80	666.10	2021-4-8 13:00:00	2021-6-20 13:00:00	26.7
0108000010	1 号楼沉降	桩顶沉降	2	640.82	611.88	2021-4-8 13:00:00	2021-6-20 13:00:00	28.94
0108000010	1 号楼沉降	桩顶沉降	3	631.89	604.53	2021-4-8 13:00:00	2021-6-20 13:00:00	27.36
0108000010	1 号楼沉降	桩顶沉降	4	609.77	582.43	2021-4-8 13:00:00	2021-6-20 13:00:00	27.34
0108000010	1 号楼沉降	桩顶沉降	5	606.81	579.59	2021-4-8 13:00:00	2021-6-20 13:00:00	27.22
0108000010	1 号楼沉降	桩顶沉降	6	644.75	618.01	2021-4-8 13:00:00	2021-6-20 13:00:00	26.74
0108000010	1 号楼沉降	桩顶沉降	7	646.32	619.15	2021-4-8 13:00:00	2021-6-20 13:00:00	27.17

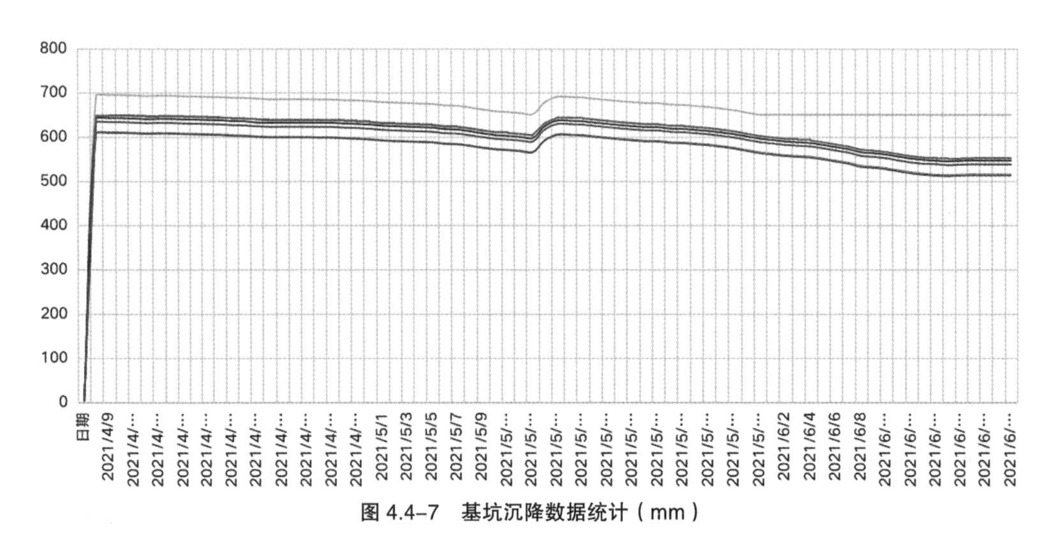

图 4.4-7　基坑沉降数据统计（mm）

（2）基坑倾角监测数据分析（图 4.4–8、图 4.4–9）。

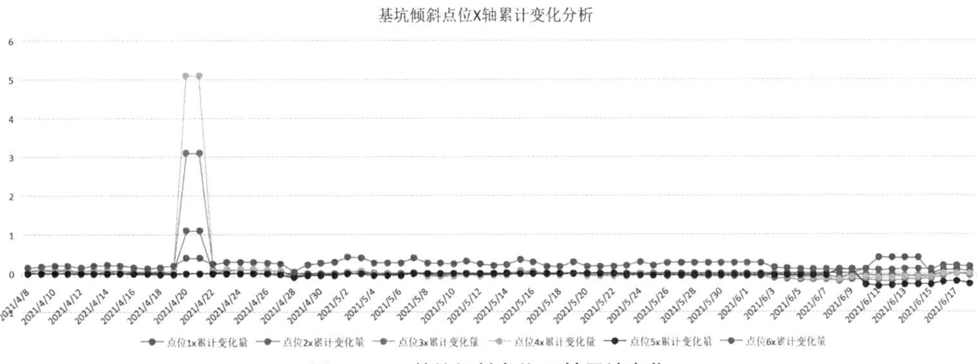

图 4.4–8　基坑倾斜点位 X 轴累计变化

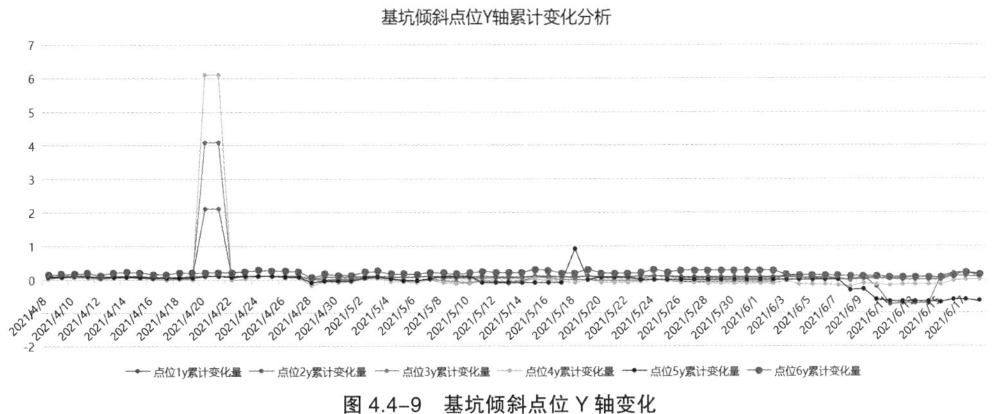

图 4.4–9　基坑倾斜点位 Y 轴变化

（3）监测报告（图 4.4–10）。

2. 预警中心

预警信息支持多终端实时查看，发送 0 延迟，帮助用户及时了解监测点位的变化情况。

App 端提供站内消息、短信等多种方式的提醒，并支持用户自定义消息的接收人及预警方式。

提供预警点位的处理措施记录功能，方便用户记录每次预警点位的处理措施以及现场照片。

日报

请选择报告日期　2021-10-18

建筑物沉降

工程名称：西安第九医院项目　　监测日期：2021-10-18

点号	本次高程（m）	本次变化量（mm）	累计变化量（mm）	变化速率（mm/d）	备注
住院二部—CJ15	481.48	0.1	-1.14	0.1	
住院二部—CJ14	594.52	0	0	0	
住院二部—CJ16	498.27	0.34	-0.75	0.34	
居民楼—CJ09	622.9	0	0	0	
居民楼—CJ11	670.76	0.01	-0.74	0.01	
居民楼—CJ10	606.51	0.18	-0.69	0.18	

1. 说明："+"表示往基坑内倾斜、"-"表示往基坑外倾斜；
2. 备注中注明该测点数据正常或超限状况。

地面沉降

工程名称：西安第九医院项目　　监测日期：2021-10-18

点号	本次高程（m）	本次变化量（mm）	累计变化量（mm）	变化速率（mm/d）	备注
基坑—CJ04	688.4	0	0	0	
基坑—CJ05	690.64	-0.52	5.84	0.52	
基坑—CJ06	641.08	-0.48	5.28	0.48	
基坑—CJ07	766.66	-0.56	5.56	0.56	
基坑—CJ08	711.37	-3.2	3.47	3.2	

1. 说明："+"表示往基坑内倾斜、"-"表示往基坑外倾斜；
2. 备注中注明该测点数据正常或超限状况。

建筑物倾斜

工程名称：西安第九医院项目　　监测日期：2021-10-18

点号	本次变化量（mm）（X）	累计变化量（mm）（X）	变化速率（mm/d）（X）	本次变化量（mm）（Y）	累计变化量（mm）（Y）	变化速率（mm/d）（Y）	备注
住院二部—QX07	0.8	0	0.8	0.85	0	0.85	
住院二部—QX06	5.3	0	5.3	-4.09	0.02	-4.09	
住院二部—QX08	3.21	0	3.21	1.13	0	1.13	
住院二部—QX09	0.98	0.02	0.98	0.68	-0.01	0.68	
居民楼—QX01	-2.69	-0.25	-2.69	-2.94	0.14	-2.94	

1. 说明："+"表示往基坑内倾斜、"-"表示往基坑外倾斜；
2. 备注中注明该测点数据正常或超限状况。

周报

2021-41周

深基坑监测周报表

工程名称：西安第九医院项目　　监测日期：2021年10月11日-2021年10月17日

一、本周监测项目

建筑物沉降、建筑物倾斜、地面沉降

二、各监测项目数据统计分析表

各监测项目数据统计表

监测项目	本周变化量最大点	本周变化量	变化速率	累计变化量最大点	累计变化量	报警值
地面沉降	–	–	–	基坑-CJ08	6.67mm	+40mm,-40mm
建筑物沉降	住院二部新测点-CJ02	0.38mm	0.05mm/d	住院二部新测点-CJ03	0.77mm	+30mm,-30mm
建筑物倾斜-X	住院二部-QX06	0.01°	0.00°/d	住院二部-QX08	0.01°	+2°,-2°
建筑物倾斜-Y	住院二部-QX06	0.01°	0.00°/d	居民楼-QX01	0.15°	+2°,-2°

监测数据超报警测点统计表

--	--	--

三、监测情况分析

从本周监测数据分析，基坑共设置19个监测点，当前3点位离线，16个点位状态相对稳定。

四、监测数据附表

地面沉降周报表

工程名称：西安第九医院项目

点号	10/11	10/12	10/13	10/14	10/15	10/16	10/17	本月变化量（mm）	变化速率（mm/d）	报警值 累计变化量（mm）	报警值 变化速率（mm/d）	备注
基坑-CJ05	10.39mm	10.37mm	10.06mm	18.58mm	10.65mm	9.23mm	6.36mm	-4.03	-0.58	+40,-40	+10,-10	
基坑-CJ08	9.26mm	10.66mm	8.9mm	15.18mm	9.36mm	9.59mm	6.67mm	-2.59	-0.37	+40,-40	+10,-10	
基坑-CJ04	0.0mm	0.0mm	0.0mm	0.0mm	0.0mm	0.0mm	0.0mm	0.0	0.00	+50,-50	+30,-30	
基坑-CJ07	10.58mm	10.43mm	9.99mm	18.45mm	10.5mm	9.0mm	6.12mm	-4.56	-0.65	+40,-40	+10,-10	
基坑-CJ06	10.05mm	9.96mm	9.68mm	18.15mm	10.18mm	8.72mm	5.76mm	-4.29	-0.61	+40,-40	+10,-10	

说明："+"表示上升，"-"表示下沉。

建筑物沉降周报表

工程名称：西安第九医院项目

点号	10/11	10/12	10/13	10/14	10/15	10/16	10/17	本月变化量（mm）	变化速率（mm/d）	报警值 累计变化量（mm）	报警值 变化速率（mm/d）	备注
居民楼-CJ11	-0.71mm	-0.66mm	-0.56mm	-0.6mm	-0.64mm	-0.63mm	-0.75mm	-0.04	-0.01	+40,-40	+10,-10	
住院二部新测点-CJ01	0.0mm	0.0mm	0.0mm	0.0mm	0.0mm	0.0mm	---	0.0	0.00	+30,-30	+15,-15	
住院二部-CJ14	---	---	---	---	0.0mm	0.0mm	0.0mm	0.0	0.00	+30,-30	+18,-18	
居民楼-CJ09	0.0mm	0.0mm	0.0mm	0.0mm	0.0mm	0.0mm	0.0mm	0.0	0.00	+40,-40	+10,-10	
住院二部-CJ15	---	---	---	---	-1.47mm	-1.14mm	-1.24mm	0.23	0.03	+30,-30	+18,-18	
住院二部新测点-CJ02	-1.02mm	-0.97mm	-0.58mm	-0.55mm	-0.47mm	-0.64mm	---	0.38	0.05	+35,-35	+15,-15	
居民楼-CJ10	-0.98mm	-0.91mm	-0.76mm	-0.72mm	-0.81mm	-0.75mm	-0.87mm	0.31	0.02	+40,-40	+10,-10	

图 4.4-10　监测报告

4.4.6　项目应用价值

基坑智能监测系统由智能物联设备、数据分析平台组成，智能物联是利用现场智能传感器采集结构内部、外部的形变、力学及周边环境数据，通过传感元件以及信息处理技术传输至采集服务器，进行工程结构的健康指数的计算，采用 Sigmoid 函数及时有效地评估结构的安全性，预测结构体的失衡变化并对突发事件进行预警，并将数据同步存储在云端，进行永久性留存，便于数据回溯分析。

监测系统对基坑的变化情况进行及时的综合分析，根据分析结果，技术人员可及时优化原设计以达到安全且经济的最终目的。施工单位可掌握工程的安全性，并针对施工过程中可能发生的风险加以改进，利用在线监测系统，有效保障数据的准确性、严谨性、连续性，为施工建设效率的提升保驾护航。

05

CHAPTER

第 5 章

结构工程关键技术

5.1 概述

本工程结构造型独特、复杂多样，且结构安全、抗裂、防水以及对尺寸精度要求高，使得施工难度较高。

其中，1 号楼洞库为地下双跨拱形结构，南北通长 180m，单跨 13.5m，拱高 8.6m，板厚 150mm，拱梁截面 300mm × 600mm，顶板覆土 5m。筏板和拱下部竖向结构的剪力墙均为后张预应力构件，建筑内空间几何尺寸定位以及抗裂、防水施工均要求严格，拱形根部节点构造复杂，且设计要求为清水混凝土。

2 号楼保藏区为高大空间劲性钢骨混凝土框架结构，地下二层，地上二层，单层面积 10438m^2，通高 24m，长 80m，最大跨度 32m，主梁及次梁的截面尺寸分别为 1000mm × 2000mm、600mm × 2000mm，板厚 180mm，中间门厅部位上部有后续要连续施工的钢结构建筑——3 号楼结构（文济阁）。结构型钢柱总数为 38 根，类型为实腹型十字形钢柱和工字形钢柱，型钢柱外包混凝土截面尺寸为 1200mm × 1500mm、1200mm × 1200mm、1500mm × 1500mm，混凝土结构钢筋与型钢结构连接形式复杂多样，连接量巨大。劲性钢骨混凝土结构施工难度大。

同时，序厅顶层结构为清水混凝土，大部分梁净间距仅有 2.2m，部分次梁与主梁间净距离 1.1m，对工具式支撑架模数与梁中心受力点的匹配非常困难，梁侧狭小空间支模施工作业量大，施工质量要求高，施工难度非常大。

5.2 超长双拱形钢筋混凝土结构施工技术

5.2.1 技术背景

随着时代的发展，拱形结构设计的理念被越来越广泛地应用到建筑设计当中。在桥梁工程中，拱形钢筋混凝土结构已经比较常见，但是这种结构形式在房屋建筑工程中还比较少见。不同于桥梁工程对拱形梁的应用，房屋建筑工程中现浇钢筋混凝土拱形结构会涉及超长双跨拱形结构梁板的施工。在施工中，既要考虑拱形的外观效果，又要在结构防水、高大支模、大体积混凝土浇筑、超长结构抗裂等方面达到质量和安全要求，施工难度极大。本技术根据二二工程 – 西安项目 1 号楼洞库超长双跨拱形结构的现场施工，总结出一系列的施工措施和方法，解决施工中的放线定位、模架支设、模板安装、钢筋绑扎、混凝土浇筑等方面的问题。同时也极大地缩短了工期，实现降本增效。

5.2.2　技术特点

1. 节约工期

利用 BIM 技术进行模板分割和排版，提前进行木模板加工，无须等待工厂加工铝模。同时，在施工前搭设拱形模板样板，从而极大缩短工程工期。

2. 提高质量

本技术通过对双跨拱形结构进行深化设计，使得放线定位、模板加工和安装等更为精确，实现了拱形梁板一次成型，提高了混凝土结构的质量和美观效果，确保了拱形结构的精确度。

3. 节省成本

由于工期限制，模板无法在工程中周转使用，现场加工木模相比于定制化的铝模极大地节省了施工成本，同时模板后期可在其他楼栋周转使用，极大地降低了工程造价。

5.2.3　适用范围

本技术适用于房屋建筑工程中现浇超长双跨拱形钢筋混凝土结构的施工。

5.2.4　工艺原理

双跨拱形结构通过框架柱和梁相连接，外侧为剪力墙，双拱形结构沿框架柱对称。根据图纸中的拱形结构跨度，对模板施工进行深化设计，在拱形结构横向上将每一跨的木模板分为 8 个区段，包含①～④四种不同的模板分割类型（图 5.2-1）；在拱形结构水平方向上，根据夹层结构柱将模板分为 41 跨，如图 5.2-2 所示。

根据模板排版情况确定支模体系及整体拱形结构施工流程，之后进行模架体系的定位及搭设、模板安装、钢筋绑扎、混凝土浇筑和养护。

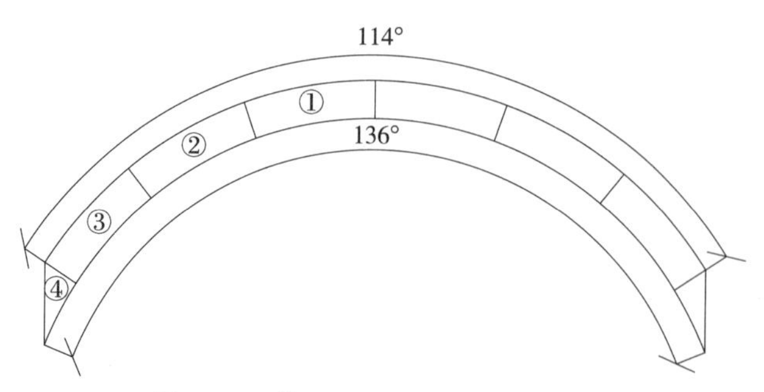

图 5.2-1 拱形结构剖面模板划分示意图

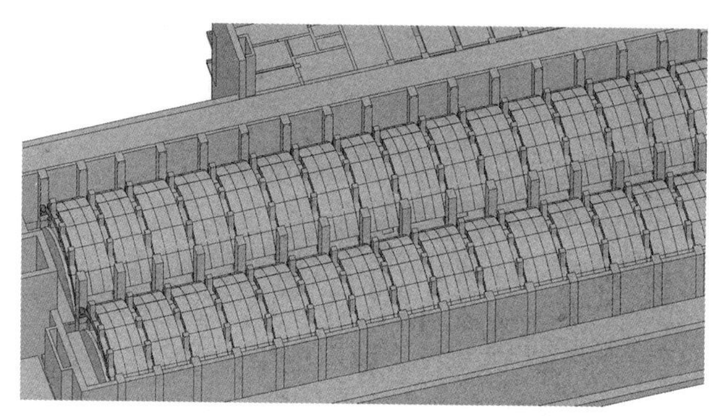

图 5.2-2 模板分跨分布情况透视图

5.2.5 施工工艺流程及操作要点

1. 工艺流程

施工准备→测量放样→满堂架支设→拱形结构梁板底模和梁侧模板安装→绑扎拱形结构梁板钢筋和夹层结构柱钢筋→桁架及上模板吊装→混凝土浇筑→模板拆除→混凝土养护→满堂架拆除。

2. 操作要点

1）施工准备

（1）在施工之前先根据现浇双拱形混凝土结构特点进行图纸深化设计，建立结构 BIM 模型，实现模板分割及尺寸确定。然后利用 BIM 技术进行模板排版，同时提前搭设拱形模板样板，指导后续多跨同时施工。

（2）根据深化设计结果，提前进行木模板现场定制，完成施工所需的人力、材料和机械的准备工作。

2）测量放样

双拱形钢筋混凝土结构包含梁、板两种不同结构。拱梁为连接两侧结构柱和夹层柱的主要结构，可以对整个双跨拱形结构起到定位作用。在水平方向，根据两侧剪力墙和结构柱的施工控制线进行定位测量；在竖向，采用投影法建立竖向标高控制网进行模拟放样，确定标高。

竖向标高控制网的建立步骤为：首先在洞库底板上弹出拱顶水平投影线，包括拱形结构圆心点所在的水平线、夹层结构柱控制线的水平投影线、拱梁两侧水平投影线和拱形结构外侧 200mm 控制线。

如图 5.2-3 所示，根据夹层结构柱及图纸建立 L1，L2，L3……L7 的拱形结构剖面竖向控制网，测量所需的各项数据，并进行标注，实现 CAD 模拟放样。

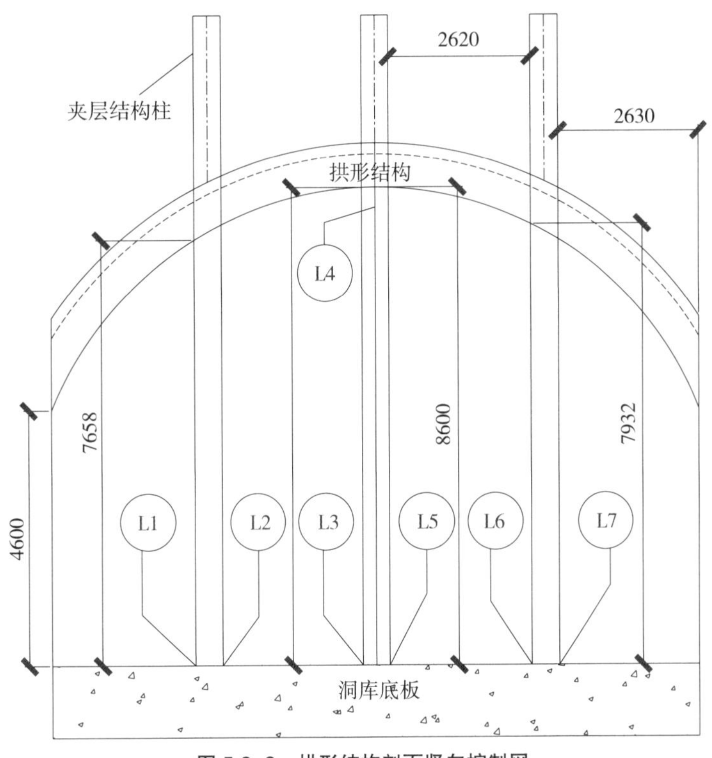

图 5.2-3　拱形结构剖面竖向控制网

在现场测量和放样过程中，依据竖向控制网，结合外侧剪力墙、柱结构形成的水平方向控制线，对拱形结构梁、板进行三维放样，实现精准定位。

3）满堂架支设

在拱形结构混凝土浇筑过程中，结构两侧先浇筑混凝土，逐步浇筑到拱顶，混凝土对模板的作用力沿法线方向向下，如图 5.2-4 所示。

满堂支架是整个拱形结构施工期间的支撑体系，根据双拱形结构梁、板的不同受力情况，分别采用了两种不同的支撑布置。支撑结构采用盘扣式满堂架，

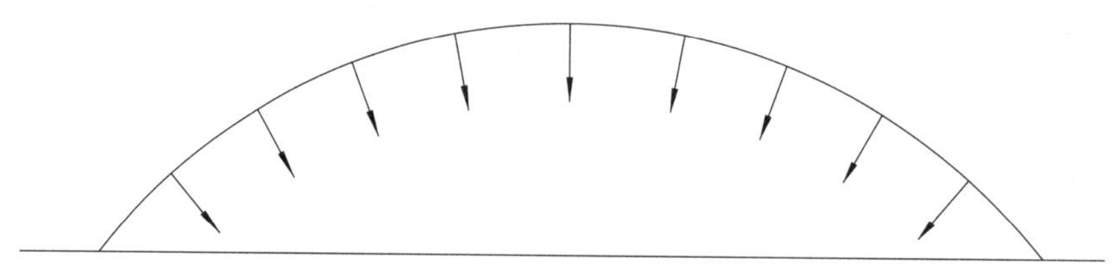

图 5.2-4　模板受力示意图

搭设的最大高度为 8.6m（梁底）和 9.2m（板底），满堂支架距外侧剪力墙、柱的间距为 600mm，立杆间距为 900mm，底部步距 1500mm，上部为 1000mm 或 500mm，立杆离地 200mm 处双向设置水平扫地杆。同时，在满堂架整个架体设置竖向剪刀撑使架体更加稳固。架体立杆顶为支撑模板、主次楞及可调掌托（图 5.2-5、图 5.2-6）。

4）模板制作及安装

拱梁底及板底模板的安装要考虑的两个要点是曲面面板制作铺设以及木模板与满堂支架的连接。

拱形结构下部为曲面面板，在模板选择过程中，原计划采用定制铝模，但是本结构一次性使用定制模板量大，不能循环使用，且双跨拱形结构养护和拆模周期长，使用定制铝模的成本过高。在综合考虑工期、成本和质量的情况下，最终

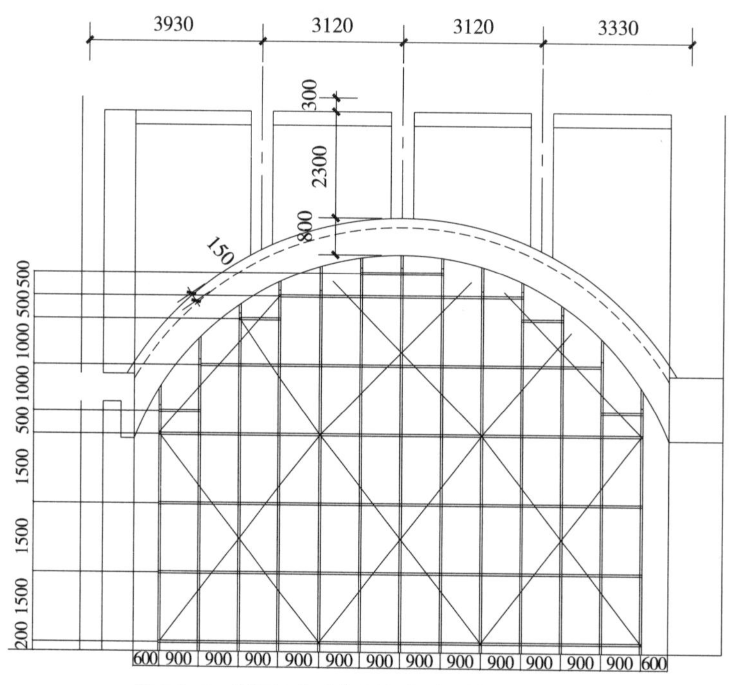

图 5.2-5　梁下支架立杆及竖向剪刀撑布置立面图

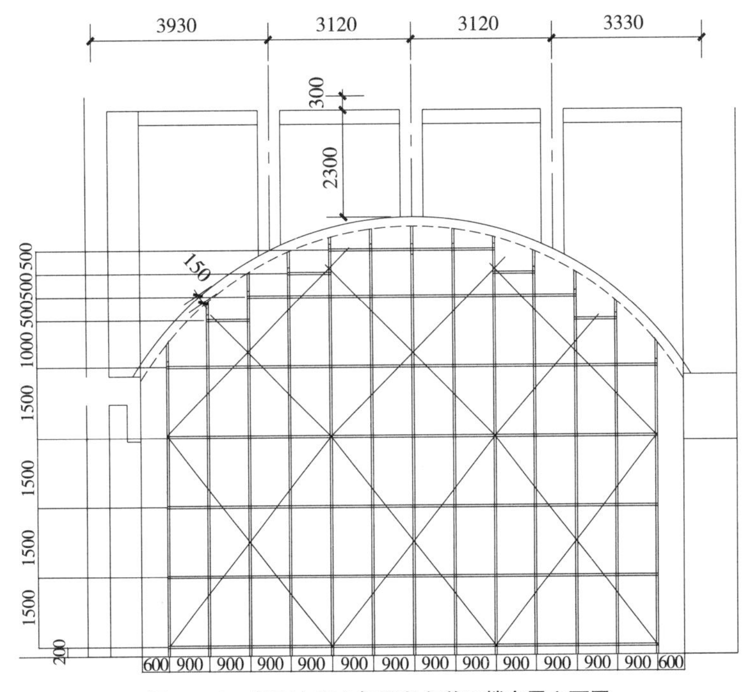

图 5.2–6　板下支架立杆及竖向剪刀撑布置立面图

决定采用胶合板现场加工定制，后期也可在其他楼栋进行循环使用。

根据梁、板的结构特点，分别对梁、板的木模板进行分割制作。

梁模板根据如图 5.2–7 所示的尺寸进行分割。每跨梁侧需要模板 1 为 8 块、模板 2 为 4 块、模板 3 为 4 块。梁底需要模板 4 为 4 块，模板 5 为 2 块，模板 6 为 2 块。

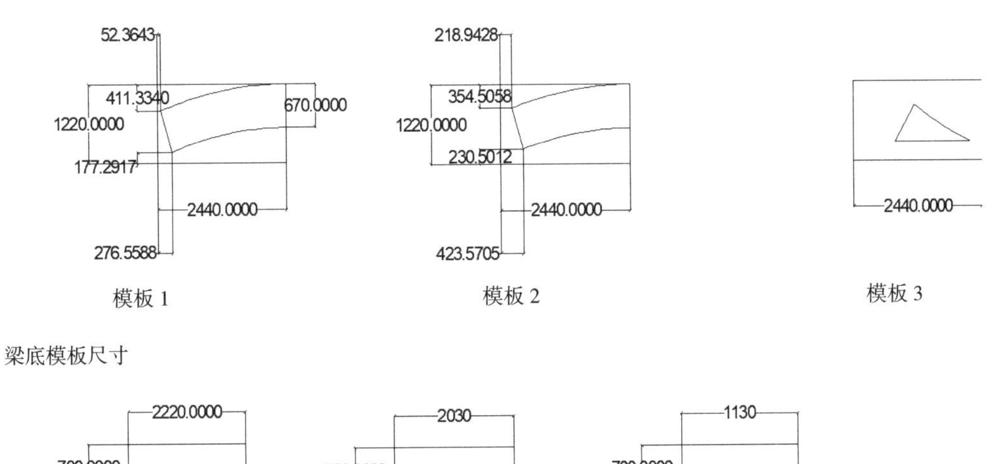

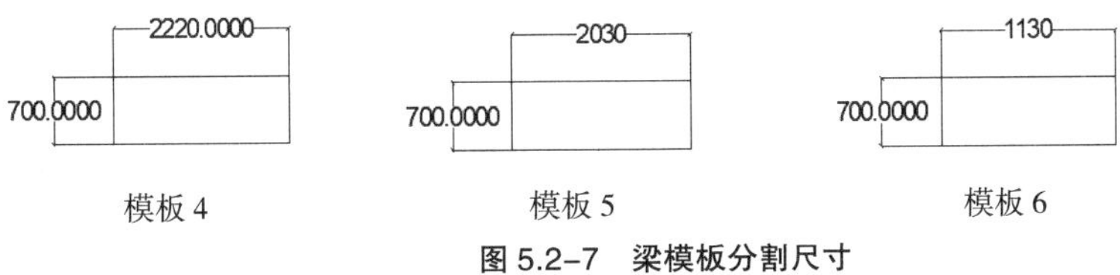

图 5.2–7　梁模板分割尺寸

在实际施工加工过程中，现场存在很多废弃模板，为了节省材料，根据梁侧模板的拱形弧度定制切割机的轨道，将宽度超过梁邦的废弃模板用木方连接，然后使用切割机进行模板 1、模板 2 的标准化流程制作。

根据跨的宽度及所处位置的不同，板底所需模板尺寸及数目不同，如表 5.2-1 所示。

拱形结构板模板分割尺寸　　表 5.2-1

跨宽	板两侧模板	板中模板	备注
4.2m	（1.14m × 2.44m）8 块； （1.14m × 2.23m）4 块	—	—
3.85m	（0.965m × 2.44m）8 块； （0.965m × 2.23m）4 块	（1.22m × 2.44m）4 块； （1.22m × 2.23m）2 块	梁不在轴线中： （0.990m × 2.44m）8 块； （0.990m × 2.23m）4 块
4.1m、4.3m	（1.09m × 2.44m）8 块； （1.09m × 2.23m）4 块	—	—
4.75m	（1.13m × 2.44m）8 块； （1.13m × 2.23m）4 块	（1.22m × 2.44m）8 块； （1.22m × 2.23m）4 块	靠近中间洞库侧需裁剪掉柱位置处的模板
3.12m	（1.21m × 2.44m）8 块； （1.21m × 2.23m）4 块	—	中间洞库处的拱形结构
3.3m	（0.78m × 2.44m）8 块； （0.78m × 2.23m）4 块	（1.22m × 2.44m）4 块； （1.22m × 2.23m）4 块	
3.93m	（1.005m × 2.44m）8 块； （1.005m × 2.23m）4 块	（1.22m × 2.44m）4 块； （1.22m × 2.23m）4 块	

梁侧模板与板底模板采用梁邦包板底的方式进行连接，在板底模板下部的外侧钉上木方，从梁侧模板底部钉入钉子连接木方，从而连接梁侧模板与板底模板。

拱梁上表面采用自制标准化桁架，通过扣件连接弧形钢管，弧形钢管连接主龙骨，在拱梁两翼弧形钢管下如图 5.2-8 所示，通过主龙骨铺设模板。以上部分均在场外制作完成，在钢筋绑扎完成后，吊装定位安装到拱形结构上部，节省人力，提高工效，确保拱形结构的精准成型。

在模板安装中，要根据深化图纸复核满堂支架立杆顶部高度并确定主楞高度。对于与立杆相连接的主楞、次楞及掌托，将其与立杆采用双扣件进行固定，然后根据现场情况，在主楞上划分尺寸，铺设次楞，再铺设模板。

5）钢筋绑扎

洞库拱梁与夹层结构柱有一部分叠交在一起，箍筋为共用箍筋，在绑扎钢筋时，先绑扎夹层结构柱钢筋，然后再进行拱梁钢筋绑扎。绑扎过程中，主要控制

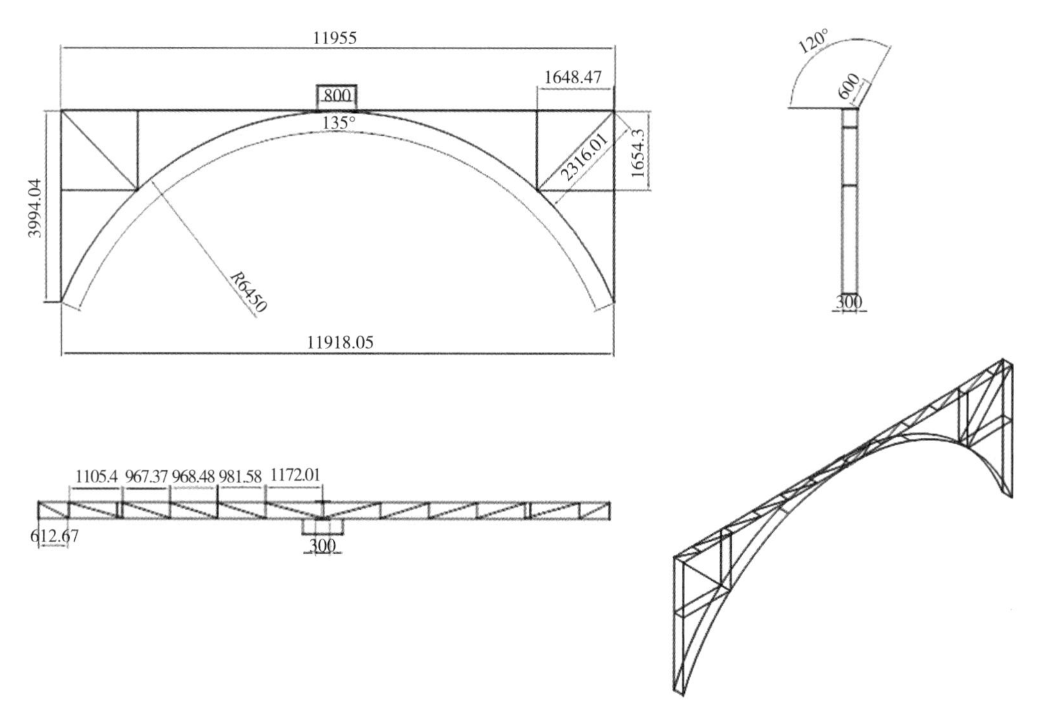

图 5.2–8　拱形结构上表面模板固定及施工示意图

点为箍筋大小和拱形结构梁、板主筋的曲度。

钢筋加工过程中，先加工一根标准曲度的主筋，然后参照这根主筋进行加工。同时，加工钢筋时要注意考虑钢筋与既有外侧结构的搭接长度。在钢筋绑扎时要用砂浆垫块将底筋垫起，在上下层钢筋间要严格使用马凳，从而确保钢筋保护层厚度以及曲度，防止底部露筋等现象。

6）混凝土浇筑及养护

本项目所使用的混凝土为商品混凝土，由于一次性浇筑量大，需在浇筑前同商混站沟通，并关注外界影响使用的因素，确保连续浇筑。

混凝土浇筑采取对称式浇筑，从拱形结构底部对称向上浇筑。因为拱形的结构特点，在振捣时要将混凝土气泡完全排出，至表面不下沉为止，同时也不要在一个点位长时间振捣，避免混凝土离析。

在浇筑时，要派专人观测模板位移和架体沉降情况，确保拱形结构受力均匀不变形，从而确保成型质量。

在混凝土达到终凝后，对模板进行拆除，覆盖塑料薄膜，然后浇水养护。由于拱形结构无法蓄水，在养护时要在拱顶拉通塑料水管，每隔 10cm 开孔，采取类似滴灌的方式 24 小时养护，防止混凝土面层出现裂缝。

5.2.6 材料与设备

1. 材料

使用的材料主要有：钢筋、钢管、15mm 胶合板、100mm × 100mm 木方、扣件、混凝土等。

2. 设备

主要采用的机具设备有：钢筋切割机、钢筋弯曲机、混凝土运输泵、全站仪、水准仪、力矩扳手、钢尺等。

5.2.7 质量控制

1. 质量标准

本技术依据的规范和标准如下：

《混凝土结构工程施工质量验收规范》GB 50204—2015；

《建筑工程施工质量验收统一标准》GB 50300—2013；

《建筑施工扣件式钢管脚手架安全技术规范》JGJ 130—2011；

《建筑施工模板安全技术规范》JGJ 162—2008；

《钢筋焊接及验收规程》JGJ 18—2012。

2. 主控项目

（1）钢筋的品种和质量必须符合设计要求和有关标准的规定。

（2）钢筋的规格、形状、尺寸、数量、锚固长度、接头位置等必须符合设计要求和施工规范规定。

（3）钢筋接头的机械性能结果必须符合钢筋连接施工及验收的专门规定。

（4）在涂刷模板隔离剂时，不得沾污钢筋和混凝土接槎处。

（5）现浇结构的外观质量不应有严重缺陷，不应有影响结构性能和使用功能的尺寸偏差。

3. 一般项目

（1）箍筋的间距数量应符合设计要求，弯钩角度为 135°，弯钩平直长度为 $10d$。绑扎接头应符合施工规范的规定，搭接长度不小于规定值。

（2）模板的接缝应不漏浆、平整，标高及截面尺寸应符合相关要求。

（3）模板与混凝土的接触面应清理干净并涂刷隔离剂，浇筑混凝土前，模板内的杂物必须清理干净。

（4）固定在模板上的预埋件、预留孔和预留洞均不得遗漏，且应安装牢固（表 5.2-2、表 5.2-3）。

模板安装质量控制标准 表 5.2-2

项次	项目	允许偏差	检查方法
1	轴线位置（墙、梁）	2mm	尺量检查
2	底模板上表面标高	± 3mm	用水准仪或拉线尺检查
3	截面尺寸	2，-4mm	尺量检查
4	模板垂直度	3mm	用 2m 靠尺检查
5	相邻两表面的高低差	2mm	用 2m 靠尺及塞尺检查
6	表面平整度	3mm	用 2m 靠尺及塞尺检查

钢筋工程质量控制标准 表 5.2-3

项次	项目		允许偏差值（mm）	检查方法
1	绑扎骨架	宽、高	± 5	尺量
		长	± 10	
2	受力主筋	间距	± 10	尺量
		排距	± 5	
		弯起点位置	20	
3	箍筋、横向筋焊接网片	间距	± 20	尺量，连续 5 个间距
		网格尺寸	± 20	
4	保护层厚度	基础	± 10	尺量
		柱、梁	± 5	
		板、墙	± 5	
5	直螺纹接头外露丝扣	外露整扣	1 个	目测
		外露半扣	—	
6	梁板受力筋搭接锚固长度	入支座、节点搭接	—	尺量
		入支座、节点锚固	—	

5.2.8 安全措施

（1）在施工前要编制双拱形钢筋混凝土结构专项施工方案。

（2）要严格按照标准搭设架体，确保支撑架安全。

（3）在模板安装、钢筋绑扎及混凝土浇筑过程中，都应该搭设安全可靠的临时操作平台，工人必须系安全带，防止高处坠落。

（4）绑扎拱形结构外侧钢筋时，应搭设外脚手架，并按规定挂好安全网。

5.2.9 环保措施

（1）施工中的各类半成品设施料及材料应分类堆码，成点、成线、整齐有序。

（2）加强对施工现场的监控工作，及时采取措施消除粉尘、噪声、废气、废水的污染。

（3）严禁室外切割模板，模板切割必须在木工操作间进行。

（4）严格执行现行国家相关环保规定，对于不环保行为责任到人。

5.2.10 效益分析

1. 经济效益

本技术采用常规的木模板进行施工，设施材料及施工简便易行，相比定制化铝模的一次性使用来说，施工投入极大减少。

同时，本技术提前进行模板分割和排版，并在施工前提前进行模板标准化加工，在搭完满堂支架后各跨同时进行模板安装、钢筋绑扎，显著提高了工作效率，缩短了工期，提高了质量。

2. 社会及环保效益

本技术的成功应用解决了现浇双拱形钢筋混凝土结构的施工困难及工期紧张的问题，为房屋建筑工程领域类似的结构提供了可供参考的依据，积累了宝贵的施工经验。

本技术工艺简便，采用的设施料可循环使用，资源消耗低，建筑垃圾产生量大大减少，环保效果显著。

5.2.11 工程应用实例

1. 工程概况

二二工程－西安项目位于西安市鄠邑区草堂六路与草堂七路之间、环山路以南位置，东临太平峪、西接乌桑峪、南依秦岭北麓山地、北靠 107 省道，临近西安市鄠邑区草堂科技产业基地。项目为“中华版本传世工程”，是中华版本保藏传承体系的重要组成部分，承担着中华版本资源“异地灾备”的重要作用。本项目建设的目的是永久保存、保护国家珍贵版本资源，更好地传承中华文明，使国家珍贵的文化得以长久保存，为炎黄子孙保留中华文明发展的历史印记。项目规划总用地面积 300.18 亩（20.012hm^2），总建筑面积 83150.95m^2，其中地上建筑面积 48002.81m^2，地下建筑面积 35148.14m^2，绿化占比 49%。

2. 施工情况

1 号楼洞库承担着存储资源的功能，是该工程的主要建设功能之一，同 2 号楼保藏区直接相连构成项目主楼。

1 号楼洞库为双跨拱形结构，在拱形结构上部有层高 2.6m 的管道夹层，拱形结构包括拱形梁和拱形板。拱梁半径 6.5m，拱形板半径 7.3m，拱形结构东西全长 164m。为保证梁板成型美观、质量符合标准，保证模板加工材料合理利用及加工简便，项目利用 BIM 技术进行模板分割、排版，同时在施工前搭设拱形模板样板，实现策划先行、样板引领。极大地缩短了洞库拱形结构的施工工期，并提高了混凝土结构的质量及美观效果。

1 号楼洞库双跨拱形结构于 2021 年 5 月 10 日开工，2021 年 6 月 5 日完工（图 5.2-9 ~ 图 5.2-12）。

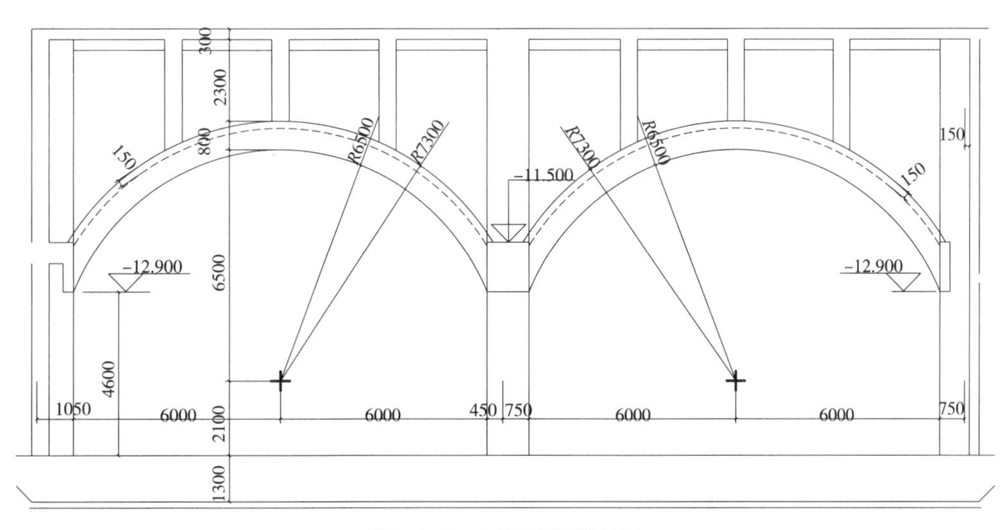

图 5.2-9　1 号楼剖面结构图

图 5.2-10　拱形模板及满堂架样板

图 5.2-11　拱形结构施工现场

图 5.2-12　拱形结构完工效果

5.3　劲性混凝土施工技术

5.3.1　工程概述

劲性混凝土结构是在型钢柱、型钢梁周围配置钢筋混凝土结构，包裹型钢结构，使得施工完成后钢构件与钢筋混凝土连为一体，共同承担建筑各项荷载的一种特殊结构。在劲性混凝土结构中，钢构件通常为十字形钢柱、工字形钢梁。

由于劲性混凝土结构的应用能够有效地发挥型钢和钢筋混凝土两种材料各自的优点，同时克服了钢结构局部扭曲的缺点，故而被广泛应用于现代大规模建筑工程中。

结合本工程的深化设计情况和实际施工情况，深化设计的科学性通过现场实际施工的难易程度进行验证，尤其是钢筋与型钢结构在连接和模板加固过程中的问题进行分析总结，因此着重于劲性混凝土结构钢筋与型钢组合结构深化设计的研究和分析。

5.3.2　技术原理

本技术围绕影响劲性混凝土结构钢筋与型钢结构连接，以及型钢梁、柱模板加固整个过程的所有因素进行考虑，从钢筋连接形式的选用、多层钢筋及其整体排布原则、钢结构构件的组装吊装和型钢梁柱模板支设加固等方面进行深入分析和研究，从深化设计阶段消除相关不利因素，保证劲性混凝土结构的施工质量。

1. 钢筋连接形式的选用

型钢柱构件全部在钢构件加工厂制作完成，在钢柱制作过程中就应考虑到框梁、钢筋的连接，应根据结构施工图中钢筋的设计内容结合现场实际施工情况，综合考虑采用连接器、连接板、打孔等连接形式，准确定位，综合运用，同时优化连接板的制作尺寸，严格控制打孔的孔径选择。

首先根据工程结构设计图纸的要求确定钢筋保护层的厚度，综合考虑型钢钢筋的连接形式适当增大。本工程根据深化设计，确定了钢筋的中心距离混凝土结构的表面尺寸为 45mm。

1）预留钢筋孔的位置和大小的确定

预留钢筋孔的位置准确度要求较高，预留孔在型钢柱的上、下、左、右位置要准确，否则会给穿钢筋带来很大麻烦，甚至造成无法穿过或者穿出梁边的情况。预留孔的中心位置须根据结构施工图梁位置、截面尺寸、钢筋数量排布加以确定。一般情况，确定好预留孔等的间距布置，同时还应避开型钢柱翼缘板。但考虑到对型钢柱腹板强度的削弱，孔边间距不应小于 15mm。同时，在确定开孔位置时，在不影响框梁截面尺寸结构定位的情况下，可以适当考虑钢筋向翼缘板外部分留孔，以减少在腹板上的开孔数量。

为了尽可能减少开孔对型钢柱强度的削弱，型钢腹板上的开孔直径不宜过大。但是，孔太小又不便于施工，甚至由于制作或施工误差导致钢筋不能从预留孔内部穿过去。在《组合结构设计规范》JGJ 138—2016 中对预留孔的尺寸大小有建议值，开孔直径为“钢筋直径 +5mm”。经过本工程验证，此建议值基本可以满足现场的施工要求。但是需要注意的问题是，预留孔的直径尺寸要绝对准确，因为钢筋的直径也有误差，孔越小对精度的要求就越高，如果误差累计严重，将直接导致钢筋施工无法穿过。同时应注意的情况，如果框梁钢筋直径过大，可以适当考虑将预留孔扩大。本工程在实际生产加工中，与设计院和加工厂家沟通后，对于直径为 25mm 以上的钢筋，开孔直径宜为“钢筋直径 +10mm”（图 5.3–1）。

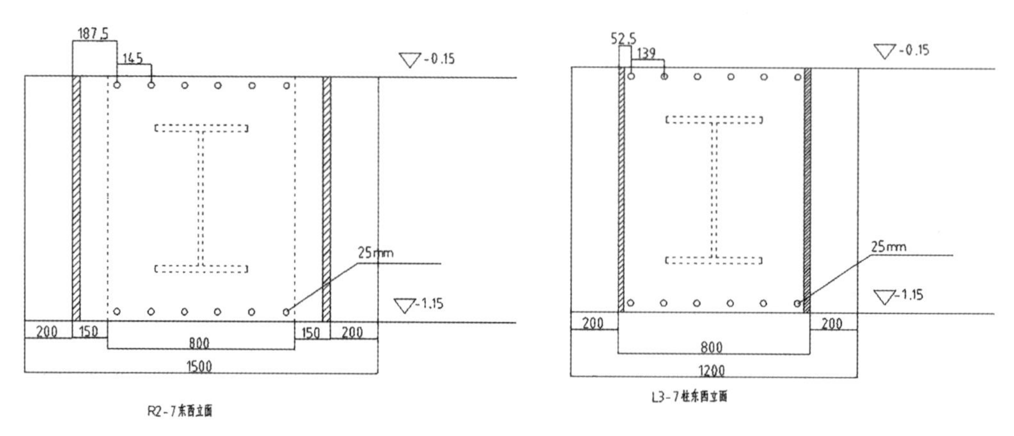

图 5.3–1　部分编号柱打孔位置示意图

2）连接器的定位和焊接

连接器的焊接和定位与预留孔的施工方法基本一致，采用连接器连接的钢筋必须进行套丝，并且连接器只能焊接在翼缘板上。连接器与普通的直螺纹套筒比较相似，不同的是连接器在与翼缘板连接的位置预先经过破口处理，以保证焊接的牢固性。

现以编号 R1、R2 柱结构设计情况为例进行穿孔连接和焊接连接器连接的深化设计，具体结构图纸设计内容和钢构深化设计内容，如图 5.3–2 所示。

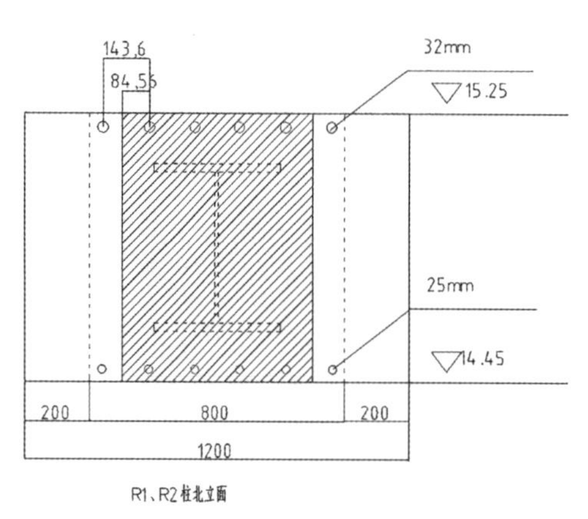

图 5.3–2　编号 R1、R2 柱翼板连接器位置（斜线区域圈）示意图

3）连接板截面尺寸和标高的确定

在翼缘板上焊接连接板的截面尺寸、标高和角度必须与所连位置的钢筋混凝土框梁中的上下排纵筋的位置和梁的截面尺寸相对应，否则需要现场割除重新焊接。这样，一来增加了工程量，二来不能达到加工厂焊接的质量要求，现场焊接的施工环境复杂多变，工人操作难以出手，焊接质量不易保证。因此，在型钢柱安装以前

必须对连接板的位置、数量进行复核，避免上述情况的出现。连接板焊接一般采用与型钢柱同种材质的钢板，连接板底部加三角形钢板肋，钢板厚度与翼缘板厚度一致，钢板长度同翼缘板翼缘宽度相同，钢板宽度略小于型钢柱翼缘板与柱身外包钢筋的内皮尺寸，通常情况下确定内皮尺寸为 –15mm。

2. 多层钢筋连接及其整体排布原则

同一根框梁钢筋横跨两根及两根以上的型钢柱时，且当框梁钢筋正好处于型钢柱翼缘板的位置，由于翼缘板只能焊接连接器，不能开孔，钢筋连接只能采用两头连接器连接、中部搭接焊的形式进行施工。同时，应注意框梁钢筋的整体排布原则，对于通过一根型钢柱连接的多根顶标高或底标高相同的梁，确定纵、横向梁纵筋的排布原则，一般情况下确定为短跨方向在下、长跨方向在上的排布，避免钢筋位置出现冲突，同时满足受力要求。

3. 型钢梁、型钢柱的模板加固

1）型钢梁的模板加固

根据型钢梁的设计尺寸采用不同的加固方案，当 400mm< 梁高度 $Lg \leqslant$ 700mm 时，需采用一道穿梁螺栓，螺栓横向间距 400mm；当 700mm < 梁高度 $Lg \leqslant$ 1100mm 时，需采用二道穿梁螺栓，螺栓横向间距 400mm；当 1100mm < 梁高度 $Lg \leqslant$ 1500mm 时，需采用三道穿梁螺栓，螺栓横向间距 400mm；当 1500mm < 梁高度 $Lg \leqslant$ 1900mm 时，需采用四道穿梁螺栓，螺栓横向间距 400mm。所有的穿梁螺杆孔全部利用型钢梁的拉结钢筋孔，将拉杆加固位置的穿梁拉结筋孔适当扩大，一般确定孔径 20mm（拉结钢筋孔设计为 14mm），加穿 ϕ16 型 PVC 套管，保证拉杆的重复利用。

2）型钢柱模板加固深化设计

型钢柱模板加固应根据工程实际情况采用不同的加固方式，若型钢柱体量较大、数量较多，则应考虑采用定型钢模板、10 号槽钢加固的形式，如超高层建筑型钢柱模板加固。反之，如果型钢柱体量较小、数量较少，加工制作钢模板、槽钢加固会使工程成本增加，并无多次周转使用，造成工程建设成本浪费，应采用全丝拉杆穿型钢柱、散拼模板加固的形式。根据本工程设计情况，普遍柱高为 20 多米，适合于采用上述第二种加固形式。

型钢柱加固时需考虑单次浇筑的柱身高度、柱的截面尺寸等，加固时在型钢柱腹板上开孔，用于全丝拉杆的穿过，拉杆间距依据单次浇筑柱身高度确定，纵、横向拉杆在柱根起点位置错开 200mm 布置，以免发生冲突；同时，在超过 5m 的范围内单次浇筑的柱根部 2/3 范围内进行加密，保证加固强度。

5.3.3 性能指标

该工艺的验收标准主要是进行深化设计连接和焊接位置准确度的检验、混凝土结构回弹、钢筋保护层厚度扫描、成型结构尺寸的复核等，经过现场检验检测结果合格，满足设计要求。

通过与以往类似工程相关数据的对比分析，综合采取上述各类方法，从影响劲性混凝土结构钢筋与型钢结构连接及型钢梁、型钢柱的模板加固整个过程的所有因素进行考虑，从钢筋连接形式的选用、多层钢筋及其整体排布原则、钢结构构件的组装吊装和型钢梁柱模板支设加固等方面进行深入分析和研究，从深化设计阶段消除相关不利因素，保证劲性混凝土结构的施工质量。使得较难施工的型钢梁混凝土浇筑质量有了确切的保证，从而达到控制技术研究与应用的目的。

5.4 高大空间新型支撑体系及智能监测技术应用

5.4.1 施工范围

本工程高支模主要为1号楼洞库、2号楼序厅部分，6号楼、7号楼局部超高坡屋面、18号楼水泵房设备临时入口封闭屋面。

5.4.2 技术特点、难点

（1）该工程高支模施工面积大，体量大，异形构件多，清水混凝土构件多；对模板安装及支撑体系要求高。

（2）1号楼洞库为双跨拱形结构，在拱形结构上部有层高为2.6m的管道夹层。

（3）2号楼序厅为钢框架劲性混凝土结构，梁荷载、高度、跨度均超限，梁间距较密。

（4）6号楼、7号楼为坡形屋面结构，整体屋面造型为仿古建筑，在屋脊附近坡度大于45°，混凝土浇筑存在较大难度，对支模架体有特殊加固的要求。

5.4.3　施工工艺技术

1. 总体设计原则

1 号楼洞库拱形梁板、2 号楼序厅主梁为高支模主要区域，支撑体系采用统一设计、分层构造。在保障结构安全储备的前提下，支撑体系按满堂架整体设计，兼顾操作简便、统一、经济、合理等要求。选择具有代表性的梁、板进行模拟安全验算或样板试验，确保支撑体系的承载力和稳定性。因此，设计的原则为：

（1）采用盘扣式钢管支撑体系，立杆间距要尽量达到一致或成倍数，便于纵、横向水平杆拉通和附着拉结。

（2）剪刀撑按加强型要求设置，力求中间纵横向、竖向剪刀撑靠近主梁位置，水平剪刀撑设置在层间结构梁的位置。

（3）荷载取值按永久荷载标准值及其分项系数，兼顾叠加荷载效应；活荷载按实际荷载及其分项系数，取值不小于 4kN/m^2，确保架体承载力及稳定性。

2. 支撑体系方案设计

1）支撑体系的选择

针对本工程不同梁板结构特征及结构超限特点，本工程选择采用 B 型承插盘扣式钢管支撑体系进行施工。

2）支撑体系参数设计及剪刀撑设置

（1）1 号楼洞库支撑体系立杆纵、横向间距：梁下 600mm × 900mm，板下 900mm × 900mm，步距统一为 1500mm 设置。由于梁及板的荷载相对较小，主梁底模由梁侧的立杆安装横向水平钢管扣件连接定位，纵向连接采用弧形钢管构造，形成拱形曲面，待木龙骨和梁底模铺设成型后，由梁下中心一个承重立杆加可调托撑进行支撑加固。

剪刀撑设置：外立面周边满设斜拉杆，中间纵向、横向和竖向剪刀撑，参照周边柱网间距尺寸，间隔不超过 6 跨，采用斜拉杆连续设置；在最中间 1200mm × 1400mm 的大梁部位，确保有一道竖向连续剪刀撑；每一跨拱形结构，横向布置三道斜拉杆，纵向布置两道斜拉杆；水平剪刀撑的设置按照从扫地杆开始每四跨设置一道，总共设置三道。

（2）2 号楼序厅梁板支撑体系立杆纵、横向间距：梁下 600mm × 900mm，步距 1500mm 设置，平均梁下承重立杆数量不少于 2 根，设平台式支撑架体，主要由托撑及三道水平钢管作为主梁，形成一个支撑平台，满铺木方，上面直接铺设梁底模板；板下支撑采用扣件式钢管，在平台架上搭设满堂架加固即可。

剪刀撑布置：外立面周边满设斜拉杆，中间纵向、横向和竖向剪刀撑，参照周边柱网间距尺寸，间隔不超过6跨，采用斜拉杆连续设置；在最主要的大梁部位，至少确保有一道竖向连续剪刀撑；在跨度超限的梁中部，用斜拉杆构造成格构柱结构；水平剪刀撑设置按照从扫地杆开始每四跨设置一道，总共设置三道。

3）其他相关参数确定（表5.4–1 ~ 表5.4–4）

1号楼洞库参数 表5.4–1

一、支撑体系参数			
新浇混凝土梁支撑方式	梁两侧有板，梁板立柱共用	混凝土梁居梁两侧立柱中的位置	居中
梁两侧立柱间距 l_b（mm）	600	立柱间距 l'_a（mm）	900
步距 h（mm）	1500	楼板立柱间纵、横距 l'_b（mm）	900
二、荷载参数			
模板及其支架自重标准值 G_{1k}（kN/m³）	0.3、0.5、0.75	新浇筑混凝土自重标准值 G_{2k}（kN/m³）	24
混凝土梁钢筋自重标准值 G_{3k}（kN/m³）	1.5	混凝土板钢筋自重标准值 G_{3k}（kN/m³）	1.1
施工人员及设备荷载标准值 Q_{1k}（kN/m²）	2	冲击、振捣荷载 Q_{2k}（kN/m²）	2
基本风压 ω_0（kN/m²）	0.35	风荷载标准值 ω_k（kN/m²）	0.22
风压高度变化系数 μ_z	0.79	风荷载体型系数 μ_s	0.8
三、模板参数			
面板类型	覆面木胶合板	面板厚度 t（mm）	12
面板抗弯强度设计值［f］（N/mm²）	12	面板弹性模量 E（N/mm²）	10000
四、梁底木方（次龙骨）参数			
材质及类型	方木	方木截面（mm）	50×70
抗弯强度设计值 f（N/mm²）	15.44	截面抵抗矩 W（cm³）	40.83
抗剪强度设计值 τ（N/mm²）	1.78	截面惯性矩 I（cm⁴）	142.92
弹性模量 E（N/mm²）	9350		
五、梁底主梁参数			
主梁材质及类型	双钢管	截面类型	ϕ48.3×2.8
抗弯强度设计值 f（N/mm²）	205	抗剪强度设计值 τ（N/mm²）	125
截面惯性矩 I（cm⁴）	10.19	截面抵抗矩 W（cm³）	4.25
弹性模量 E（N/mm²）	2.06×10^5		
六、可调托撑及底座参数			
可调托撑丝杠直径	ϕ35	可调托座承载力容许值（kN）	30

续表

七、立柱参数			
钢管类型	ϕ48.3×3.2	立柱截面面积 A（cm^2）	4.5
立柱截面回转半径 i（mm）	15.9	立柱截面抵抗矩 W（cm^3）	4.73
立柱抗压强度设计值 f（N/mm^2）	300		

2号楼序厅参数 表5.4-2

一、支撑体系参数			
新浇混凝土梁支撑方式	梁两侧有板，梁板立柱共用	混凝土梁居于梁两侧立柱中的位置	居中
梁两侧立柱间距 l_b（mm）	600	立柱间距 l'_a（mm）	900
步距 h（mm）	1500	楼板立柱间纵、横距 l'_b（mm）	900
二、荷载参数			
模板及其支架自重标准值 G_{1k}（kN/m^3）	0.3、0.5、0.75	新浇筑混凝土自重标准值 G_{2k}（kN/m^3）	24
混凝土梁钢筋自重标准值 G_{3k}（kN/m^3）	1.5	混凝土板钢筋自重标准值 G_{3k}（kN/m^3）	1.1
施工人员及设备荷载标准值 Q_{1k}（kN/m^2）	2	冲击、振捣荷载 Q_{2k}（kN/m^2）	2
基本风压 ω_0（kN/m^2）	0.35	风荷载标准值 ω_k（kN/m^2）	0.22
风压高度变化系数 μ_z	0.79	风荷载体型系数 μ_s	0.8
三、模板参数			
面板类型	覆面木胶合板	面板厚度 t（mm）	15
面板抗弯强度设计值 f（N/mm^2）	15	面板弹性模量 E（N/mm^2）	10000
四、梁底木方（次龙骨）参数			
材质及类型	方木	方木截面（mm）	50×70
抗弯强度设计值 f（N/mm^2）	15.44	截面抵抗矩 W（cm^3）	40.83
抗剪强度设计值 τ（N/mm^2）	1.78	截面惯性矩 I（cm^4）	142.92
弹性模量 E（N/mm^2）	9350	—	—
五、梁底主梁参数			
主梁材质及类型	三钢管	截面类型	ϕ48.3×2.8
抗弯强度设计值 f（N/mm^2）	205	抗剪强度设计值 τ（N/mm^2）	125
截面惯性矩 I（cm^4）	10.19	截面抵抗矩 W（cm^3）	4.25
弹性模量 E（N/mm^2）	2.06×10^5		
六、可调托撑及底座参数			
可调托撑丝杠直径	ϕ35	可调托座承载力容许值（kN）	30

续表

七、立柱参数			
钢管类型	ϕ48.3 × 3.2	立柱截面面积 A（cm^2）	4.5
立柱截面回转半径 i（mm）	15.9	立柱截面抵抗矩 W（cm^3）	4.73
立柱抗压强度设计值 f（N/mm^2）	300		

6 号楼、7 号楼参数 **表 5.4-3**

一、支撑体系参数			
新浇混凝土梁支撑方式	梁两侧有板，梁板立柱共用	混凝土梁居梁两侧立柱中的位置	居中
梁两侧立柱间距 l_b（mm）	600	立柱间距 l'_a（mm）	900
步距 h（mm）	1500	楼板立柱间纵、横距 l'_b（mm）	900
二、荷载参数			
模板及其支架自重标准值 G_{1k}（kN/m^3）	0.3、0.5、0.75	新浇筑混凝土自重标准值 G_{2k}（kN/m^3）	24
混凝土梁钢筋自重标准值 G_{3k}（kN/m^3）	1.5	混凝土板钢筋自重标准值 G_{3k}（kN/m^3）	1.1
施工人员及设备荷载标准值 Q_{1k}（kN/m^2）	2	冲击、振捣荷载 Q_{2k}（kN/m^2）	2
基本风压 ω_0（kN/m^2）	0.35	风荷载标准值 ω_k（kN/m^2）	0.22
风压高度变化系数 μ_z	0.79	风荷载体型系数 μ_s	0.8
三、模板参数			
面板类型	覆面木胶合板	面板厚度 t（mm）	15
面板抗弯强度设计值 f（N/mm^2）	15	面板弹性模量 E（N/mm^2）	10000
四、梁底木方（次龙骨）参数			
材质及类型	方木	方木截面（mm）	50 × 70
抗弯强度设计值 f（N/mm^2）	15.44	截面抵抗矩 W（cm^3）	40.83
抗剪强度设计值 τ（N/mm^2）	1.78	截面惯性矩 I（cm^4）	142.92
弹性模量 E（N/mm^2）	9350	—	—
五、梁底主梁参数			
主梁材质及类型	双钢管	截面类型	ϕ48.3 × 2.8
抗弯强度设计值 f（N/mm^2）	205	抗剪强度设计值 τ（N/mm^2）	125
截面惯性矩 I（cm^4）	10.19	截面抵抗矩 W（cm^3）	4.25
弹性模量 E（N/mm^2）	2.06×10^5		
六、可调托撑及底座参数			
可调托撑丝杠直径	ϕ35	可调托座承载力容许值（kN）	30

续表

七、立柱参数			
钢管类型	ϕ48.3×3.2	立柱截面面积 A（cm^2）	4.5
立柱截面回转半径 i（mm）	15.9	立柱截面抵抗矩 W（cm^3）	4.73
立柱抗压强度设计值 f（N/mm^2）	300		

18 号楼参数　　　　**表 5.4-4**

一、支撑体系参数			
新浇混凝土梁支撑方式	梁两侧有板，梁板立柱共用	混凝土梁居梁两侧立柱中的位置	居中
梁两侧立柱间距 l_b（mm）	600	立柱间距 l'_a（mm）	900
步距 h（mm）	1500	楼板立柱间纵、横距 l'_b（mm）	900
二、荷载参数			
模板及其支架自重标准值 G_{1k}（kN/m^3）	0.3、0.5、0.75	新浇筑混凝土自重标准值 G_{2k}（kN/m^3）	24
混凝土梁钢筋自重标准值 G_{3k}（kN/m^3）	1.5	混凝土板钢筋自重标准值 G_{3k}（kN/m^3）	1.1
施工人员及设备荷载标准值 Q_{1k}（kN/m^2）	2	冲击、振捣荷载 Q_{2k}（kN/m^2）	2
基本风压 ω_0（kN/m^2）	0.35	风荷载标准值 ω_k（kN/m^2）	0.22
风压高度变化系数 μ_z	0.79	风荷载体型系数 μ_s	0.8
三、模板参数			
面板类型	覆面木胶合板	面板厚度 t（mm）	15
面板抗弯强度设计值 f（N/mm^2）	15	面板弹性模量 E（N/mm^2）	10000
四、梁底木方（次龙骨）参数			
材质及类型	方木	方木截面（mm）	50×70
抗弯强度设计值 f（N/mm^2）	15.44	截面抵抗矩 W（cm^3）	40.83
抗剪强度设计值 τ（N/mm^2）	1.78	截面惯性矩 I（cm^4）	142.92
弹性模量 E（N/mm^2）	9350	—	—
五、梁底主梁参数			
主梁材质及类型	双钢管	截面类型	ϕ48.3×2.8
抗弯强度设计值 f（N/mm^2）	205	抗剪强度设计值 τ（N/mm^2）	125
截面惯性矩 I（cm^4）	10.19	截面抵抗矩 W（cm^3）	4.25
弹性模量 E（N/mm^2）	2.06×10^5		
六、可调托撑及底座参数			
可调托撑丝杠直径	ϕ35	可调托座承载力容许值（kN）	30

续表

七、立柱参数			
钢管类型	ϕ48.3×3.2	立柱截面面积 A（cm^2）	4.5
立柱截面回转半径 i（mm）	15.9	立柱截面抵抗矩 W（cm^3）	4.73
立柱抗压强度设计值 f（N/mm^2）	300		

5.4.4　主要施工方法

1. 工艺流程

模板安装顺序按照先梁底，后梁侧，最后楼板模板，模板预先编号存放。模板组装应严格按照模板设计图尺寸进行拼装，并将模板的偏差控制在规范允许的范围内，模板拼装后，要求逐块检查其是否符合模板设计，模板的编号与所用的部位是否一致。

1）梁

弹梁轴线并复核→搭支模架→安装主梁→安放梁底模板并固定→梁底起拱→绑扎梁筋→安侧模板→侧模板拉线支撑加固（梁高加对拉螺栓）→复核梁模板尺寸、标高、位置→与相邻模板连接固定。

2）板

搭支架→测水平→摆主梁→调整楼模板的标高及起拱→铺模板→清理、刷脱模剂→检查模板标高、平整度、加固情况。

2. 主要施工方法

1）1 号楼洞库

将架体按照后浇带位置划分为序厅、左、右三个区域，5 个施工段。在筏板上弹出立杆位置线，以拱形梁中心为基准，设立梁下承重立杆，梁两侧立杆按 0.6m 搭设，并分别按 0.9m 向两边连续搭设板下立杆，直至与相邻梁立杆相接。梁纵向立杆间距均按 0.9m 设置，端部立杆距墙面 0.5m。以拱梁中部最高点向两端拱脚位置，架体按交错台阶依次连续搭设，最低端立杆高度按 4.5m 控制，最高台阶为 8m。板下位置各个立杆分别增加 0.5m 的高度。梁两侧立杆上端横向水平杆采用扣件钢管，按照 CAD 图纸设计矢高位置安装，梁纵向水平杆连接采用预制的弧形钢管，在横向钢管之上的竖向立杆上扣件连接。待上部木方次梁和梁底模板安装到位后，梁下承重立杆用托撑支撑住横向钢管。板下构造方法与梁下类似，梁侧的模板两端分别设置一道纵向弧形钢管定位，立杆纵横向间距以 0.9m 为主，个别非标模数采用在跨中扣件钢管水平连接。周边顶墙抱柱措施，竖向模板及连接暂不拆除。

支撑架搭设进程应与拱脚位置的竖向结构施工协调配合，前期可作为竖向构件支模脚手架和辅助水平支撑之用，待竖向结构完成混凝土浇筑后，再完成支撑架上部弧形造型。支撑架最上一步步高原则按不大于 1m 设置。立杆上部局部高度不足部分，采用短钢管和托撑进行调节和加固，并在确保立杆上端水平杆以上悬臂高度不大于 500mm 的前提下，采用扣件钢管对局部进行斜撑构造加固。竖向剪刀撑按照前述工艺设计位置和数量的要求即可，水平剪刀撑在扫地杆和拱脚处设置，与架体搭设同步进行。

2）2 号楼序厅

2 号楼序厅架体基础为地下 2m 高隔震层 160mm 厚结构板，盘扣式钢管满堂架支撑体系，混凝土强度等级 C40，龄期、强度能达到 75% 以上，足以满足高架支模施工条件。支撑架体随周边楼层同步分层搭设，由西而东分区搭设。该区域高支模架针对主梁宽度相对较宽，且多处梁间距较近，梁间立杆模数难配置等特点，采用平台式满堂架构造，即原则上不考虑梁所在的位置，上部为刚度较大的平面，按照荷载平衡受力设计。平台上主梁为托撑上合并三根钢管作为主梁，满铺 50mm × 80mm 的木方，立杆间距参数 0.6m × 0.9m，上部步距 0.5m。有板位置的立杆接高至板底，高度不足或梁侧立杆影响处，采用扣件钢管补齐。两道净跨度超限的大梁中部，下部按立杆周边四面斜杆满布，构造为格构柱，进行局部加强。

剪刀撑在架体周边外侧和中间间隔不大于 6m，由底至顶设置连续斜撑拉杆；水平剪刀撑除扫地杆和梁下各设置一道外，中部按周边楼层层板位置各设置一道，共五道，采用扣件钢管搭设。

3）6 号楼、7 号楼

坡屋面在屋脊附近局部有略超过 8m 的架体，该部分按照整层满堂支撑架，采用盘扣架统一搭设。架体基础为 120mm 厚结构板，混凝土强度等级 C40，下部为 3.6m 高未拆除的满堂支撑架。架体立杆纵、横向间距均为 0.9m × 0.9m，水平杆步距 1.5m，架体立杆下方均设置木垫板，距底部 350mm 设置扫地杆。满堂支撑架在架体外侧四周及内部纵、横向由底至顶设置连续竖向剪刀撑。架体底部及竖向间隔 4 步，分别设置连续水平剪刀撑。架体应与相邻的满堂支撑架用扣件钢管进行连接，中间与已施工完的结构柱进行抱柱连接，方法按照每两步三跨采用扣件钢管拉结，连接杆与相邻支撑架延长两跨与立杆固定。

4）18 号楼水泵房

该区域架体基础为架体搭设在 600mm 厚的筏板上，混凝土强度等级 C40。架体参数为梁两侧立杆间距 600mm，梁底中心设 1 根承重立杆，纵向间距 900mm，水平杆步距 1.5m，顶部设调节托撑；板底立杆纵、横向间距为 900mm，步距为 1.5m。满堂支撑架在架体外侧四周及中部纵、横向，由底至顶设置连续竖向剪刀撑；架体底部、梁底及竖向中部分别设置连续水平剪刀撑，水平剪刀撑宜在竖向剪刀撑斜相交平面设置。竖向剪刀撑采用斜拉杆构造，水平剪刀撑采用扣件钢管，在立杆的两侧固定，扣件中心线至主节点的距离不宜大于 150mm。高架支模架体应与相邻的支模架用扣件钢管进行连接，连接方法按照每两步三跨，采用扣件钢管拉结，连接杆与相邻支撑架延长两跨与立杆固定。

3. 支撑体系与结构拉结措施要求

高支模支撑架体与建筑物拉结方式，采用扣件钢管按照 2×3 跨连接一道，与剪力墙通过对拉螺栓孔采用钢管端部焊接穿墙螺栓进行螺母固定；周边有层间结构梁侧与层间梁侧面进行顶撑；周边及中间有框架柱的，则采用扣件钢管抱柱连接。

1）支撑架体与框架柱拉结

在序厅内部及周边有框架柱，架体与结构柱采用扣件钢管拉结，拉结间距不大于两步，水平钢管采用双钢管连接（图 5.4-1）。

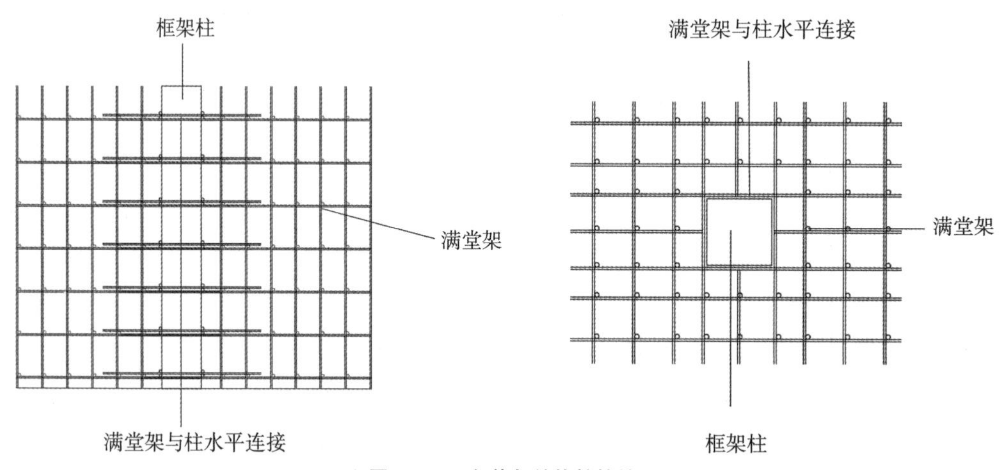

图 5.4-1　架体与结构柱拉结

2）相邻支撑架之间拉结

相邻支撑架之间按照每两步三跨，采用扣件钢管拉结一道，连接杆与相邻支撑架延长两跨与立杆固定（图 5.4-2）。

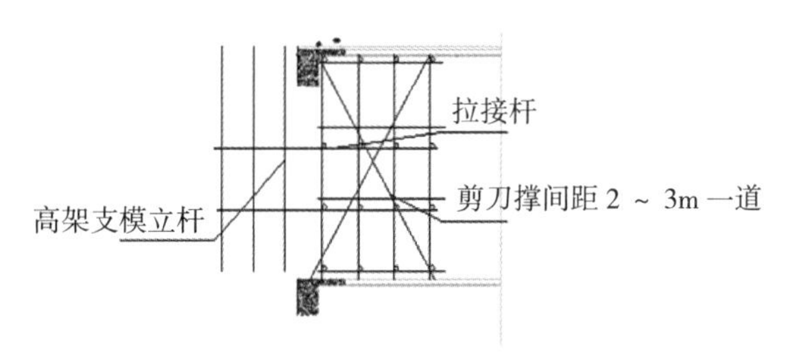

图 5.4-2　相邻支撑架拉结

4. 施工要求

（1）支撑架搭设时，应保证结构和构件各部分的形状、尺寸，并留有足够的模板安装和拆除距离。

（2）高架支撑体系具有足够的承载能力、刚度和稳定性，能可靠地承受施工中所产生的荷载。

（3）对大跨度钢筋混凝土梁、钢骨梁及钢桁架，跨中起拱值为 $1.5L/1000$，钢筋混凝土梁、钢骨梁悬挑端端部拱值为 $5L/1000$。

（4）在立杆底距地面 350mm 高处，沿纵、横水平方向设扫地杆。U 形支托与主梁两侧间如有间隙，必须用木楔夹紧，其托撑丝杠伸出顶部水平钢管不得大于 250mm，托撑丝杠外径与立柱钢管内径的间隙不得大于 3mm，安装时应保证上下同心。

（5）扣件钢管剪刀撑应采用 ϕ48 钢管用扣件与钢管立柱扣牢。剪刀撑采用搭接方式接长，宜在立杆两侧分别用旋转扣件固定。

（6）确保支架立杆搭设的垂直度，每层接高均按本设计方案检查验收，严格执行，不得随意更改。

（7）搭设高度 2m 以上的架体，应设置作业人员登高措施。作业面应按有关规定设置安全防护设施。

（8）已经破损或者不符合模板设计图的构配件以及面板不得投入使用。

（9）支模前对前一道工序的标高、尺寸、预留孔等位置按设计图纸做好技术复核工作。

5. 梁、板模板加固

混凝土梁侧压力主要由对拉螺栓加固支撑，梁底除承重立杆支撑外，在最上一步中间增加一道水平杆，即较下部缩小步高，并严格控制立杆超过最上一步水平杆的自由高度应小于 500mm。梁侧混凝土板的支撑悬臂长度控制在 300mm 以内，并采用临时斜支撑进行加固。加固要求如下：

（1）梁的安装要密切配合钢筋绑扎，积极为钢筋分项提供施工方便。

（2）所有不小于 2mm 的板缝必须用胶带纸封贴。

（3）梁模板铺排从梁两端往中间退，嵌木安排在梁中，梁的清扫口设在梁端。

（4）铺设木龙骨，龙骨排放要整齐，不得歪斜，表面要刨光，间距不超过 200mm。

（5）铺木胶板，对每跨进行模板设计，争取木胶板的裁锯量最少。

（6）竹胶板铺在龙骨上，调整相邻两块竹胶板之间的缝隙，然后用钉子钉在木龙骨上。注意严禁用铁锤直接敲击木胶板边缘，必要时应垫以木块敲击。

（7）梁侧有板时设置附加水平横杆，板两侧有梁时设置斜撑。

（8）梁侧模板采用对拉螺栓加固时，自梁底 150mm 处设置一道。对于单侧有板的梁均按双侧有板梁支撑加固。

（9）1 号楼洞库的构件为清水混凝土，竖向、横向模板拼缝要按照专项排版图进行设计；拱梁模板缝采用灰色水腻子批平，然后表面涂刷隔离剂（图 5.4–3）。

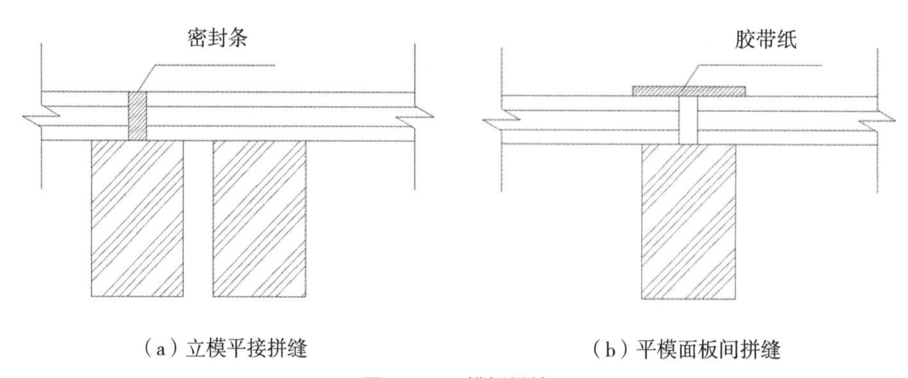

（a）立模平接拼缝　　（b）平模面板间拼缝

图 5.4–3　模板拼缝

（10）拱形板顶模板配制过程中，在距离墙边的三跨立杆位置采用双面模板配制，模板配制及组合示意图如图 5.4–4 所示。

（11）模板垂直度控制：

①对模板垂直度严格控制，在模板安装就位前，必须对每一块模板平整度进行复测，确认无误后方可用模板固定。

②模板拼装配合，工长及质量员逐一检查模板垂直度，确保垂直度不超过 4mm，平整度不超过 3mm。

③模板就位前，检查定位钢筋，位置、间距是否满足要求。

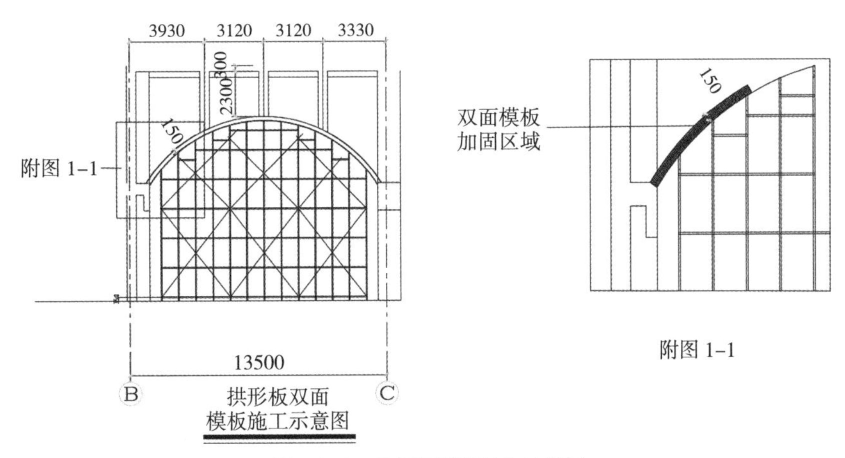

图 5.4-4　模板配置及组合示意图

（12）顶板模板标高控制：每层顶板抄测记录标高控制点，测量抄测出混凝土墙上的 500 线，根据层高及板厚，沿墙边弹出顶板模板的底标高线。

6. 混凝土浇筑

1）浇筑施工准备

在浇筑混凝土之前，应检查和控制模板、钢筋、保护层、预埋件及安装埋管等尺寸、规格、数量和位置（其具体规定偏差值见模板、钢筋施工和安装施工规范）。此外，还应检查模板支撑体系的稳定性及模板接缝的密合情况，尤其是坡屋面的斜撑是否控制到位。

采用钢丝网片拦截可以实现分块浇筑振捣，保证混凝土的成型质量。钢丝网片拦截示意图如图 5.4-5 所示。

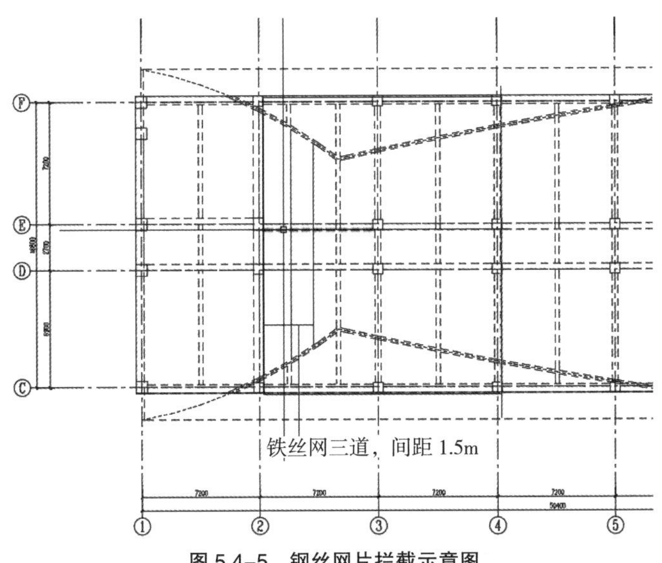

图 5.4-5　钢丝网片拦截示意图

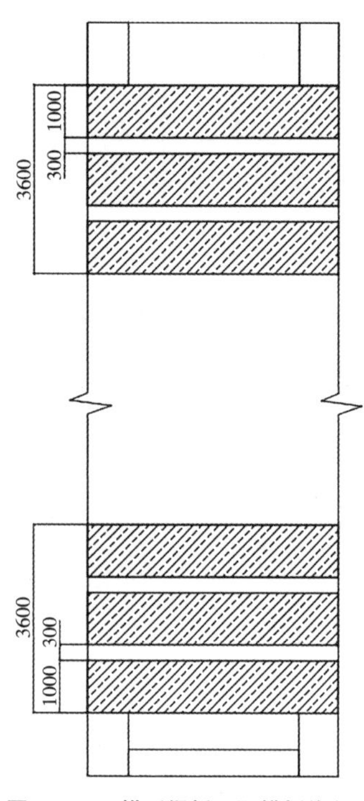

图 5.4-6 拱形梁板双面模板施工口

1 号楼由于拱形梁板两侧坡度较大，采用双面支模体系保证混凝土浇筑的质量。上层模板间距 1m，留置 300mm 宽的施工口，用于混凝土振捣。双面支模板施工口如图 5.4-6 所示。

6 号楼、7 号楼坡屋面南北两侧由于坡度过大，采用双面支模体系保证混凝土浇筑的质量。上层模板之间留置 300mm 宽的施工口，用于混凝土振捣。双面支模示意图，如图 5.4-7 所示。

南北坡屋面上层模板上留置直径为 18mm 的排气孔，纵横间距 450mm。

南北坡屋面浇筑过程中，使用附着式振动器，保证混凝土的密实，操作过程中严格按照有关要求进行。

在混凝土浇筑之前，应在坡屋面上提前焊接好标高控制点，严格按照图纸在每一道主梁、次梁以及变标高点设置标高控制点。

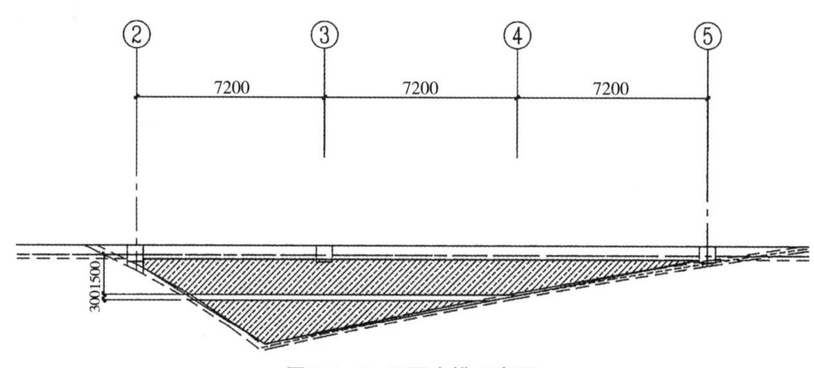

图 5.4-7 双面支模示意图

2）浇筑顺序

（1）浇筑方法

① 1 号楼洞库混凝土浇筑。

a. 拱形结构混凝土浇筑要求清水混凝土结构，必须一次性成活，不允许出现冷缝。

b. 斜屋面混凝土采用低坍落度混凝土，混凝土的浇筑采用插入式振捣棒和附着式振捣器。振捣由两侧拱形结构同时对称浇筑，浇至拱形结构顶部。浇筑的过程中，在拱形结构顶部增加500kg的重物，以防两侧混凝土浇筑时混凝土侧方压力将模板顶部顶起。

c. 在对混凝土进行振捣时，振捣棒应快插慢拔，时间应控制在10s左右，减少混凝土的流失。

d. 插入式振捣棒的使用要点：作业时，要使振捣棒自然性地插入混凝土，不得用力猛插，宜垂直插入，并插入到未初凝的下层混凝土中，约500mm，以使上下层相互结合；振捣棒各个插点的间距应均匀，插点间距最大不超过50cm。

② 2号楼序厅、18号楼混凝土浇筑。

混凝土浇筑过程秉承“先竖向结构后水平结构，分层连续浇筑”。即按照墙、柱→梁→板的顺序对称浇筑，尽量减小对支撑架体的稳定和偏心荷载的干扰效应。

a. 墙、柱混凝土浇筑

竖向结构先行浇筑混凝土，分层浇筑控制高度不大于400mm，减小混凝土现浇对高支架的影响。

b. 混凝土试块留置

按照相关规范的要求，对混凝土试块进行留设，采用标准养护、同条件养护的方式对混凝土试块28天强度进行评定。试模采用150mm×150mm×150mm规格普通试模进行标养和同条件养护，为模板拆除提供可靠的参数。

c. 梁、板混凝土浇筑

本工程梁、板混凝土强度等级相同，浇筑顺序沿短边方向顺长边方向浇筑，按先梁后板的浇筑顺序进行，分层浇筑高度为400mm，浇筑至板底后，从中间向两端对称浇筑，避免荷载不平衡和过于集中对支撑体系带来不利影响。

梁内混凝土每层均应在振实后再下料，梁底及梁侧面的部位要注意振实，振捣时不得触动钢筋及预埋件。

③ 6号楼、7号楼混凝土浇筑。

a. 斜屋面混凝土必须一次性浇筑完毕，不允许出现冷缝。

b. 斜屋面混凝土采用低坍落度混凝土，混凝土的浇筑采用插入式振捣棒和附着式振捣器振捣，由屋底至屋顶逐层、分段浇筑。分层浇筑过程中，通过设置规格为1cm宽的钢丝网片拦截上层混凝土来控制混凝土重力下坠，实现混凝土的分段浇筑。待下层混凝土找好平，使用平板式振捣棒对挡板的位置进行振捣，确保混凝土的密实度。

c. 在对混凝土进行振捣时，振捣棒应快插慢拔，时间应控制在10s左右，减少混凝土的流失。

d. 因板面坡度较大，采用振捣棒振捣时可能导致混凝土流坠，在流坠后可使用铁铲将混凝土面拍平压实；然后转向屋脊另一侧，继续进行浇筑，待下层混凝土大致达到初凝时，继续浇筑上层，来回进行浇筑，浇筑至屋顶梁底，待梁底混凝土初凝后，再进行屋顶折梁浇筑。待一段浇筑完毕之后，再进行下段此类循环浇筑。

e. 插入式振捣棒使用要点。作业时，要使振捣棒自然性地插入混凝土，不得用力猛插，宜垂直插入，并插入到未初凝的下层混凝土中 500mm 左右，以使上下层相互结合；振捣棒各插点的间距应均匀，插点间距最大不超过 50cm。

（2）混凝土收面

①对斜屋面的混凝土浇筑因其密实度不易控制，所有收面工序极其重要。

②混凝土浇筑后，应在初凝后及时进行收面，收面时间控制以人不明显下沉，手按混凝土面呈现指纹印为宜。

③混凝土面在浇筑后、初凝前应先用铁锹、抹子初步整平，收面时将木梯铺于混凝土面，操作人员在木梯上对侧面混凝土进行抹平、压实，对局部不平整或表面干裂处进行二次收面。

（3）浇筑质量要求

①在浇筑工序中，应控制混凝土的均匀性和密实性。混凝土运至浇筑地点后，应立即浇筑入模。在浇筑过程中，如发现混凝土的坍落度过小，应及时通知商混站介入处理。

②浇筑混凝土时，应注意防止混凝土的分层离析。混凝土罐车在运输和停歇期间应保持搅拌状态，对于产生了离析的混凝土，在放料前，应在罐车内搅拌至均匀后再使用。

③在浇筑混凝土时，应经常观察模板、支架、钢筋、预埋件和预留孔洞的情况，当发现有变形和位移时应及时停止浇筑，并应在已浇筑的混凝土凝结前修整完好。

本工程模板支撑体系属于高支模，为确保工程支撑体系的整体结构稳定性。混凝土施工过程中考虑使用天泵浇筑。

5.4.5 施工安全保证措施

1. 施工要求和技术保障措施

1）施工要求

（1）确保模板支架在使用周期内安全、稳定、牢靠。

（2）所有立杆在搭设前均采用放线定位，确保梁轴线支点位置准确。

（3）模板支架在搭设及拆除过程中要符合工程施工进度的要求。

（4）特殊作业人员须持证上岗。

（5）监测设施与架体同步安装及监测控制。

2）技术保障措施

（1）模板及支架的搭设和拆除需严格执行该专项施工方案。

（2）对现场技术、安全、操作人员分批、分节点地进行技术交底、安全交底。

（3）在施工现场，对复杂构件或支撑架进行样板试验。

（4）混凝土浇筑前，各项工序经班组自检、专检、验收均符合方案中相应的技术、安全要求。严格按混凝土浇筑方案中的方向和顺序进行施工。

（5）运用顶墙抱柱、增设预埋点、局部增强构造等方式提高架体稳定性。

（6）设专人负责架体全程监测工作。

（7）依托集团公司技术中心成立本项目高支模技术攻关研发小组，针对项目难点、特点，组织进行相关技术课题科研活动。

（8）在搭设高支模支撑架体过程中，安排专职安全员和专职质量员进行巡查，做到过程控制，避免返工。

2. 模板拆除

1）拆模程序

模板拆除根据同条件结构养护的试块试验抗压强度，符合相关设计要求后，由技术人员发放拆模通知书后，方可拆模。在拆除侧模时，混凝土强度要达到 1.2MPa（依据拆模试块强度而定），保证其表面及棱角不因拆除模板而受损后方可拆除。混凝土的底模，其混凝土强度达到 100% 后方可拆除。拆除模板的顺序与安装模板的顺序相反，“先支后拆，后支先拆”。

（1）拆模应遵循：

①分段、分区块拆除，平面上先拆临边跨，再拆内部跨。

②垂直方向分层自上而下拆除，先拆非承重模板再拆除承重模板。

③拆梁底模应从梁跨的中间向两边拆除，拆悬臂梁梁底的模板时应从悬臂端向支座端拆除。

（2）拆模操作顺序：

①柱模板：搭设作业平台→拆除斜撑 / 支撑水平杆→自上而下拆除柱箍或横楞→拆除模板间连接螺栓或回形销→拆除模板→清理模板并分类堆放。

②梁、顶板模板：搭设作业平台→拆除梁侧支模水平杆/斜撑→拆除梁侧模→拆除板底承重水平横杆→对搭接立杆可拆除上立杆或适当下放上立杆→拆除顶板底模板→拆除梁底承重水平横杆→拆除梁底模板→拆除支模架剪刀撑→拆除支模架横杆→拆除支模架立杆。

③养护混凝土试块强度达到设计值（表 5.4-5）。

拆除底模时的混凝土强度要求　　表 5.4-5

构件类型	构件跨度（m）	达到设计要求的混凝土立方体抗压强度标准值的百分率（%）
板	≤ 2	≥ 50
	>2，≤ 8	≥ 75
	>8	≥ 100
梁	≤ 8	≥ 75
	>8	≥ 100
预应力构件	—	≥ 100

拆除柱模板时，首先拆除下穿墙螺栓，再松开地脚螺栓，使模板向后倾斜与墙体脱开。不得在柱上撬模板，或用大锤砸模板，保证拆模时不晃动混凝土墙体。尤其拆阴阳角模时，不能用大锤砸模板。

2）拆模安全防护措施

（1）作业人员必须是已经通过三级安全教育并经考试合格者。

（2）拆模前，应履行拆模审批手续。施工员应确认构件强度必须达到（设计和施工规范）允许的拆模强度值，作业环境防护符合安全要求后，方可批准拆模。

（3）拆模前应做好临边防护和洞口防护。

（4）在拆模前，项目技术负责人必须对木工和架子班组进行分部分项安全交底，交底应交到班组所有作业人员。上岗时，作业人员必须正确使用安全防护用品。严禁酒后作业，严禁睡眠严重不足人员上岗。

（5）拆模时，必须严格遵守拆模方案和操作规程。

（6）拆模时，下方不能有人，拆模区应设警戒线，以防有人误入被砸伤。

（7）拆模时，拆模工人必须有可靠的立足点。对于高度超过 2m 的模板，拆除无安全防护时操作工人必须正确佩戴安全带。

（8）拆模应遵循先拆非承重模板，再拆除承重模板的顺序。拆梁底模时应从梁跨的中间向两边拆除，拆悬臂梁梁底的模板时应从悬臂端向支座端拆除。

（9）拆模操作时应按顺序分段进行，设置警戒线区域，并派人监护。严禁猛撬、硬砸或大面积撬落、拉倒；作业间断时，现场不得留有松动或悬挂的模板。

（10）拆下的模板及时运到指定地点集中、有序堆放，防止钉子扎脚。

（11）项目安全员（包括班组长、班组兼职安全员）必须对模板拆除作业进行巡视，发现有不安全行为或现象时必须立即予以制止。

3）模板支架拆除技术措施

（1）拆架的高处作业人员应戴安全帽、系安全带、扎裹腿、穿软底防滑鞋。

（2）拆架程序应遵守“由上而下，先搭后拆”的原则，即先拆拉杆、脚手板、剪刀撑、斜撑，而后拆小横杆、大横杆、立杆等，并按“一步一清”原则依次进行。严禁上下同时进行拆架作业。

（3）拆立杆时，要先抱住立杆再拆开最后两个扣件，拆除大横杆、斜撑、剪刀撑时，应先拆除中间扣件，然后托住中间，再解端头扣件。

（4）拆除时要统一指挥，上下呼应，动作协调，当解开与另一人有关的结扣时，应先通知对方，以防坠落。

（5）输送至地面的杆件，应及时按类堆放，整理保养。

3. 环保措施

（1）加强对现场施工人员的环保意识教育，在混凝土振捣过程中要尽量避免振动钢筋及模板，尽可能避免发出不必要的施工噪声，最大限度减少施工噪声对环境的污染。

（2）废弃的模板及方木应及时收集清理，要做到工完场清。

（3）楼层模板拆除完成后，楼层内的废料垃圾均应清理出楼层，运至堆放场。

（4）现场木作余料要尽量利用，不能再利用的要及时清运出场。

（5）尽量不要在夜间施工，夜间施工时要办理夜间施工许可证，并尽量减少噪声。

5.4.6　智能监测技术

1. 概述

高支模在工程中被大量应用，高大模板支撑体系施工难度大、质量要求高。大量工程实践经验及理论分析表明，风险的发生存在多方面的原因，既有高支模本身的内在因素，也有周边环境等外在因素。

传统施工对高支模仅进行质量检查，施工过程中监测较少。考虑到实际施工条件，在进行混凝土浇筑时，施工、环境、天气等均会对其产生影响，这些影响和高支模结构的变化往往不容易通过人工方式进行监测，继而被大家忽视。结构体健康是保证安全施工的关键。

高支模在线监测的实施，不仅能够做到连续、实时、在线监测，即便是预报警提醒，也是利于施工单位和安全监管部门能够快速掌握与工程安全密切相关的技术指标及最新动态，有利于及时掌握工程运行状况和安全状况。

2. 技术特点（表 5.4–6）

技术特点　　　　表 5.4–6

项目	自动化在线监测特性
实效性	不受天气影响实时监测，在恶劣的环境下仍保证数据的稳定
连续性	进行长期 24 小时不间断的自动化测试，能够反映细微的变化趋势
准确性	基本上克服了人的主观造成的误差
可量化	以科学的方法进行监测，以量化为基础，提供海量的数据
便捷性	随时查看，后台操作，实现自动化、远程化、可回查、可复制性强
安全性	安全稳定、主观误差小

针对监测中的问题，自动化在线监测技术的发展能很好地解决目前监测中的不足，特别是对钢结构的应力和位移，自动化技术能够很好地弥补传统监测的空白。

（1）不需要人员多次进入现场，节省人力、物力。

（2）能够全天候 24 小时实时监测，确保数据的连续性。

（3）当结构物出现异常时，系统能够第一时间将信息通知相关管理人员。

（4）每周、月提供翔实的数据报告，并对结构当前状态进行全面评估。

3. 监测内容

针对该项目的具体情况，结合高支模施工方案与项目方的需求，高大支模系统进行监测，结合目前项目需求，本次监测针对 2 号楼序厅为钢框架劲性混凝土结构，超限梁和超限板进行监测（图 5.4–8）。

我们重点监测的区域是如图 5.4–8 所示的超限梁和超限板，每个区域结构施工时，取框架主梁、超长梁中间位置，超限板中间位置，悬挑梁中间位置等测点进行观测。监测 3 个点位，主要监测超限梁和超限板集中的区域，点位如图 5.4–8 中的红点所示，每个监测点检测的内容如表 5.4–7、表 5.4–8 所示。

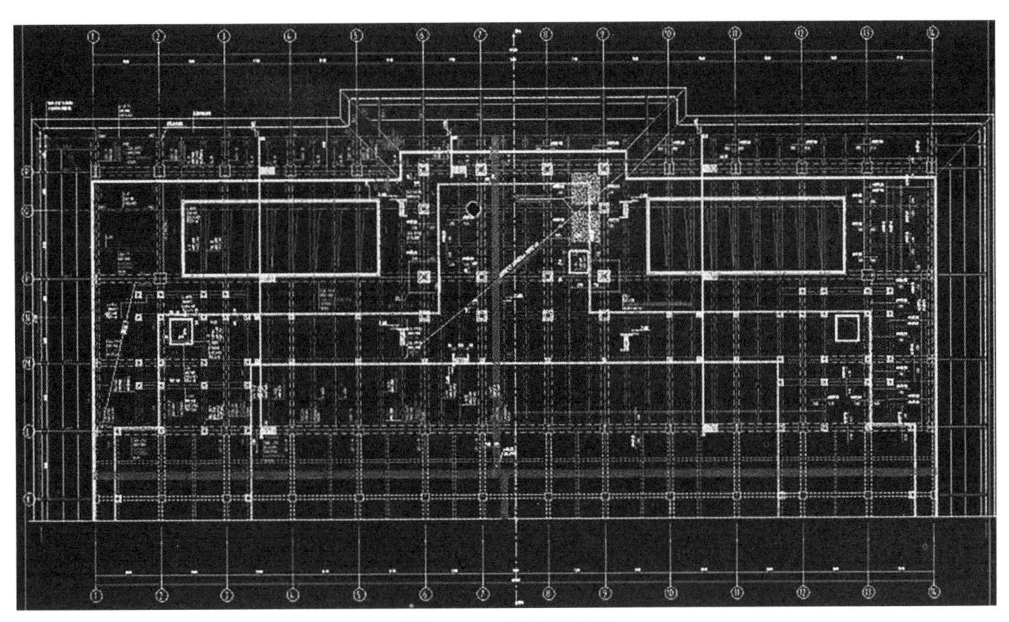

图 5.4-8　监测区域图

监测类型　　表 5.4-7

序号	监测项目	监测仪器	备注
1	立杆倾斜监测	倾角计	立杆倾斜
2	梁、板沉降观测	拉绳传感器	模板沉降
3	立杆轴力监测	轴力传感器	立杆轴力

2 号楼主要构件尺寸数量一览表　　表 5.4-8

序号	构件名称	构件规格				
		截面尺寸（mm）	跨度（m）	支撑高度（m）	混凝土强度	数量
1	主梁	600 × 2000	3.2	21.6	C40	22
2	主梁	1000 × 2000	8.4	21.6	C40	21
3	次梁	600 × 2000	8.4/1.88	21.6	C40	27
4	板	180	—	21.6	C40	—

注：此表中所示构件尺寸为净跨尺寸。

4. 监测仪器与频率（表 5.4-9）

监测仪器与频率表　　表 5.4-9

序号	监测项目	传感器	预警值	传感器分辨率	监测频率
1	模板沉降	拉绳位移计	0.3°	0.01mm	1min/ 次
2	立杆倾斜	倾角传感器	6mm	0.01°	
3	立杆轴力	轴力计	≤ 30kN	0.1kN	

5. 监测平台

监测系统通过智能节点将传感器采集到的数据利用 4G/5G 网络实时发送到云平台，实现即时预警、报警，监测数据经过统计和处理后自动生成相应的曲线和报表（图 5.4–9 ～图 5.4–12）。

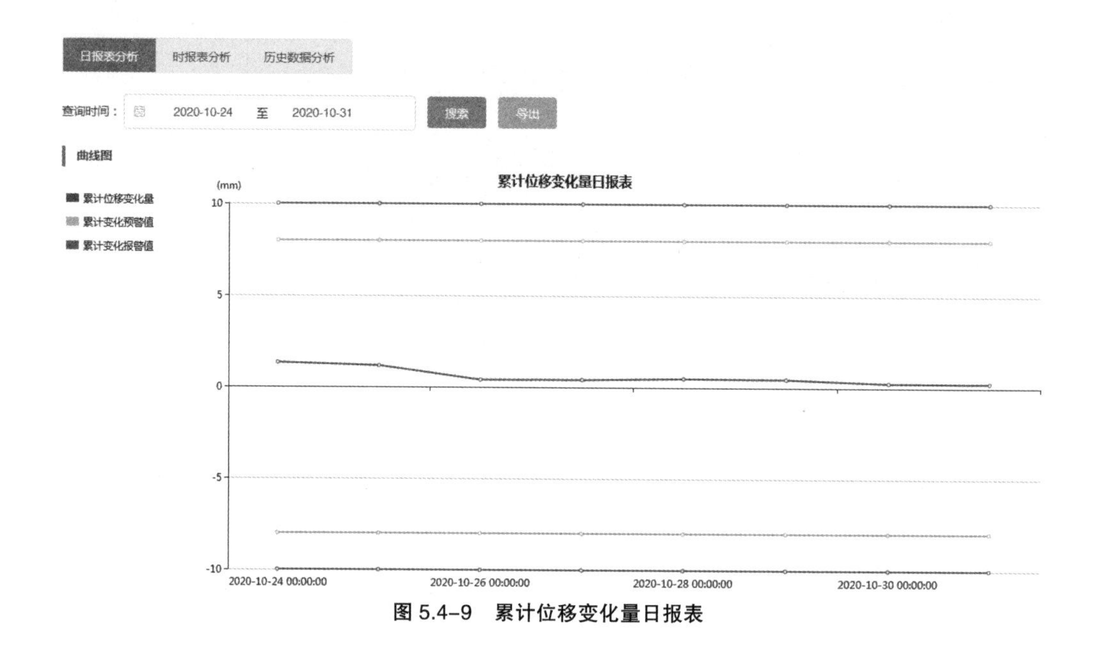

图 5.4–9　累计位移变化量日报表

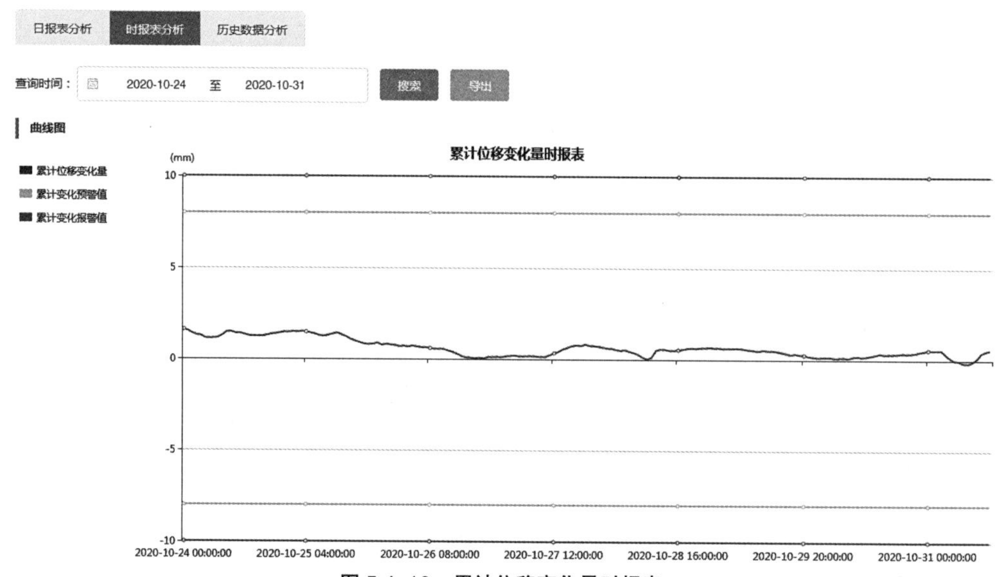

图 5.4–10　累计位移变化量时报表

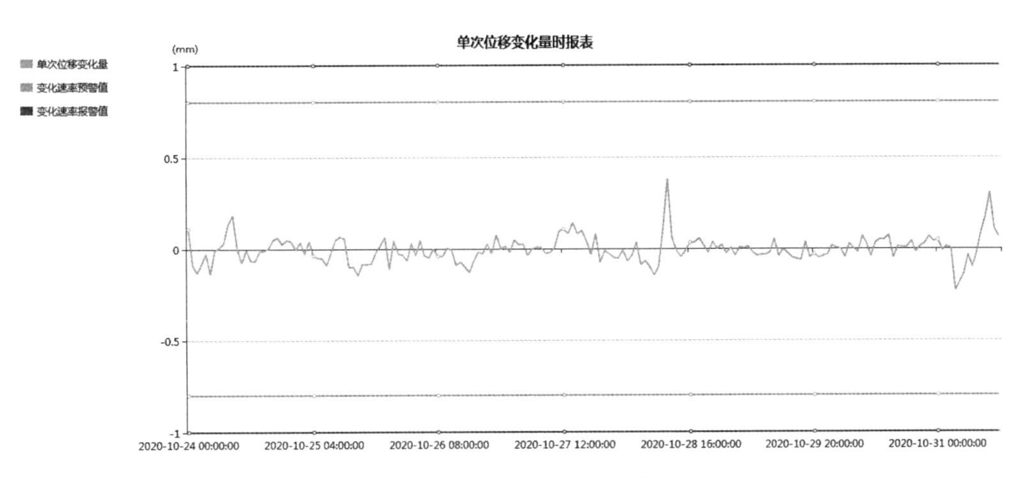

图 5.4–11　单次位移变化量时报表

数据表

<table>
<tr><th>序号</th><th>设备地址 | 使用编号</th><th>传感器编号 | 点位名称</th><th>本次位移量(mm)</th><th>上次位移量(mm)</th><th>单次位移变化量(mm)</th><th>累计位移变化量(mm)</th><th>时间</th></tr>
<tr><td>1</td><td>01071D007B | 1号沉降</td><td>2 | 102测点</td><td>2459.04822</td><td>2458.98541667</td><td>0.0628</td><td>0.5482</td><td>2020-10-31 14:00:00</td></tr>
<tr><td>2</td><td>01071D007B | 1号沉降</td><td>2 | 102测点</td><td>2458.98541667</td><td>2458.87706667</td><td>0.1083</td><td>0.4854</td><td>2020-10-31 13:00:00</td></tr>
<tr><td>3</td><td>01071D007B | 1号沉降</td><td>2 | 102测点</td><td>2458.87706667</td><td>2458.57291667</td><td>0.3042</td><td>0.3771</td><td>2020-10-31 12:00:00</td></tr>
<tr><td>4</td><td>01071D007B | 1号沉降</td><td>2 | 102测点</td><td>2458.57291667</td><td>2458.40535</td><td>0.1676</td><td>0.0729</td><td>2020-10-31 11:00:00</td></tr>
<tr><td>5</td><td>01071D007B | 1号沉降</td><td>2 | 102测点</td><td>2458.40535</td><td>2458.31873333</td><td>0.0866</td><td>-0.0947</td><td>2020-10-31 10:00:00</td></tr>
<tr><td>6</td><td>01071D007B | 1号沉降</td><td>2 | 102测点</td><td>2458.31873333</td><td>2458.34583333</td><td>-0.0271</td><td>-0.1813</td><td>2020-10-31 09:00:00</td></tr>
<tr><td>7</td><td>01071D007B | 1号沉降</td><td>2 | 102测点</td><td>2458.34583333</td><td>2458.4482</td><td>-0.1024</td><td>-0.1542</td><td>2020-10-31 08:00:00</td></tr>
<tr><td>8</td><td>01071D007B | 1号沉降</td><td>2 | 102测点</td><td>2458.4482</td><td>2458.48125</td><td>-0.0331</td><td>-0.0518</td><td>2020-10-31 07:00:00</td></tr>
<tr><td>9</td><td>01071D007B | 1号沉降</td><td>2 | 102测点</td><td>2458.48125</td><td>2458.61836667</td><td>-0.1371</td><td>-0.0188</td><td>2020-10-31 06:00:00</td></tr>
<tr><td></td><td>01071D007B | 1号沉</td><td></td><td></td><td></td><td></td><td></td><td></td></tr>
</table>

图 5.4–12　数据统计报表

5.4.7　检查验收要求

1. 材料进场验收

1）钢管要求

（1）钢管应符合《直缝电焊钢管》GB/T 13793—2016 或《低压流体输送用焊接钢管》GB/T 3091—2015 中规定的 Q235 普通钢管的要求，并应符合现行国家标准《碳素结构钢》GB/T 700 中 Q235A、Q345A 级钢的规定。不得使用有严重锈蚀、弯曲、压扁及裂纹的钢管。

（2）每根钢管的最大质量不应大于 25kg，采用 $\phi 48 \times 3.0$（验算按 2.8mm 计）的钢管。

（3）新钢管的尺寸和表面质量应符合下列规定：

①应有产品质量合格证。

应有质量检验报告，钢管材质检验方法应符合《金属材料　拉伸试验　第 1 部分：室温试验方法》GB/T 228.1—2021 的有关规定。

②钢管表面应平直光滑，不应有裂缝、结疤、分层、错位、硬弯、毛刺、压痕和深的划道。

③钢管外径、壁厚、断面等的偏差，应符合《建筑施工扣件式钢管脚手架安全技术标准》T/CECS 699—2020 的规定。

④钢管必须涂有防锈漆。

2）旧钢管要求

旧钢管的检查在符合新钢管规定的同时还应符合下列规定：

表面锈蚀深度应符合《建筑施工扣件式钢管脚手架安全技术标准》T/CECS 699—2020 的规定。检查时，应在锈蚀严重的钢管中抽取三根，在每根锈蚀严重的部位横向截面取样检查，当锈蚀深度超过规定值时不得使用；钢管上严禁打孔。

钢管弯曲变形应符合如表 5.4-10 所示的规定。

钢管弯曲变形参数一览表　　　　**表 5.4-10**

序号	项目	允许偏差	检查工具
1	钢管弯曲 各种杆件钢管的端部弯曲 $l \leqslant 1.5$	$\leqslant 5$	钢卷尺
2	立杆钢管弯曲 $3m < l \leqslant 4m$ $4m < l \leqslant 6.5m$	$\leqslant 12$ $\leqslant 20$	
3	水平杆、斜杆的钢管弯曲 $l \leqslant 6.5$	$\leqslant 30$	

3）加固杆件用扣件要求

（1）钢铸件应符合《一般工程用铸造碳钢件》GB/T 11352—2009 中规定的 ZG 200-420、ZG 230-450、ZG 270-500 和 ZG 310-570 号钢的要求。

（2）钢管扣件应符合《建筑施工扣件式钢管脚手架安全技术标准》T/CECS 699—2020 的规定。

（3）扣件的验收应符合下列规定，新扣件应有生产许可证、法定检测单位的测试报告和产品质量合格证：

①旧扣件使用前应进行质量检查，有裂缝、变形的严禁使用，出现滑丝的螺栓必须更换；

②新、旧扣件均应进行防锈处理；

③支架采用的扣件，在螺栓拧紧扭力矩达 65N · m 时，不得发生破坏。

④连接用的普通螺栓应符合《六角头螺栓 C 级》GB/T 5780—2016 和《六角头螺栓》GB/T 5782—2016。

4）木胶合模板板材的选用要求

（1）胶合模板材表面应平整光滑，具有防水、耐磨、耐酸碱的保护膜，并应有保温性良好、易脱模和可两面使用等特点。板材厚度不应小于 15mm，并应符合《混凝土模板用胶合板》GB/T 17656—2018 的规定。

（2）各层板的原材含水率不应大于 15%，且同一胶合模板各层原材间的含水率差别不应大于 5%。

（3）胶合模板应采用耐水胶，其胶合强度不应低于木材或竹材顺纹抗剪和横纹抗拉的强度，并应符合环境保护的要求。

2. 检查验收程序

专项施工方案编制完成后，经项目负责人审核，报集团总公司总工批准，监理单位和建设单位项目负责人签署意见，加盖总监执业印章，组织专家论证通过后，方可组织高支模施工。高支模支撑体系搭设完成后，由劳务公司项目负责人和项目技术负责人自检合格后，填写自检合格单和高支模支撑体系验收申请单，项目部根据《建筑施工承插型盘扣式钢管脚手架安全技术标准》JGJ/T 231—2021 等相关安全要求，对立柱、纵横向水平拉杆、剪刀撑等重要杆件的垂直偏差、水平偏差以及对扣件使用力矩扳手进行检查，验收合格后，报至项目负责人和项目技术负责人处，由项目负责人、项目技术负责人、安全总监，同监理单位总监、专监及建设单位负责人一起，联合验收通过，并签署同意意见后，才能进行后续混凝土浇筑。

第 6 章

钢结构工程关键技术

6.1 概述

6.1.1 工程概况

本工程包含钢结构单体共 15 个，各单体均采用框架结构，屋盖呈异形弧面仿古造型，最大结构高度 47.8m，最长构件 19.4m，最宽构件 5.1m，典型构件主要有十字形钢骨柱、折线箱形柱、H 形钢骨梁、弯弧 H 形钢梁、矩形钢梁等，最大截面 H1600 × 600，最大板厚为 40mm，主要材质为 Q355B、Q235B，钢结构总用量约 4930t。

各单体钢结构造型各异，体量差异大（最大单体 1950t，最小单体 1.8t），构件类型多样（H 形、十字形、箱形、矩形、折线、弯弧等），截面变化多（共有 124 种），构件重量差异大（最大重量 18t，最小重量 0.013t）。

钢结构柱脚采用外包式节点，梁 – 柱除采用栓焊节点外，还包括隔震支座节点、型钢梁上柱、仿古额枋造型等典型复杂节点（图 6.1–1 ~ 图 6.1–6）。

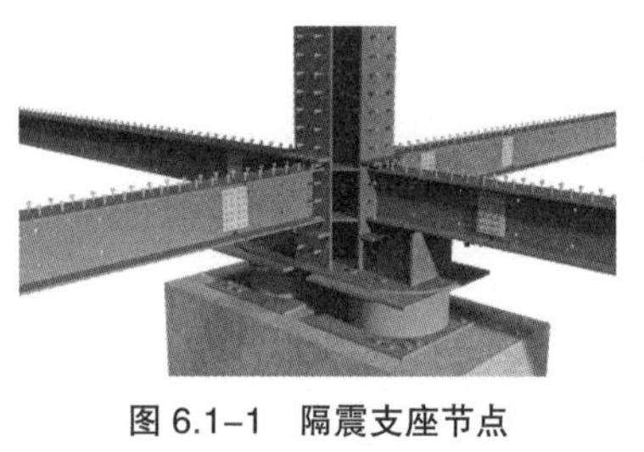

图 6.1–1　隔震支座节点

图 6.1–2　梁、柱栓焊节点

图 6.1–3　梁上柱节点

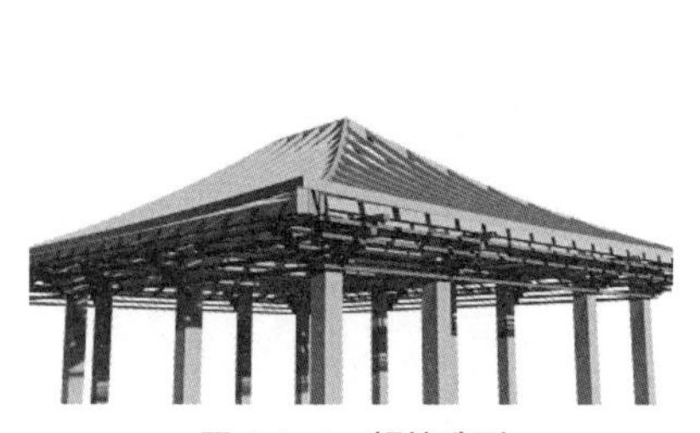

图 6.1–4　额枋造型

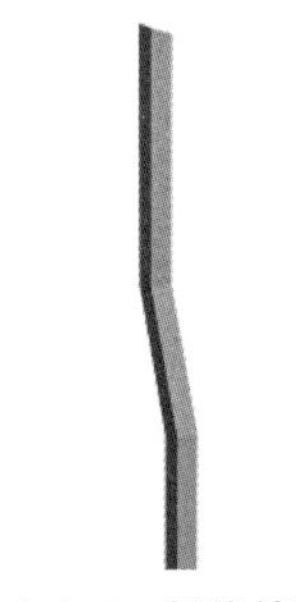

图 6.1–5　折线箱形柱

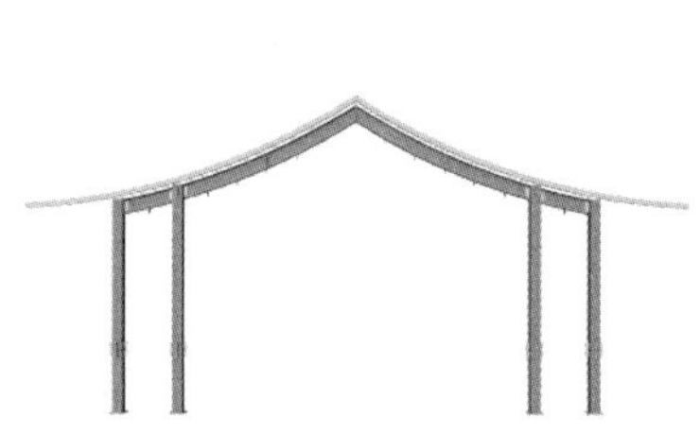

图 6.1–6　弯弧梁

6.1.2 施工重难点

（1）单体多、工期紧，各专业深化配合要求高。

钢结构单体多、工期紧，从图纸深化到加工制作再到现场安装，为保障结构设计符合要求，各专业的深化配合显得格外重要。如 2 号楼结构施工中，综合考虑混凝土钢筋及模板加固，在钢骨梁、柱深化的设计中，最大程度上采用穿孔连接方式（946 个构件，制孔 37587 个），提高了现场施工质量及效率，综合效益显著（图 6.1-7）。

（2）超大隔震支座数量多、锚栓预埋精度要求高。

2 号楼共布设 188 个超大型隔震橡胶支座，3008 个锚栓，单个支座锚栓组定位、平整度偏差需控制在 ±1mm，预埋精度要求高（图 6.1-8）。

图 6.1-7 型钢梁开孔

图 6.1-8 隔震支座连接构造

（3）弧形构件加工制作、安装定位控制难度大。

为实现仿古建筑的外部造型，结构设计中，大量采用弧形钢梁，钢梁最小弯弧半径 15.662m，加工制作以及安装定位控制难度大。

（4）施工场地受限，组织管控难度大。

工程依山而建，场地成阶梯状，各单体间距小，道路永临结合，施工场地受限，组织管控难度大。

6.1.3 施工全过程示意

钢结构工程从 2021 年 2 月 25 日首吊，至 2021 年 8 月 5 日完成安装，总计历时 184 天，为后续各专业的施工进度打下了坚实的基础。

各单体各阶段施工安装顺序及全过程动态变化流程如图 6.1-9 ~ 图 6.1-19 所示。

图 6.1-9　12 号楼钢柱首吊安装

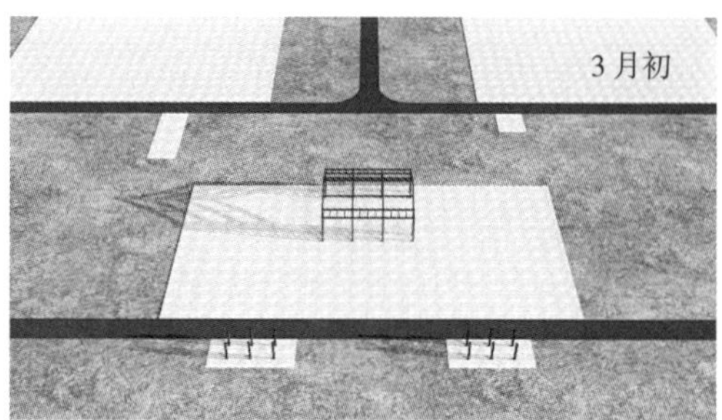

图 6.1-10　12 ~ 14 号楼钢梁、钢柱安装

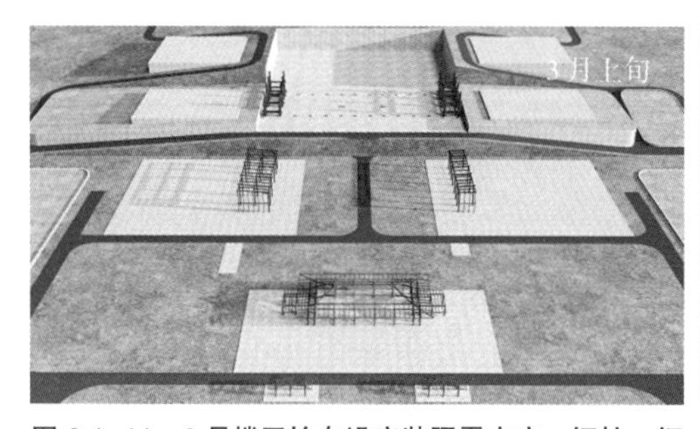

图 6.1-11　2 号楼开始布设安装隔震支座、钢柱、钢梁，8 号楼、9 号楼同步开始安装，12 号楼继续安装

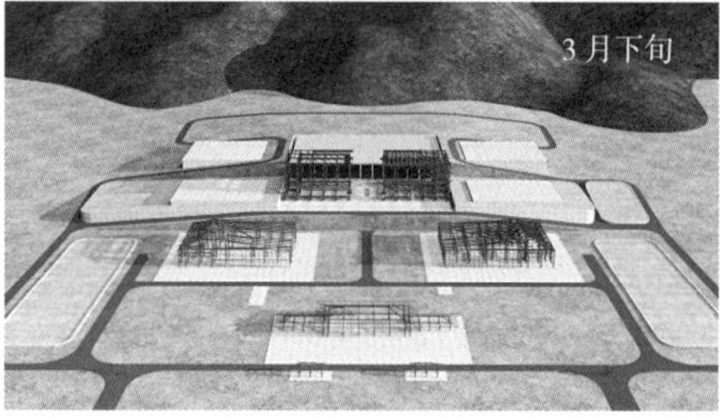

图 6.1-12　2 号楼、8 号楼、9 号楼、12 号楼继续安装，13 ~ 16 号楼安装完成

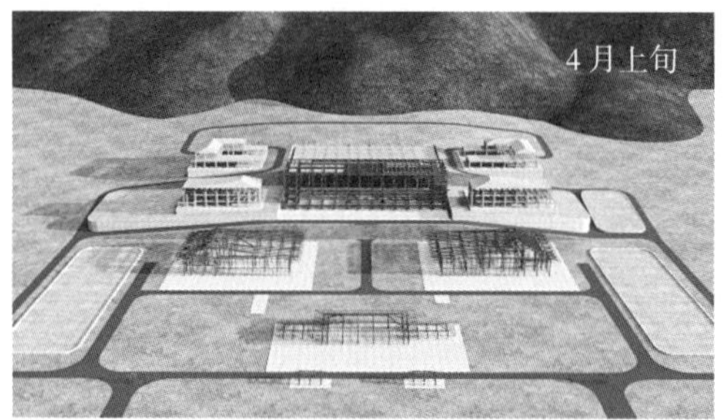

图 6.1-13　2 号楼、8 号楼、9 号楼继续安装，12 号楼安装完成

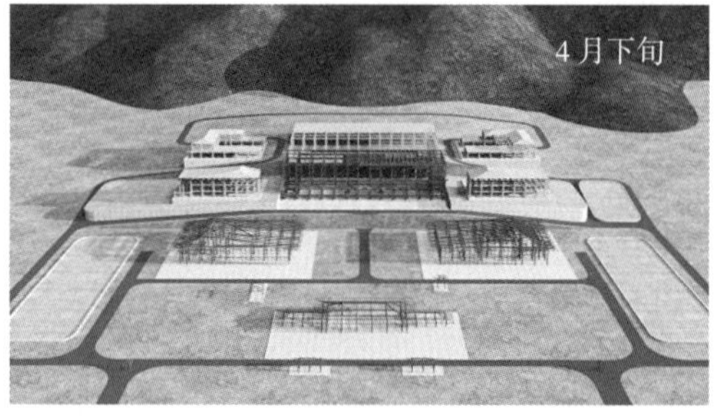

图 6.1-14　7 号楼、10 号楼、11 号楼开始安装，2 号楼、8 号楼、9 号楼安装完成

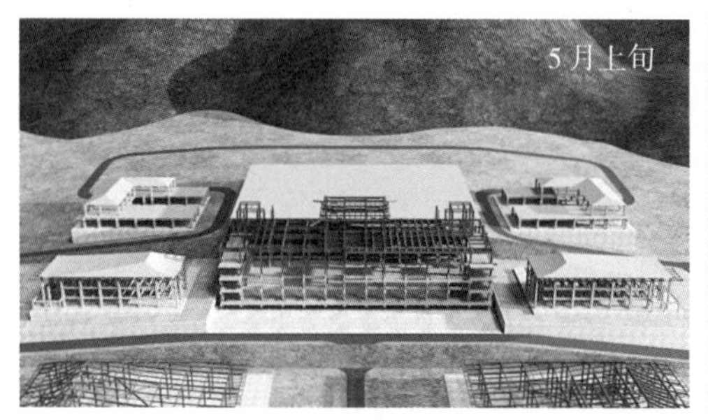

图 6.1-15　3 号楼、6 号楼开始安装，7 号楼、10 号楼、11 号楼安装完成

图 6.1-16　3 号楼、6 号楼继续安装，4 号楼、5 号楼开始安装

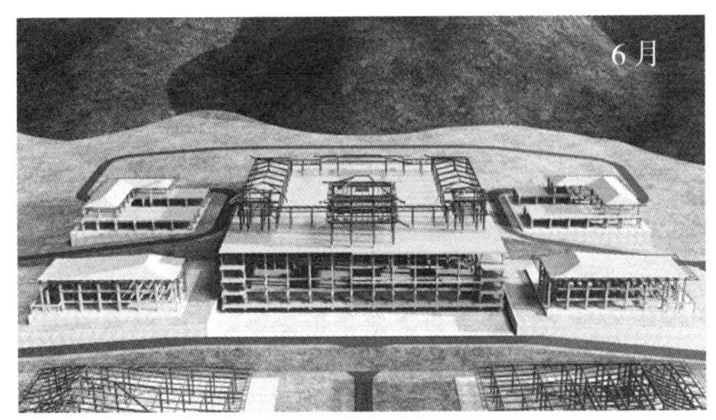

图 6.1–17　4 ~ 6 号楼安装完成，3 号楼继续安装

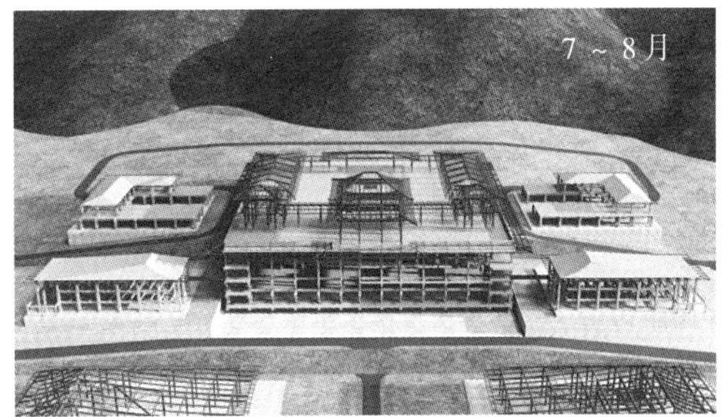

图 6.1–18　3 号楼安装完成

图 6.1–19　钢结构全部安装完成

6.2　钢 – 混凝土组合结构隔震支座施工技术

6.2.1　概况

本工程抗震设防烈度为 8 度，2 号楼设置隔震层，共计 188 个超大型抗震支座，支座下部设置下支墩与承台连接，上部设置上支墩与钢骨柱连接。

支座分为有铅芯隔震支座和无铅芯隔震支座，分为 LRB1100– Ⅱ、LRB1200– Ⅱ、LRB1300– Ⅱ、LNR1100– Ⅱ四种规格，最大支座高度 488.5mm，最大竖向刚度 6800kN/mm。一般工程采用的隔震支座规格为 LRB1000 以下，本工程所采用隔震支座关键技术，其质量控制面临巨大挑战（图 6.2–1）。

图 6.2-1　隔震位置分布及结构形式

6.2.2　施工过程控制

1. 施工控制流程

隔震支座安装流程图如图 6.2-2 所示。

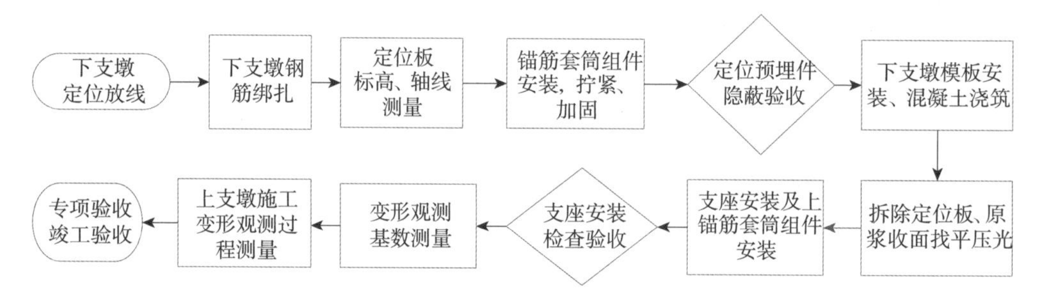

图 6.2-2　隔震支座安装流程图

2. 主要施工控制点

1）定位板标高、轴线测控

提前将下支墩十字定位线进行放样，并根据十字线与定位板十字线相对应，确保方向一致，然后对定位板进行标高控制，对定位板做好临时支撑后将锚杆插入钢筋笼中，利用“支座定位板微调装置”进行对称精调，调整至设计标高，水平度检查无误后进行主筋加固，并将锚栓底部利用钢筋支撑，置于承台底，确保浇筑混凝土过程中不发生偏移（图 6.2-3）。

图 6.2-3　支座锚栓预埋定位板十字线对应安装中

2）下支墩模板安装、混凝土浇筑

混凝土一次浇筑成型，混凝土入模位置为预埋板中间预留孔洞，混凝土振捣过程中严禁碰撞定位板及锚筋。禁止直接踩在定位板上振捣，以防止轴线、标高及水平度产生偏差影响安装质量。收面找平压光（水平尺检查平整度），下支墩混凝土表面宜略高于套筒顶面 2 ~ 3mm，然后对下支墩表面进行复测并记录，复测内容包括标高、中心位置及水平度（图 6.2–4）。

图 6.2–4　下支墩支模后浇筑混凝土并找平压光

3）支座安装

待下支墩混凝土强度达到设计强度 75% 后可进行拆模，并对下支墩进行打磨、清理，在每个支座安装位置进行支座型号标注，以防止支座型号安装错误，并在下支墩顶面的支座上放样十字线，完成后进行支座安装，经标高复测无误后，将支座螺栓紧固牢靠，完成安装（图 6.2–5）。

图 6.2–5　上支墩打磨清理放线及支座安装

6.2.3　主要创新点

在支座锚栓预埋过程中，为确保标高、偏差尺寸精度，创新研制“支座定位板微调装置”（图 6.2-6）。在隔震支座定位板上，沿着定位板中心线做出水平和竖直方向的两条对称轴线，将可调节式装置放置于定位板水平和竖直方向的两条对称轴线的下平面，上升或下降调节螺母，通过杠杆原理带动调节板的板面并使其升降，达到精调的目的，保证支座的安装质量，确保上部主体结构安全（图 6.2-7）。

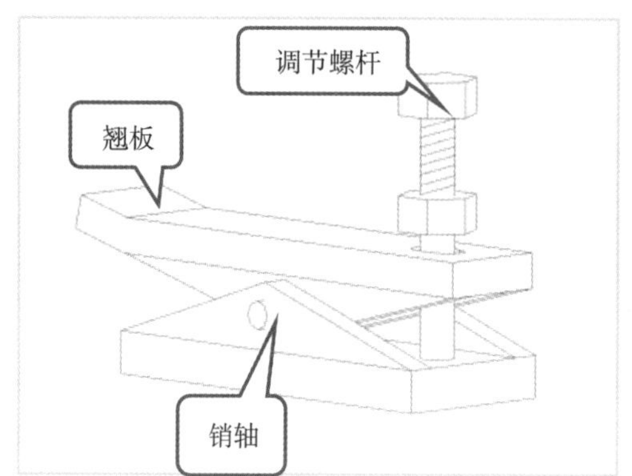

图 6.2-6 微调装置大样图及实体

图 6.2-7 定位板微调装置应用

6.3 钢－混凝土组合结构钢骨安装施工技术

6.3.1 概况

本工程钢－混凝土组合结构建筑面积 41021.53m^2，长 111.8m，宽 106.8m，高 21.6m，主体采用框架结构，一半为钢筋混凝土结构，一半为钢－混凝土组合结构，底部设置隔震层。

钢 – 混凝土组合结构钢骨用量约 2000t，最大跨度 33.6m，主要构件类型有 H 形钢梁，箱形、弧形方管等，最大截面 H1600mm × 600mm，最小截面 H200mm × 200mm，构件共 1859 件，节点均采用栓焊连接，材质均为 Q355B，高强螺栓共 36088 套。

6.3.2　施工过程控制

1. 施工控制流程

钢骨体系安装流程图如图 6.3–1 所示。

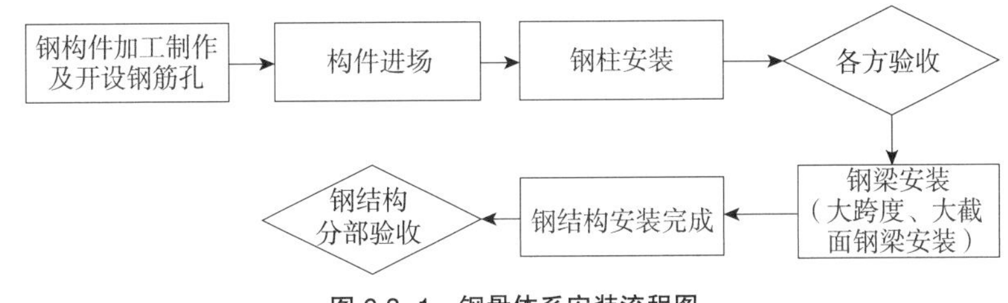

图 6.3–1　钢骨体系安装流程图

2. 主要施工控制点

1）方案选择及施工思路

2 号楼地段位于高台坡边缘，场地狭小、交叉作业频繁，且唯一一条吊装路线为工程主要交通道路，考虑到机械吊装作业半径大（45m），会影响整个工程施工，决定跨内进行依次吊装。但钢筋接槎预留问题、施工顺序、土建交叉作业、跨内场地移交条件等难题摆在面前。针对问题，项目积极组织各家参建单位，进行跨内吊装施工方案讨论，以确定 2 号楼整体施工顺序，以及场地移交条件等问题（图 6.3–2、图 6.3–3）。

图 6.3–2　2 号楼实际场地条件

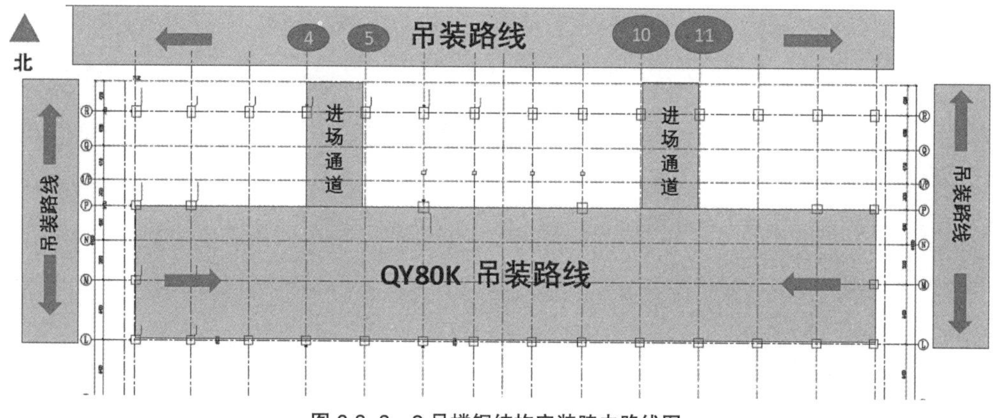

图 6.3–3 2 号楼钢结构安装跨内路线图

钢 – 混凝土组合单体是所有单体中体量最大的单体，结构体系复杂，焊接量大，在深化设计、螺栓等方面存在很大施工难度。钢骨结构需与混凝土工程穿插配合作业，上方还坐落着另一个钢结构单体，因此钢 – 混凝土组合结构施工的进度直接影响着上方单体的施工进度，是整个工程的关键点。

按照常规钢 – 混凝土组合结构的施工顺序，即钢骨安装与混凝土施工应依次逐层顺序施工，是无法满足工期要求的。通过对“钢骨结构安装完成后直接安装上方单体（预留混凝土结构钢筋接槎）”的工况进行力学验算，大幅缩短了施工工期（图 6.3–4）。

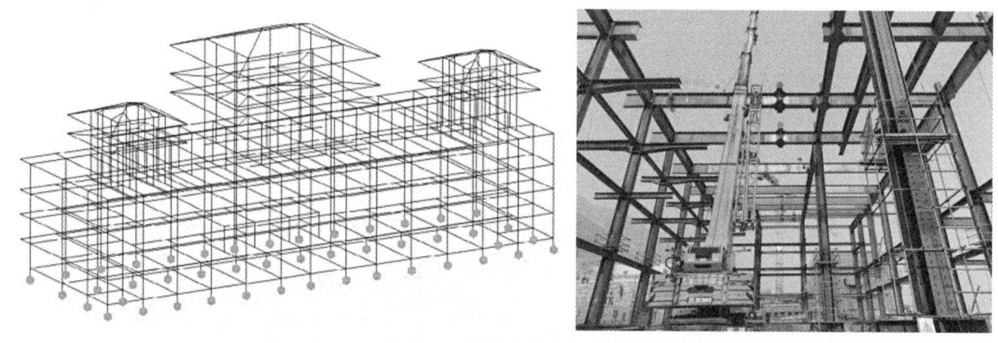

图 6.3–4 2 号楼、3 号楼力学分析及现场实际安装

2）钢结构材料加工及开设钢筋孔

为保证施工工期的要求，混凝土梁板钢筋由原来与钢梁焊接的连接方式，调整为穿孔连接，虽然预制钢筋孔多达 37587 个，构件加工成本及工期有所增加，但确保了现场的安装进度，综合效益显著（图 6.3–5）。

图 6.3–5　2 号楼钢骨梁制孔及车间加工现场

3）大跨度、大截面钢骨梁安装控制

钢 – 混凝土组合结构单体中，P/2 轴 ~ P/6 轴、P/9 轴 ~ P/13 轴钢骨梁截面 H1600 × 600 × 25 × 36，跨度 33.6m，单根构件重量 21.5t。由于该构件截面较大、长度较长，吊装场地狭小，空间受限，且为上部单体结构柱子生根点，根据施工全过程结构工况分析结果，合理确定钢骨梁预起拱值，保证整体结构施工质量满足设计要求（图 6.3–6）。

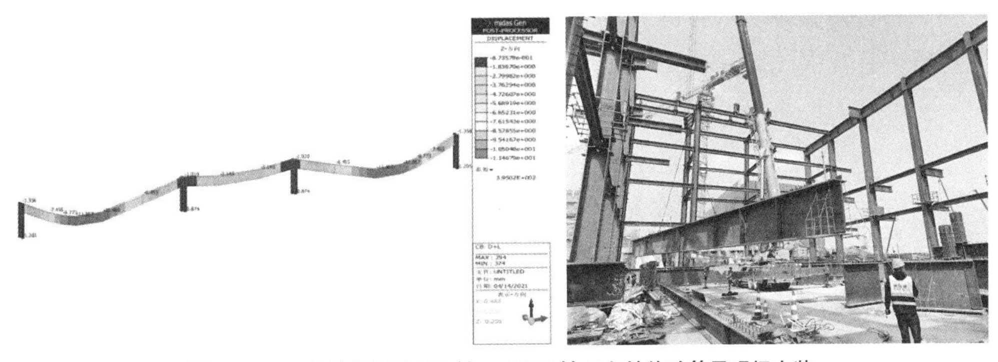

图 6.3–6　2 号楼钢骨梁 P/2 轴 ~ P/13 轴 Z 向性能验算及现场安装

6.3.3　主要创新点

本工程钢 – 混凝土组合结构施工中，在钢骨梁上预设钢筋穿筋孔［图 6.3–7（a）］，大大提高了现场的施工效率及质量，也一定程度上降低了安全风险。其中，还考虑到混凝土梁浇筑模板加固，在钢骨梁上预设对拉螺杆穿杆孔［图 6.3–7（b）］，优化了模板加固措施，提高模板加固效率 3 倍以上，为整个工程起到了降本增效的作用。

（a）

（b）

图 6.3–7　钢筋预留孔及模板加固对拉螺杆穿杆孔

6.4　异形双曲面仿古钢结构施工技术

6.4.1　概况

本工程建筑外形呈仿唐代古风风格，造型古典，主要体现在 3 号楼建筑外貌。钢结构构件多为异形双曲构件，主要构件类型为弧形方管、弧形箱体梁、折线箱形柱等，且规格较大，悬挑较大，安装定位难度大。

3 号楼总共包含 7 个部分，由主阁楼、东西副阁楼、四个连廊组成，均为钢框架结构，长 118m，宽 106.8m，建筑面积 5103.12m^2，结构最大高度 22.9m，钢结构用钢量约为 1483t，主要连接方式为焊接、栓焊。

6.4.2　施工过程控制

1. 施工控制流程

仿古钢结构安装流程如图 6.4–1 所示。

2. 主要施工控制点

1）折线箱形柱安装控制

折线箱形柱截面尺寸□ 600mm × 25mm，单根长度 18m，单根重量约 9.8t，共计 14 根，上段与下段的中心偏距为 500mm（图 6.4–2）。安装控制涉及工厂加工精度控制、现场安装定位控制以及垂直度控制等技术。通过对工厂加工质量的监督，安装前柱体标注偏心测量参考线，利用全站仪或经纬仪控制现场安装质量。

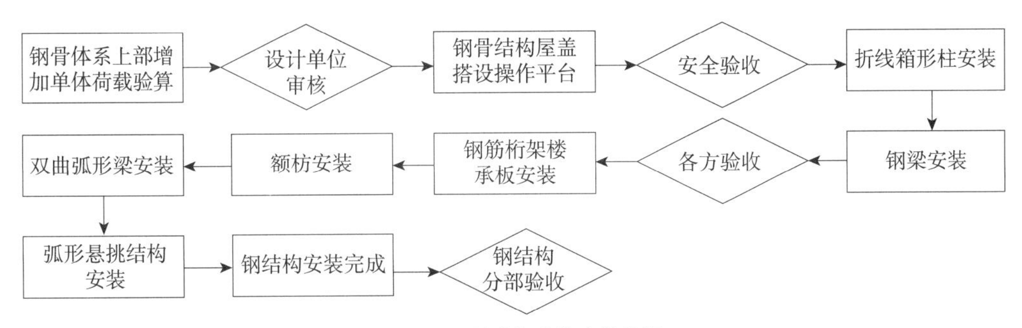

图 6.4-1　仿古钢结构安装流程

图 6.4-2　主阁楼折线箱形柱安装

2）双曲弧形梁安装控制

本工程建筑造型结构呈双曲弧形结构，涉及的构件类型有弧形方管檩条、弧形箱形梁、弧形 H 形钢梁等弧形构件，最小弯弧半径 13.5m。安装控制涉及弧形梁加工精度、现场安装定位方法等技术手段，通过 BIM 技术应用及三维空间定位技术进行构件加工与安装，确保施工质量（图 6.4-3）。

图 6.4-3　弧形梁安装

3）弧形悬挑结构安装

本工程弧形悬挑结构中，最大截面悬挑构件截面尺寸□ 500×20，最大悬挑长度 11m，最大单根重量 2.6t，安装控制涉及工厂加工精度、现场安装定位控制及标高控制等技术，通过对工厂弧形加工质量控制及现场搭设措施架，预留起拱值，利用 BIM 空间三维定位技术，完成弧形悬挑结构安装（图 6.4–4）。

图 6.4–4　弧形悬挑梁安装

6.4.3　主要创新点

古建筑中额枋为木质结构，本工程额枋由钢结构替代以往木质结构。安装过程中，为减少高空焊接量及安全隐患，提高安装精度，采用了模块化拼装安装技术，以达到构件质量及安装精度（图 6.4–5）。

图 6.4–5　额枋拼装及安装

07

CHAPTER

第 7 章

建筑隔震关键技术

7.1　概述

本工程位于高烈度设防区域，为保藏珍贵文物，项目成立专项抗震隔震施工技术研究小组，针对2号楼保藏区大直径叠层橡胶隔震支座施工、机电安装工程建筑隔震技术及关键部位建筑隔震节点构造进行研究。

2号楼主要功能是保藏区的核心建筑，在基础设计中由188个大型隔震支座组成的隔震层。隔震支座结构包括下支墩、橡胶隔震支座和上支墩，上、下支墩为钢筋混凝土现浇构件，橡胶隔震支座为安装固定在下支墩上，由专业厂商生产的定型橡胶部件。下支墩设置在基础筏板中，隔震支座在其上安装后，上部连接着钢筋混凝主体结构或框架钢结构构件。其施工难点在于群体隔震制作的快速精准安装，整体水平度的控制。

2号楼结构的关键抗震节点构造及配套的机电安装工程施工也是抗震的关键之处，项目在有相对变形的位置设置有隔震柔性管道、柔性连接导线等提高机电安装工程的抗震水平，隔震层上下部结构及隔震柔性管道在地震发生时有很大的相对变形，从而具备一定的抗震能力。同时，通过建立结构节点构造及隔震机电管线BIM模型，标注详细做法进行技术交底，使得隔震工程施工一次成优。

7.2　大直径叠层橡胶隔震支座施工

7.2.1　工程难点

由于本工程隔震支座下混凝土支墩主筋均设计为直径Φ32的大尺寸钢筋，箍筋密集、间隔空隙较小。因此在施工时，钢筋与预埋锚固件存在位置冲突，现场调整难度较大，且隔震支座安装的累计总平整度误差要求控制在小于5‰以内，对隔震支座定位板定位的安装精度要求极高。通常依赖人工反复测量和修正，劳动强度大、工效低，其控制难度非常大。

7.2.2　施工方法及特点

（1）通过市场调研及资料查询等方式，获得类似工程实例均为以人工反复修正为主的传统施工工艺，难以满足本工程高精度、快速施工的要求。通过组织相关专家到现场指导，根据现场实际情况并结合以往工程相关施工工序与经验教训，最终决定采用三维网格统一基准的控制测量方法进行施工作业，作业中采用研发的高效专用辅助测量及安装工具。

（2）现场采用三维网格统一基准的控制测量方法进行定位和水平度控制，是将所有支座的基础标高、下支墩预埋件标高和上支墩标高等主要标高，按照唯一基准点进行测量控制。并通过 BIM 技术将上下支墩中的钢筋依据预埋件的锚筋位置进行重新排布，以建模优化后的尺寸为基准，对上下支墩的钢筋进行现场统一预制制作并加工成钢筋笼，完成后的半成品在现场直接进行吊装固定（图 7.2–1）。

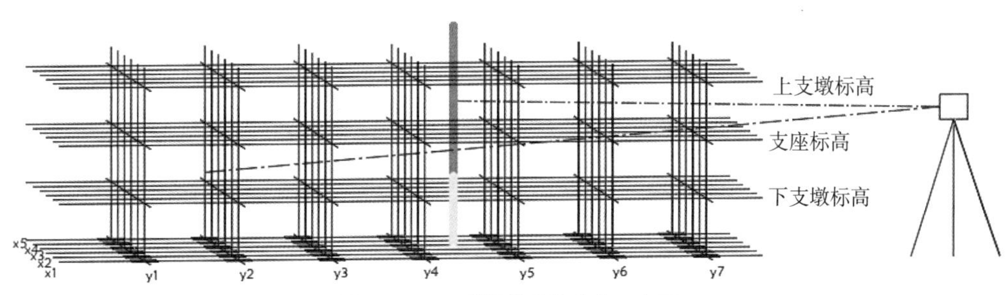

图 7.2–1 三维网格及基准点示意图

（3）通过创新发明的微型升降调器对预埋定位板进行快速找平，结合发明的平面水平测量装置进行同步测定，有效地减少了反复测量和调整的过程，大幅减少隔震层各支座单体及整体各环节的质量精度误差。该方法解决了预埋件易与上下支墩钢筋位置冲突及定位板水平度调整耗费人工多、工时长的难题。且微型升降调器、平面水平度测量装置、定位销等发明工具可进行周转使用，无须大量加工，制造成本低，方便周转，标准化程度高（图 7.2–2）。

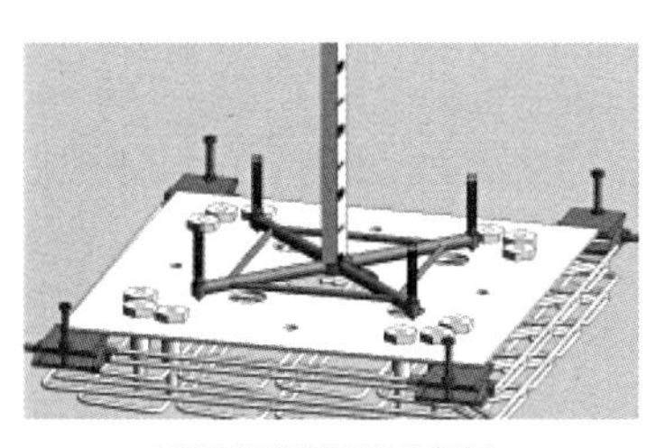

预埋钢板调平示意图

微型升降调节器

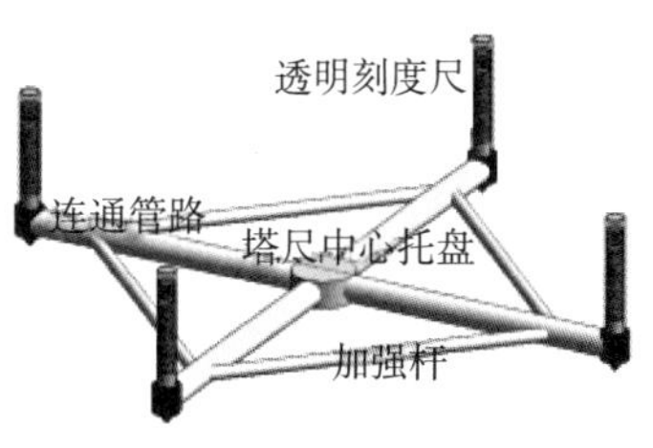

专用调平升降器和平面测量器具

图 7.2–2 发明工具示意图

（4）为确保新工艺的质量安全，在实施过程中，经工程技术质量部及专家组对各环节进行把关，评审和指导，确保现场施工顺利进行，符合绿色科技的施工理念，操作过程安全可靠，降低了劳动强度，创新工具周转快，经济效益明显，达到了安全、快速且高精度的目标。

7.2.3 施工工艺流程

（1）下支墩施工工艺流程：施工准备→混凝土垫层上弹出支座中心十字线→安装筏板底筋→吊入预制好的下支墩钢筋笼→绑扎固定钢筋笼→将预埋钢板组件吊至钢筋笼上→安装调平器及调整预埋钢板平整度及标高→制作专用固定卡将锚杆与钢筋笼焊接固定→筏板的梁、板钢筋绑扎→浇筑筏板面以下及下支墩部分→盒模制作、安装→浇筑下支墩预埋板下混凝土。

（2）橡胶支座安装工艺流程：清理预埋钢板上表面→拆除预埋钢板上的连接螺栓→在四角的螺纹连接套筒内分别安装一个导向定位销→橡胶支座的连接板上弹出中心十字控制线→水平吊起橡胶支座至预埋钢板的上方→连接孔依次对准定位销缓慢下降，直至落到预埋钢板上→依次卸去各导向定位销，并同步安装全部连接螺栓→检查紧固连接螺栓。

（3）上支墩施工工艺流程：橡胶支座上的连接板安装上锚杆→上支墩钢筋笼吊装→校正固定钢筋笼及锚杆→搭设隔震层满堂架→安装隔震层梁板模板及支设加固上支墩模板→绑扎梁板钢筋→梁板及支座混凝土浇筑。

7.2.4 施工操作要点

1. 施工准备

根据施工图纸，采用BIM软件对下支墩和上支墩的钢筋与锚筋发生碰撞的部位进行优化，使橡胶支座锚杆（筋）能整体无障碍、顺利地穿入下支墩或上支墩的钢筋笼中（图7.2-3）。

2. 钢筋笼预制

下支墩和上支墩钢筋笼全部采用标准模具，根据建模优化后的尺寸，提前在现场统一批量加工制作成单体部件。在钢筋笼外立面中部设置一个水平环形定位筋，对优化后的钢筋位置间距进行固定，并在环形定位筋的每一侧中部均进行中心点标记，以便于后续定位、安装。

3. 下支墩施工

（1）在基坑底部施工基础垫层时，将基础垫层上表面作为支座标高控制的基准面，在基础垫层上弹出支座中心十字控制线。先铺设绑扎一层基础底筋，后将预制好的下支墩钢筋笼吊装至基础垫层上。吊装过程中，使下支墩钢筋笼的环形定位筋四侧的中点标记与基础垫层上弹出的中心十字控制线对正，并随即将钢筋笼与底筋绑扎固定（图 7.2–4）。

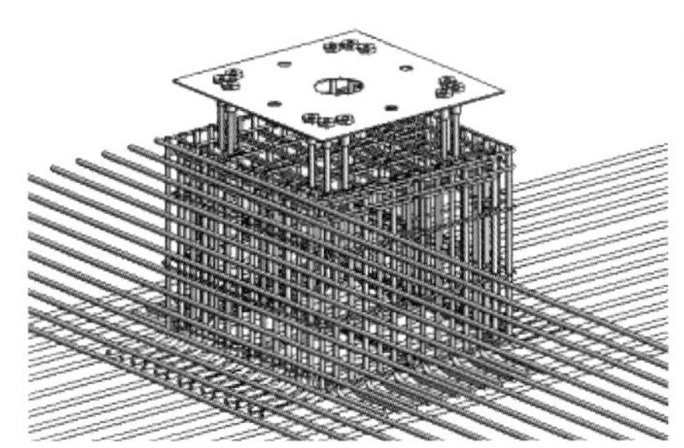

图 7.2–3　支墩钢筋与锚筋位置优化

图 7.2–4　下支墩钢筋施工

（2）在基础外提前将连接套筒和连接螺栓分别与预埋钢板进行临时固定，将每个螺纹连接套筒的下端分别安装一个锚杆，使其所有锚杆与钢板面保持垂直，并将套筒与预埋钢板点焊固定。

（3）在下支墩钢筋笼上顶面的各个角的部分别放置一个微型升降调节器，将预埋钢板连同锚筋稳定地插入至下支墩钢筋笼内，钢板边沿分别搁置在四个微型升降调节器的前支点上。调整预埋钢板上的中心十字控制线，使其与下支墩钢筋笼环形定位筋上的四个中点所标记的位置及基础垫层上的中心十字控制线对正；预埋钢板上放置平面水平度测量器并分别调节各个角的部分位置的微型升降调节器，使预埋钢板呈水平状态；通过全站仪或水平仪测定出预埋钢板顶部标高与设计标高之间的偏差，再次调节四个微型升降调节器，消除该偏差。

（4）预埋钢板调整到位后，立即采用锚筋快速固定卡具，分别将每个插入至下支墩钢筋笼内的锚杆与下支墩钢筋笼固定，并将固定卡外端与钢筋笼外侧钢筋进行临时连接。经观察，预埋钢板未发生明显扰动时，将钢板四边与钢筋笼间垫支短钢筋头焊接固定。冷却后即可取出微型升降调节器（图 7.2–5）。

（5）筏板的梁、板钢筋安装，与常规筏板钢筋施工工艺相同。但要特别注意，控制钢筋在穿过下支墩钢筋笼时，不得硬碰猛拽，避免影响钢筋笼和预埋钢板发生位移。

（6）下支墩模板的安装，采用预制组合木盒模。在混凝土浇至筏板面高度时暂停浇筑，待混凝土即将达到初凝前，快速将盒模支设到下支墩钢筋笼处。

（7）混凝土浇筑下支墩剩余部分混凝土时，必须从钢板中间的浇筑口连续浇筑，振捣棒从周边观察孔插入进行振捣。混凝土浆液依次由浇筑口向周边所设的排气孔分别溢出，直至周边模板处浇满，并使钢筋笼处所有外露部位均溢出一定的高度（约 8mm）。此时，停止浇筑，在达到初凝前，用铁抹子压实露出钢板面的混凝土，并将多余的浆液清理掉，如图 7.2–6 所示。

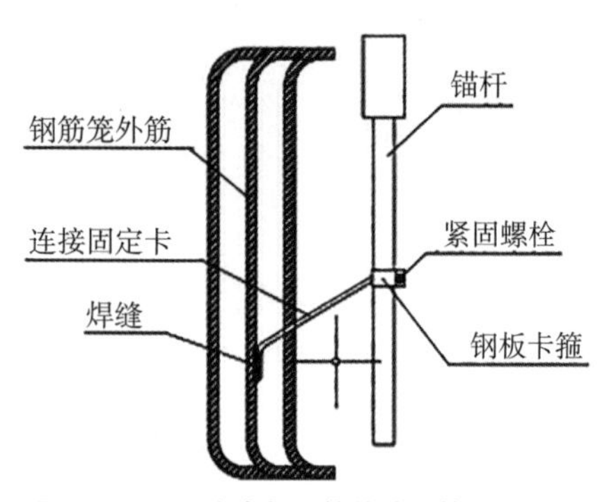

图 7.2–5　固定卡与钢筋笼外钢筋连接示意图

图 7.2–6　混凝土浇筑口、振捣口和排气孔示意图

4. 安装叠层橡胶支座

下支墩的混凝土强度达到 75% 以上，符合相关设计要求后，清理干净预埋钢板的上表面；拆除预埋钢板上的所有连接螺栓，在四角各角任意一个螺纹连接套筒内分别安装一个导向定位销，三种不同长度定位销按顺（或逆）时针方向依次装入（图 7.2–7）。

在叠层橡胶支座的上连接板上弹出中心十字控制线，将叠层橡胶支座水平吊起，并移至预埋钢板的上方后，人工扶稳缓慢下降，使连接板上的连接孔对准定位销，依次顺序穿过对应的导向定位销，将橡胶支座直接落至预埋钢板上。拆卸掉四角的导向定位销，并同步在各连接孔内均安装上连接螺栓，使连接螺栓与对应的螺纹连接套筒紧固连接（图 7.2–8、图 7.2–9）。

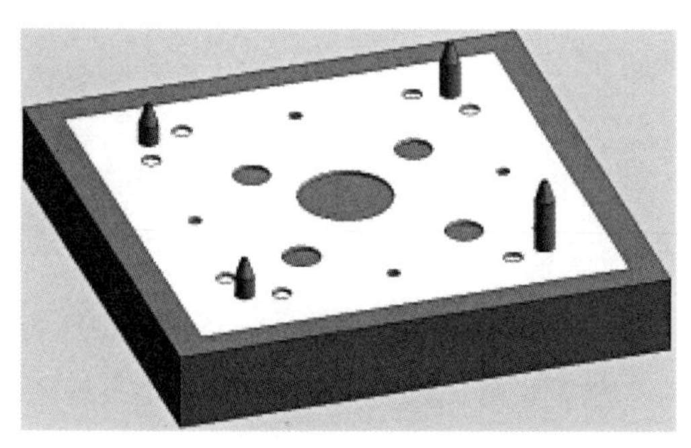

图 7.2–7　预埋钢板上安装定位销示意图

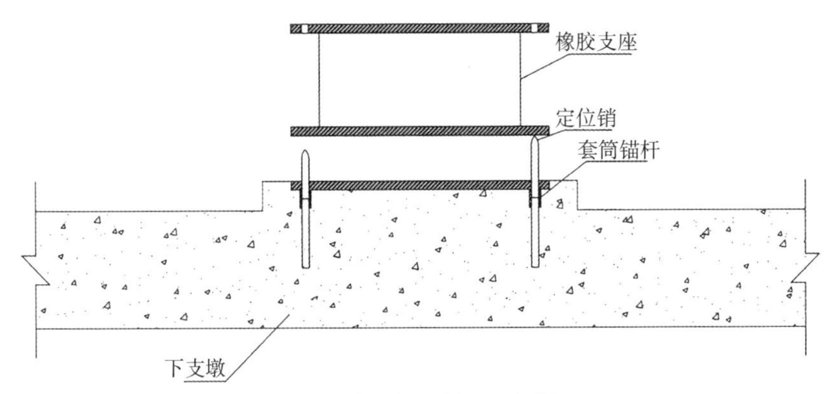

图 7.2-8　橡胶支座安装在预埋钢板示意图

5. 上支墩施工

通过连接螺栓将螺纹连接套筒固定在橡胶支座上的连接板上，并在螺纹连接套筒上均安装一个同下支墩一样的上锚杆（筋），并使所有锚杆均垂直于钢板平面。

将预制好的上支墩钢筋笼吊放至橡胶支座的上方，使钢筋笼对准支座上的十字线，缓慢地穿过锚杆，并落至支座连接钢板上。卸去吊索后，确认上支墩钢筋笼四边的中心点与连接板上的中心十字控制线对正，与下支墩固定方法相同，用快速固定卡具将锚杆与上支墩钢筋笼进行固定（图 7.2-10）。

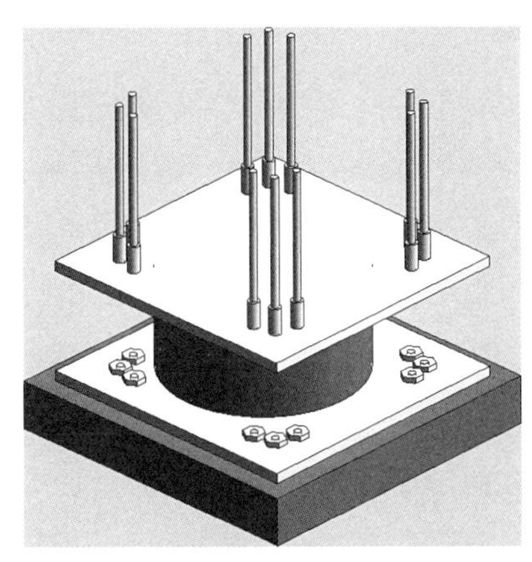

图 7.2-9　橡胶支座安装后示意图

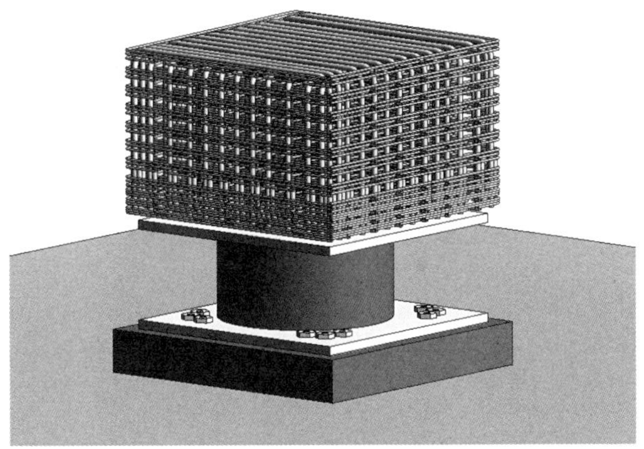

图 7.2-10　上支墩钢筋笼安装后示意图

6. 隔震层梁板及上支墩后续施工

在隔震层或分段区域上支墩钢筋笼安装完后，即可搭设满堂支撑架，并依次铺设梁板、模板，上支墩模板与梁板、模板同步进行安装固定。后续按照正常层间梁板施工工艺进行钢筋安装。在搭设架体和铺设模板过程中，测量技术人员要依据专项施工方案标高设计高度，进行同步控制，确保隔震支座的上标高整层的误差小于5mm。

上支墩与隔震层顶板同时浇筑混凝土，并严格按照混凝土施工规范要求由下而上分层浇筑，分层厚度不大于300mm。浇筑高度遇梁底时与梁同时浇筑，直至遇板时一次浇筑完成。浇筑支墩部位时，切勿过度振捣，控制振捣器不要紧靠钢筋或锚杆进行振捣。浇筑完成后要进行加强养护，根据施工季节采取相应的养护工艺，但养护时间不得少于14天。

7.3 机电安装工程建筑隔震技术

本工程采用隔震技术进行设计，隔震建筑的核心问题是保证地震来临时，隔震层上部结构能动，能够有较大的水平位移。传统管道为刚性管道，不能变形，如果隔震建筑仍采用抗震建筑中使用的刚性管道，一方面会大大增加整个结构的刚度，增加输入到上部结构中的地震作用，使整个结构变得不安全；另一方面，传统的刚性管道在地震时会被损坏，即使整个结构不倒塌也会丧失使用功能，达不到震后使用的作用。因此，隔震建筑中必须采用柔性管道。采用隔震技术时，隔震层上部和下部结构，以及设备管线都会在地震发生时有很大的相对变形，因此应在有相对变形的位置设置隔震柔性管道。本工程隔震柔性管道主要设置于隔震层及竖向隔震缝出户位置。设置柔性管道的系统有给水排水系统、消防系统、喷淋系统、暖通系统等，所用到的隔震柔性管道有金属软管、橡胶软管及PVC伸缩管。电气系统电缆敷设均应预留伸缩量，数值不小于800mm，建筑物防雷及接地引下线在穿越隔震区域时改为柔性导线连接，且应预留伸缩量。

7.3.1 给水排水管道采用隔震专用柔性管道主要技术应用点

（1）滑动捯链和水平滑车的支撑悬吊体系施工。

（2）水平软管一端通过台架与建筑物上部结构可靠连接，一端与不动端可靠连接，固定台架离软管距离不宜太远。

（3）水平软管通过法兰与弯头可靠连接，不应扭曲、拉伸。

（4）水平软管、弯头应与原管道保持同一水平高度。

（5）用于上、下固定的台架采用型钢焊接制作，并进行除锈防腐处理。

（6）隔震管道水平布置时，应在弯头处设置移动滑杆。

（7）导杆宜与接地端软管平行（图 7.3-1 ~图 7.3-4）。

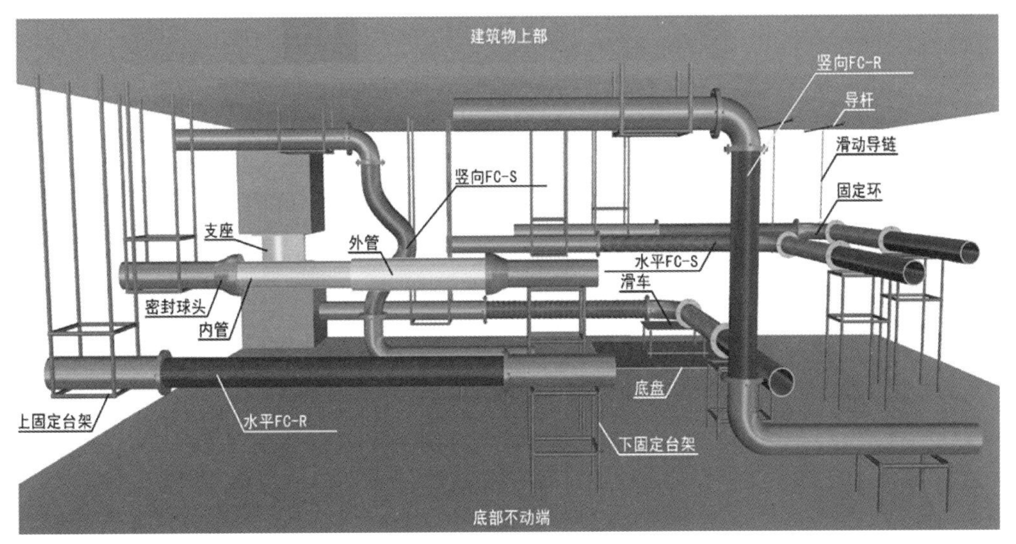

图 7.3-1　隔震软管安装模型

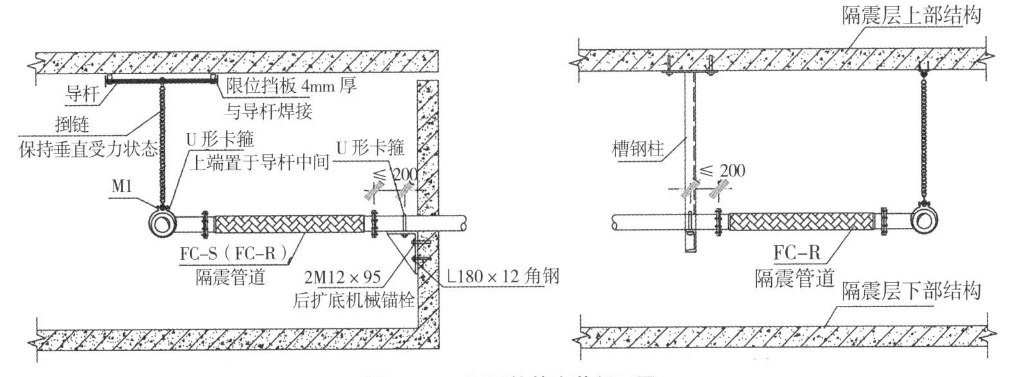

图 7.3-2　隔震软管安装剖面图

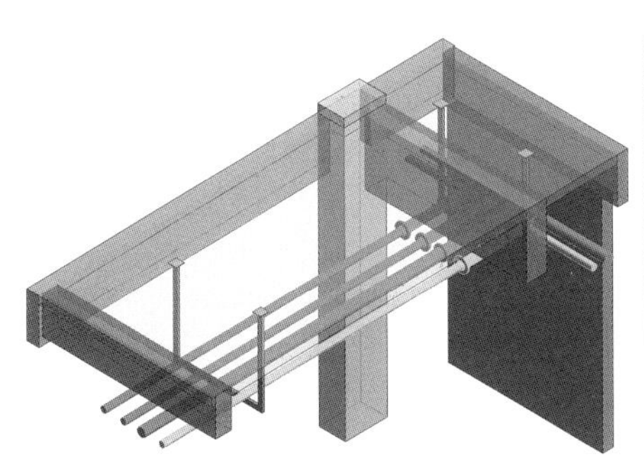

图 7.3-3　隔震软管 BIM 模型

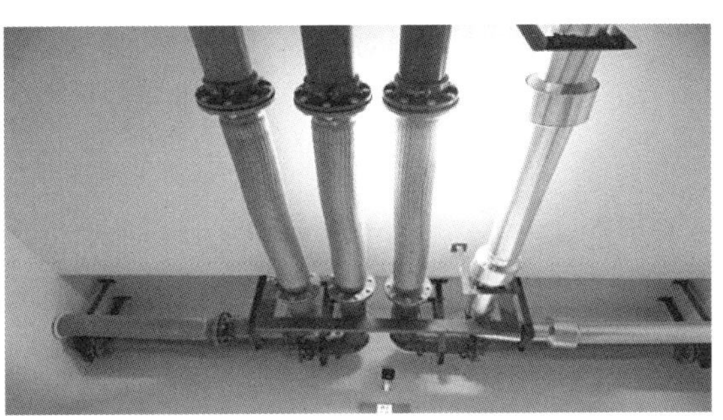

图 7.3-4　隔震软管安装效果

7.3.2　建筑物防雷引下线柔性连接导线伸缩体系施工技术

建筑隔震支座上下支墩尺寸 1200mm × 1200mm，隔震支座尺寸为 1000mm × 1000mm，四周均预留空间，所有接地钢板设置的位置统一为支墩西南角距侧边 20cm 处，严格按照此位置设置接地钢板，并达到上下对正的要求。选用铜芯软导线（BVR2.5mm），长度 900mm。经试验和测量，900mm 导线在保证伸缩灵活的条件下完全收缩直径达到 12mm，因此确定收缩装置直径 15mm，厚度为 50cm。将以上数据和伸缩要求与专业加工厂家进行沟通确认，定制加工可伸缩接地线装置。将预留接地钢板进行防腐处理，清理打磨钢板表面后，利用螺栓将伸缩装置固定于下端接地钢板。接地箱两端压接接线端子，镀锡完成后用 M10 镀锌螺栓连接上下两块接地钢板，螺栓加防滑垫片，确保连接可靠（图 7.3-5 ~ 图 7.3-7）。

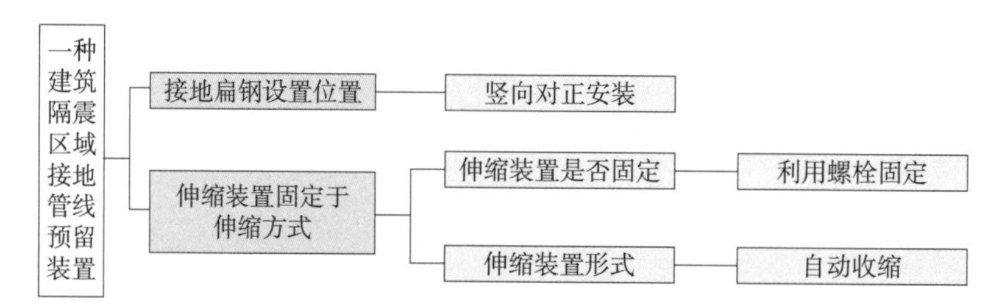

图 7.3-5　隔震区域接地预留方案

图 7.3-6　隔震区域接地预留装置安装效果

图 7.3-7　隔震区域接地预留装置安装效果

7.4　关键部位建筑隔震节点构造

（1）2 号楼与 1 号楼标高 21.600m 的顶板连接通道处盖板，两侧预埋 8mm 厚的通长镀锌钢板，上部搁置 10mm 厚的镀锌钢板基座，如图 7.4-1 所示。

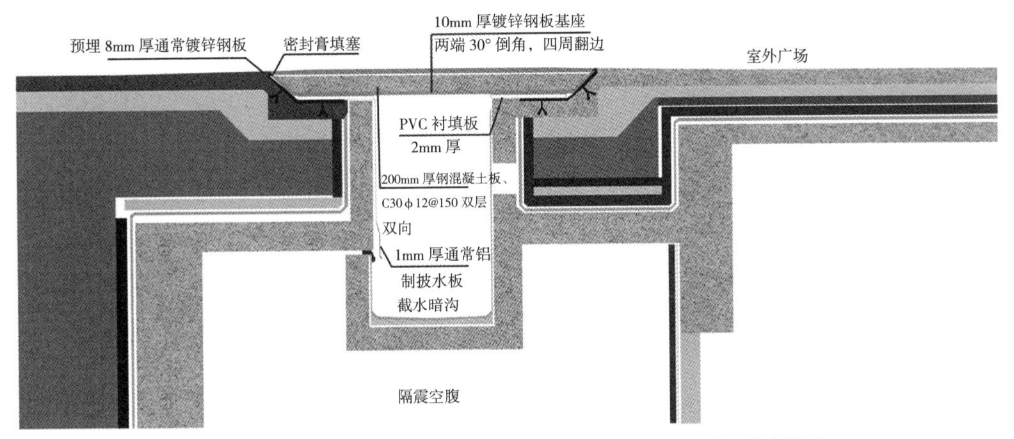

图 7.4-1　2 号楼与 1 号楼标高 21.600m 的顶板连接通道处节点构造

（2）2 号楼标高 5.100m、标高 10.050m 与 1 号楼、5 号楼地下连接通道处侧壁及盖板。

①通道侧壁采用水泥压力板封堵，水泥压力板固定端在 2 号楼墙面，用自攻螺钉连接固定，如图 7.4-2 所示。

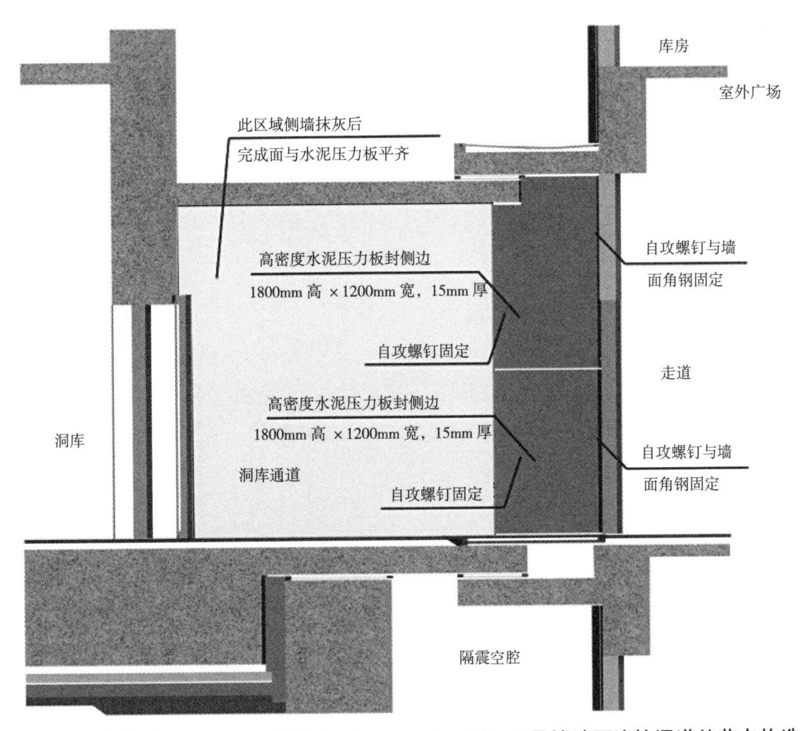

图 7.4-2　2 号楼标高 5.100m、标高 10.050m 与 1 号楼、5 号楼地下连接通道处节点构造

②地下一层⑦～⑧轴、Ⓔ～Ⓕ轴通道连接处基座固定端均在2号楼，用销钉连接固定。基座的另一端搁置在通道板上，搁置长度不小于750mm，盖板宽度3000mm，板选用20mm厚的镀锌钢板，如图7.4-3所示。

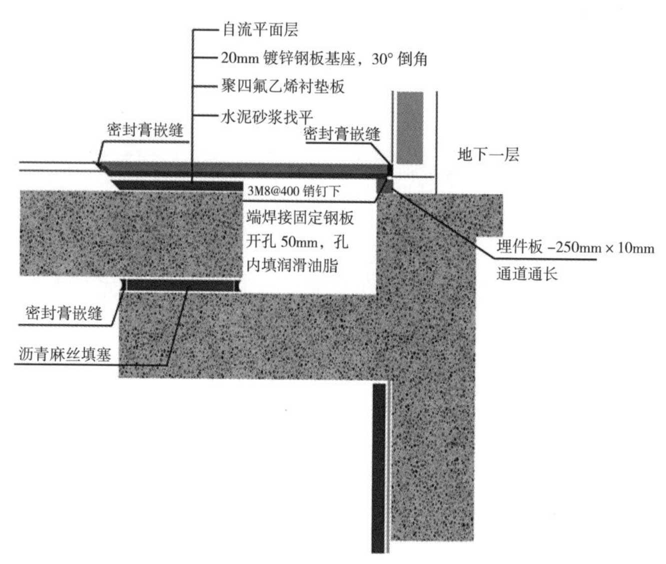

图7.4-3 地下一层⑦～⑧轴、Ⓔ～Ⓕ轴通道连接处节点构造

（3）2号楼标高10.000m Ⓡ轴北侧交①轴、⑭轴外侧与6号楼、7号楼连接通道处，盖板固定端在6号楼、7号楼板面，用销钉连接固定；盖板另一端搁置在2号楼钢连桥板上，搁置长度不小于750mm，盖板宽度3200mm，盖板选用20mm厚镀锌钢板（图7.4-4）。

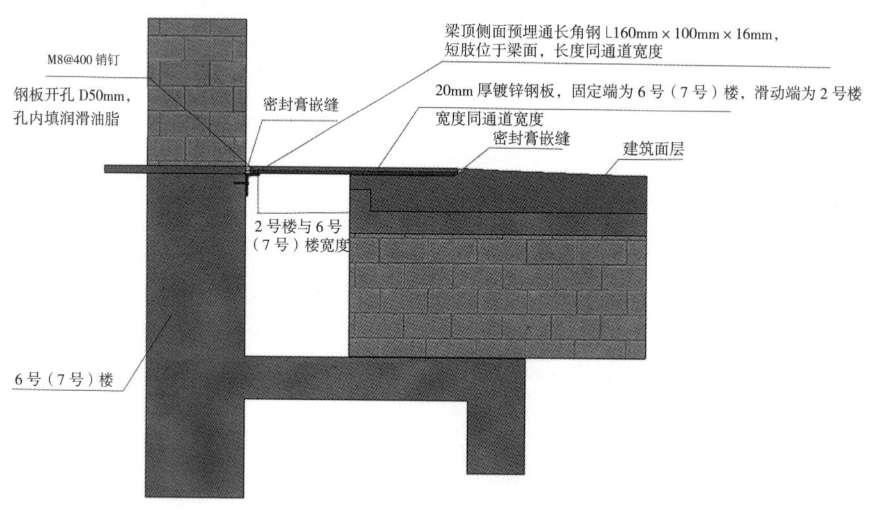

图7.4-4 2号楼标高10.000m Ⓡ轴北侧交①轴、⑭轴外侧与6号楼、7号楼连接通道处节点构造

（4）2 号楼北侧大台阶与室外地面交接节点，如图 7.4–5 所示。

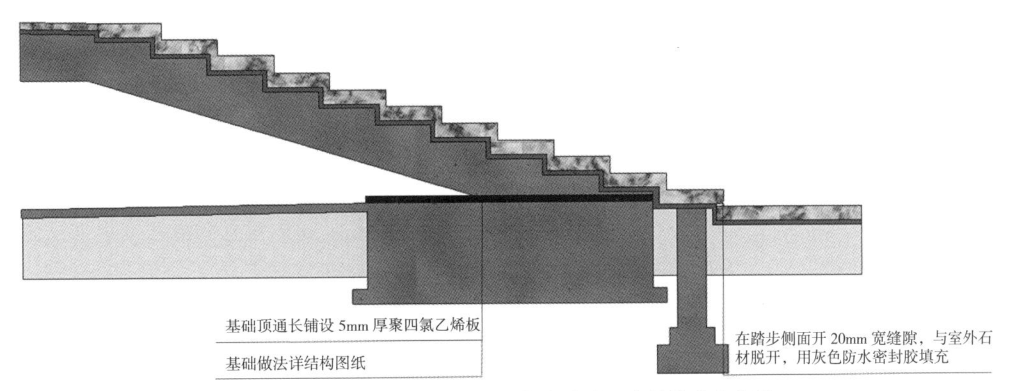

图 7.4–5　2 号楼北侧大台阶与室外地面交接处节点构造

（5）2 号楼东西两侧（① ~ Ⓐ/Ⓑ轴、① ~ Ⓕ/Ⓖ轴、⑭ ~ Ⓐ/Ⓑ轴、14 ~ Ⓕ/Ⓖ轴）与室外道路交接节点如图 7.4–6 所示。

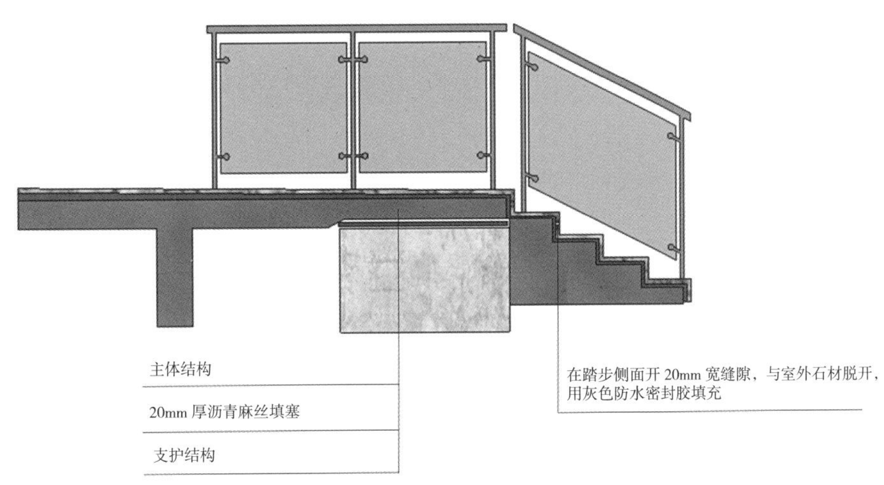

图 7.4–6　2 号楼东西两侧与室外道路交接节点构造

（6）2 号楼标高 –0.150m Ⓡ轴北侧交①轴、⑭ 轴外侧残疾人坡道跨隔震沟盖板，盖板固定端在 2 号楼标高 –0.150m 板面，用销钉连接固定；盖板另一端搁置在通道板上，搁置长度不小于 100mm，盖板宽度 1100mm，盖板选用 20mm 厚的镀锌钢板，如图 7.4–7 所示。

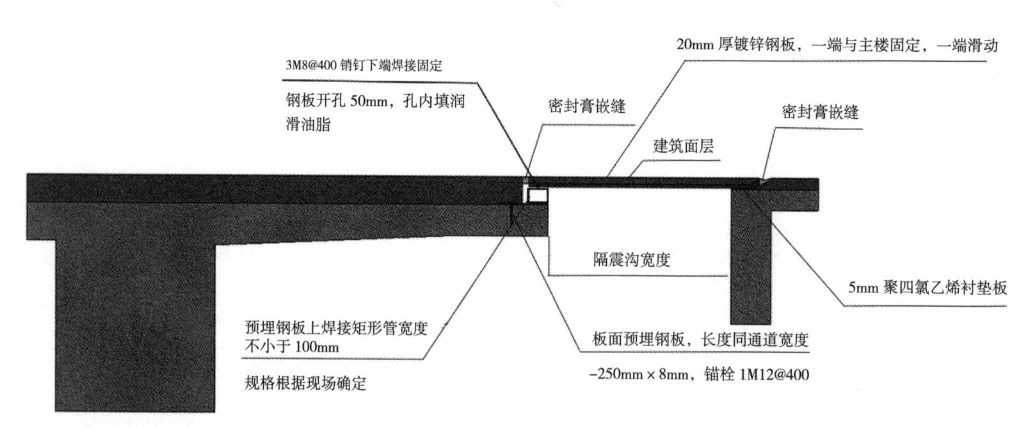

图 7.4-7　2 号楼标高 -0.150m Ⓡ轴北侧交①轴、⑭ 轴外侧残疾人坡道跨隔震沟盖板节点构造

第 8 章

室内装饰工程关键技术

8.1 概述

室内设计理念遵循建筑功能定位与设计理念，主要遵循以下原则：①用现代语言演绎汉唐神韵，实现建筑、室内、景观的一体化设计。做到建筑美学与装饰美学的协调统一；②运用绿色建筑的概念，根据专案功能定位，充分考虑使用的便利性，体现出现代化、科技感，并采用装配化和模组化的设计手法，达成节能、绿色、节约的建设目标。

针对室内空间的表达，在中国古代典籍、建筑文脉中，寻找设计语言，最终用竹简、卷轴和屏风为主要素材，并提炼为主要造型表现，运用贯穿到整体设计中，如图 8.1–1 所示。

其中，2 号楼保藏区序厅、8 号楼多功能区大厅、9 号楼交流区 / 图书馆、12 号楼咨询服务区作为对外开放的重点区域，突出体现了室内设计理念，本章将介绍这些区域中的特色亮点，并详细阐述室内装饰工程中的重难点。

2 号楼保藏区序厅书架，采用模组化、集约化设计，书墙表面材质为木质 A 级防火板的原木色调的书柜，配以深沉的铜质金属结构支架和灯光设计，整体视

图 8.1–1　设计理念

觉恢宏大气，震撼人心。

8 号楼多功能厅大厅，室内装饰充分结合建筑特点，造型语言简练，色彩采用温暖的木色系，同时充分考虑声学、灯光、智慧化等集成设计，营造出一个舒适、温馨的交流空间，如图 8.1-2、图 8.1-3 所示。

图 8.1-2　序厅完成图

图 8.1-3　8 号楼多功能区大厅

9 号楼功能定位为开放的中厅阅读区域、文创区域及半封闭的配套区域。室内装饰在中央十字轴线上放置多功能服务台，将咨询、服务、收银、存放等功能集于一体，为读者提供了便利的服务。周边设计儿童阅览区、咖啡厅、多功能培训室等配套区域，为各年龄段，各阶层的市民、读者提供贴心的服务和便利，如图 8.1-4 所示。

12 号楼咨询服务区的主要功能为咨询、引导服务和文创产品的销售。室内装饰采用温暖的木色调墙面板，配以浅灰色哑光石材地面，简约大气。同时，在天花板造型和视觉的综合考虑上，采用大面积留白的手法将室内装饰和建筑、景观串联起来，令空间表现恰到好处，如图 8.1-5 所示。

图 8.1-4　9 号楼交流区 / 图书馆

图 8.1-5　12 号楼咨询服务区

8.2 超高装配式书架墙施工技术

二二工程 - 西安项目 2 号楼序厅功能为保藏区，内装面积大约为 5934m^2，整体结构为钢筋混凝土、钢框架结构，书架位于序厅整体的南立面，结构形式为四层逐层外悬挑钢框架梁。临空高度达 24m，每层书架高 4m，书架长 90m，造型规格大、施工难度大，如图 8.2-1 所示。

图 8.2-1 序厅书架处原建筑结构

书架以建筑轴线为分割对称设计，单个书格尺寸为长 955mm × 宽 600mm × 深 400mm，如图 8.2-2 所示。采用木质基层外贴防火板，对基层平整度要求高，书架与顶、地面处的收口等多处细节的控制较难把控，安装加工工艺烦琐。书格 + 字缝处设有十三朝朝代名的金属仿古字，并内嵌灯带，其制作、安装精度要求高，安装要求控制严密误差在 2mm 内，如图 8.2-2、图 8.2-3 所示。

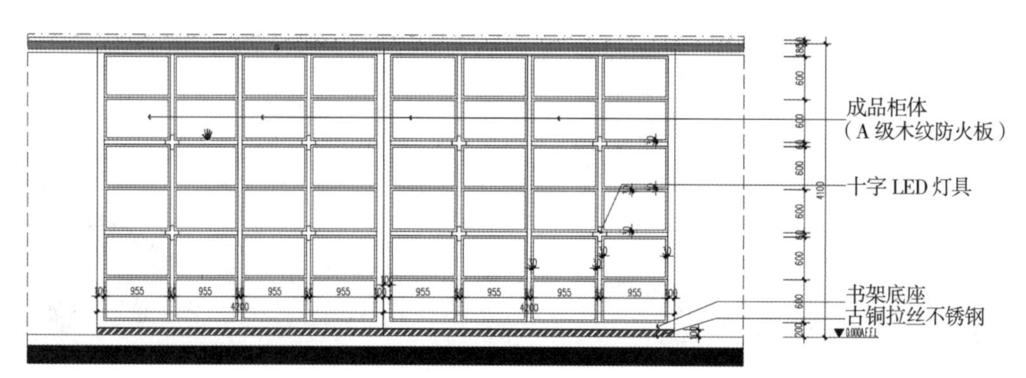

图 8.2-2 书架结构

图 8.2-3　书架完成图

8.2.1　超高书架安装施工中的难点

1. 施工准备

（1）书架基层：要求材料均应经过自然干燥，含水率不大于 12%。

（2）书架：要求材料表面平整光滑，木纹清晰，具有良好的材质和色泽，符合施工技术要求，具体规格详见图纸。

（3）辅材：符合施工规范及设计要求。

（4）主要机具设备：电锯、刨、磨、钻及钉等，扫帚、锤子、喷枪、4.2mm × 50mm 十字头自攻螺钉、排笔等。

2. 作业条件

（1）主体结构已施工完毕。

（2）安装的施工组织设计已完成。

（3）材料按计划、按层进行入场，配套齐全，并进行现场检验，腐朽、弯曲等弊病及加工不合格的材料均已被剔除。

（4）室内空气干燥，无潮湿水汽等。

（5）已弹好 100cm 水平基准线。

（6）根据现场情况，书架施工需搭设长 81m、高 19m、宽 6.5m，扣件式满堂钢管脚手架。

3. 施工工艺流程

找基准点、弹线、书架分格→安装预埋钢板→安装钢骨架→安装成品书柜→安装灯具→清理→验收。

8.2.2　技术要点

（1）弹线分格：依据轴线、100cm 水平基准线和设计图，在结构梁面上弹出书柜的分档、分格线。

（2）安装骨架：根据结构梁上弹的书柜分档线、分格线标记出膨胀丝的具体位置，待所有膨胀丝位置确定后，抽取部分位置测量距离，保证与图纸对照一致，不准确的应及时做出调整。然后，用冲击钻在标记出膨胀丝的位置上分别打孔，安装、固定预埋，预埋板一定要牢固，待预埋板固定好之后，立起 40mm × 80mm × 4mm 热镀锌方管，间距约为 2000mm（每组书架 3 根），用吊垂线或红外线仪找垂直度，确保方管垂直。用水平直线法检查骨架的平直度，待垂直度、平整度都达到要求之后，即可将方管焊接在预埋板上。钢管焊接不但要控制好垂直度，还应保证整面墙的平整度，以确保书柜安装的平整度。节点如图 8.2-4 所示。

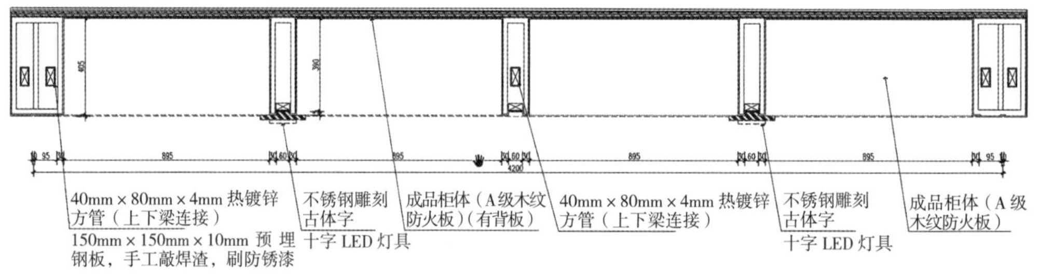

图 8.2-4　书架横剖节点

（3）方管和预埋件连接牢固后，拉通线检查矩管的平整度，对有偏差的进行调整。调整结束后，敲除焊渣，并在焊点处刷防锈漆，防锈漆应均匀、饱满。

（4）木基层底座制作与安装：木基层底座尺寸为 190mm × 350mm，用双层 15mm 厚的阻燃板作为基层材料，50mm 厚的镀锌角钢焊接作为钢骨架，制作前拉线，保证基层的水平度和平整度，木基层底座长 90m 坐落在混凝土梁上，底座与混凝土梁用钢钉固定，底座与钢架用燕尾螺丝和钢钉固定，双层阻燃板用自攻螺钉固定。钉距不大于 200mm，阻燃板与阻燃板的连接，应从板的中部向板的四边固定，钉头略埋入板内，如图 8.2-5 所示。

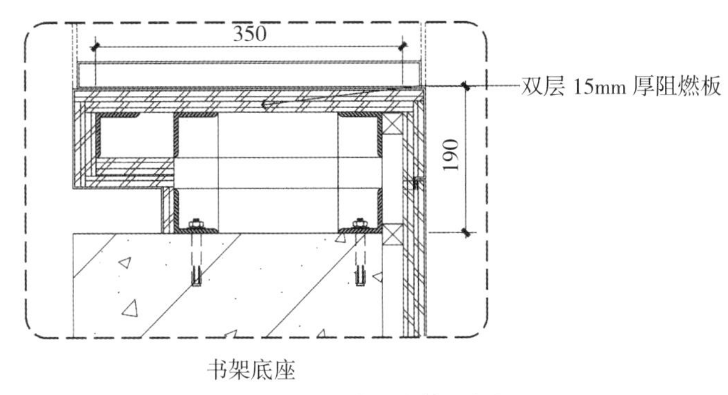

图 8.2-5　书架木基层底座

（5）书柜安装：基层底座安装完成，检验合格后安装书柜；-2F ~ -1F 书柜规格为 955mm × 600mm × 400mm；1F ~ 2F 书柜最外侧规格为 955mm × 600mm × 400mm，内侧规格为 955mm × 600mm × 350mm，如图 8.2-6 ~ 图 8.2-8 所示。

（6）首先安装前两排书柜，最下面一排成品书柜坐在底座上，第二排垂直放在第一排上面，用靠尺将两层书架调整在一个平面上，然后侧面用 200mm × 50mm × 15mm，即之前开好的阻燃板自攻螺钉连接，将两层书柜连成一体，最下面一排书柜，用制作好的“L 形木板”固定在木基层底座上，用燕尾螺丝连接牢固。

（7）每列书柜的安装顺序为，从中间位置往东西两侧同时进行，每组书柜之间分别插入 80mm 宽的成品木板，木板与书柜用 30mm 直钉连接，确保外露面间距 60mm，为后期安装十字造型灯做好准备。每两组书柜之间放置 100mm 宽的收口线，收口线的侧面开槽，中间插入 15mm 宽的薄板，两组书柜的间距为 5mm，此间距是书柜的伸缩缝；前两排书柜全部放置在底座后，用细铁丝拉通线，调整书柜的平整度、垂直度，调整好后，下一步工作就是书柜与钢矩管的连接和固定，把裁切好的 200mm × 50mm × 15mm 木基层条搭在两个书柜上面，分别放在

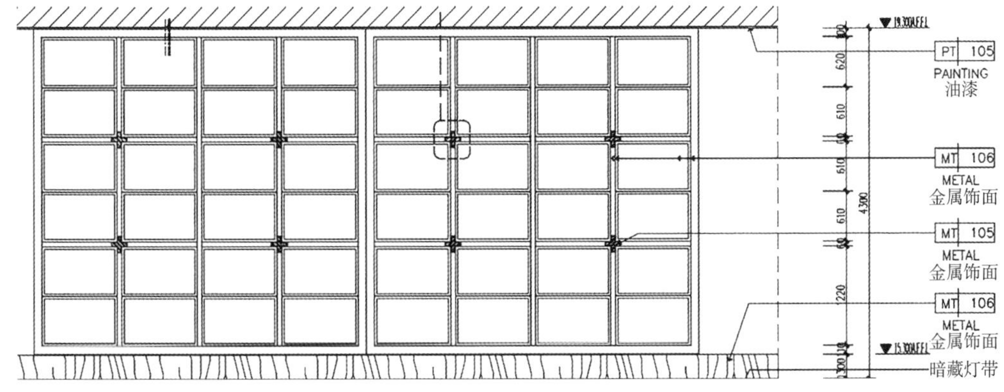

图 8.2-6　书架安装节点

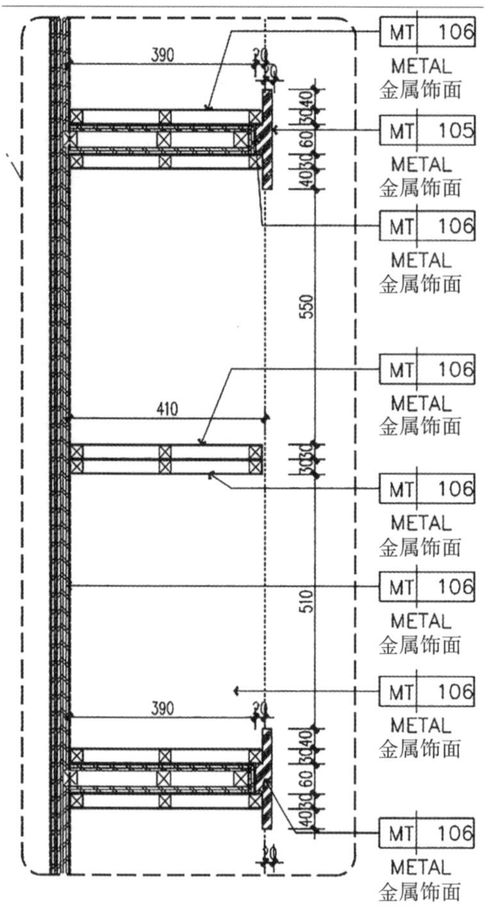

图 8.2-7　书架竖剖节点

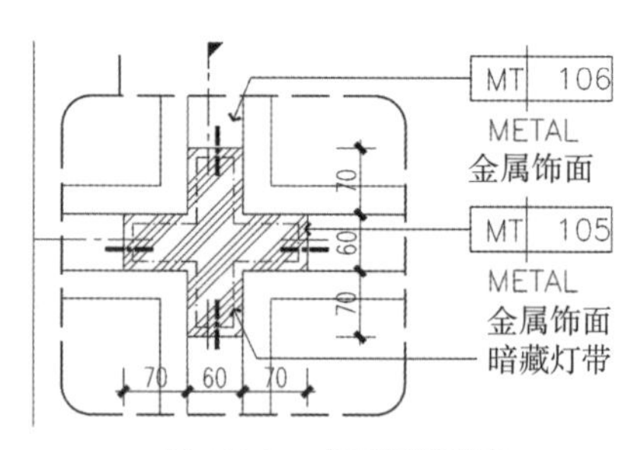

图 8.2-8　书架灯具节点

钢架的两侧，紧贴着钢架，分别用自攻螺钉连接两组柜子的顶面，保证书柜稳定性；钢方管的侧面则用“L 形木板”与书柜连接，保证书柜左右牢固，这样前两排书柜就算安装完成。接着是第三排书柜和第四排书柜的安装，方法同之前，第二排书柜与第三排书柜之间横向放置 80mm 宽的成品木板，木板外露 60mm（即二、三排书柜的横向间距为 60mm），在横向与竖向木条接口处需打孔，将灯线抽出，第三、四排和五、六排书柜的安装与连接、固定方法同一、二排。第六排书柜安装完成后，将顶封板和底封板分别固定在书柜上，确保平整度和垂直度达到现行国家和行业的验收规范和标准，这样一组书柜就安装完成，其余书柜的安装方法全部与此相同，如图 8.2-9、图 8.2-10 所示。

图 8.2-9　书架局部完成图 1

图 8.2-10　书架局部完成图 2

8.2.3　总结

本项目施工过程中，严格按照相关规范要求进行施工。结合施工现场对书架安装进行的研究论定，此施工技术有效地保证了超高书架施工质量及施工工期，方法措施得力，安全保障有效。攻破施工难点，技术创新，管理人员所掌握的施工方法、工艺得到了进一步巩固，并提高了技术水平。同时对此项施工技术申请了发明专利与实用新型专利。施工完成的序厅整体书架古朴浑厚，饰面做法色泽统一，整体效果与地面墙面石材形成了鲜明的对比。墙地收口、交缝等细部处理精细；做到了居中对称，美观大气，如图 8.2–11 所示。

图 8.2–11　序厅书架整体完成图

8.3　剁斧面墙面黄锈石干挂施工技术

2 号楼序厅部分，建筑面积 3588m^2，设计为一至四层挑空，建筑高度为 19.3m。大跨度空间（长 106m，宽 37m）轮廓周长达 298m。结构采用了钢结构体系。其中，北立面设计为花岗岩黄锈石，这对装饰施工工艺提出了非常高的要求。

8.3.1　序厅剁斧面墙面黄锈石干挂施工难点

（1）规格为 1050mm × 800mm 天然石材。设计为花岗岩石材，面积大、色差难以控制，临空高度高，墙面与外幕墙处收口多，安装横向纹路需统一，施工难度大。如图 8.3–1、图 8.3–2 所示。

（2）各墙面石材缝隙贯通交圈，石材墙地面缝贯通，前期策划、排版及下料难度大。

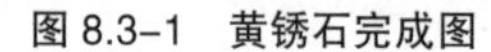

图 8.3–1　黄锈石完成图

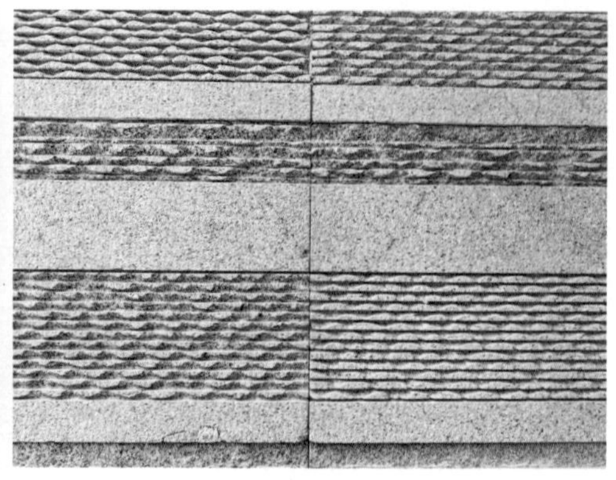

图 8.3–2　黄锈石刻槽细部展示

（3）石材刻槽工艺，整面石材需要刻槽凿切工艺，纹理大小统一，通长达80m，确保刻槽凿切工艺保持一致，对平整度要求较高，石材安装立面垂直度、表面平整度难控制。如图 8.3–3 所示。

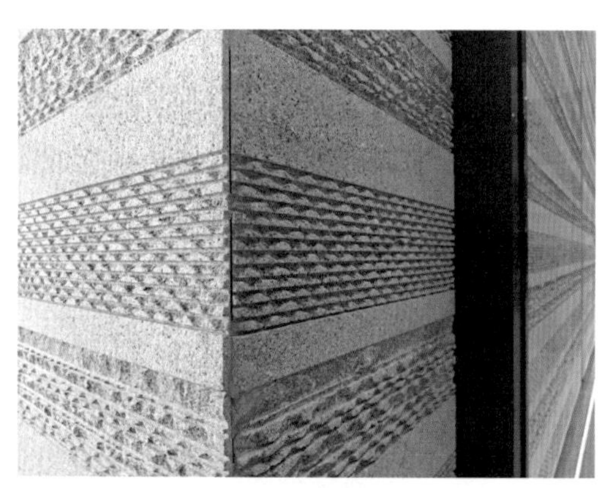

图 8.3–3　黄锈石阳角细部处理

8.3.2　黄锈石干挂施工要点及流程

1. 材料方面

（1）前期下料力求精准。图纸排版完成后，依据图纸进行现场放线，实测实量，充分考虑设计石材尺寸、现场实际尺寸、墙地通缝且需照顾其他功能区域的创优策划问题，经与设计师、厂家沟通后，灵活调整石材尺寸，对每一块均进行编号记录，石材进场后不做多余裁剪，精确施工，既保证质量也保证工期要求。如图 8.3–4、图 8.3–5 所示。

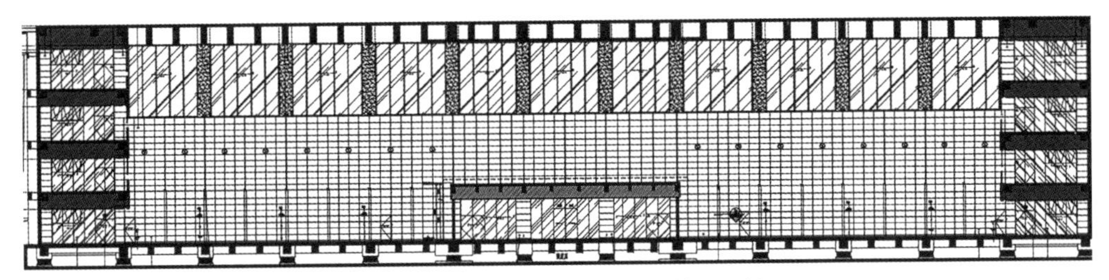

图 8.3-4　墙、地面实测实量，精准下料

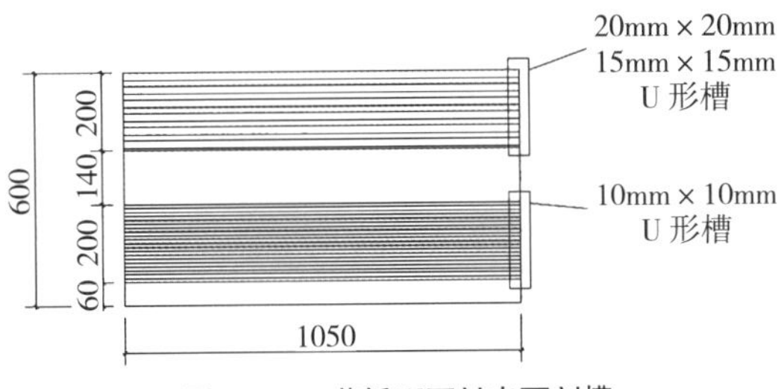

图 8.3-5　黄锈石石材表面刻槽

（2）对石材挑选严格把控。项目部指定专人与生产厂家充分沟通交底，明确石材生产要求。石材色差控制在合理范围内，并与下料单石材编号吻合，方便现场施工控制整体色差。

（3）用机械拉槽保证纹理顺直，控制整体效果；黄锈石造型采用人工凿切，不做特别统一的要求，以便于在整体中营造出变化的氛围，充分展示出序厅设计严肃又不失活泼的艺术效果。

2. 施工流程

（1）现场交付出工作面后，第一时间放出石材控制线，充分考虑整体创优策划效果，精准下料，同时保证整体施工的垂直度与平整度等质量问题。

（2）制作样板。墙地面石材、书架整体制作样板空间，节点如图 8.3-6 所示，由设计师确认实际完成效果。

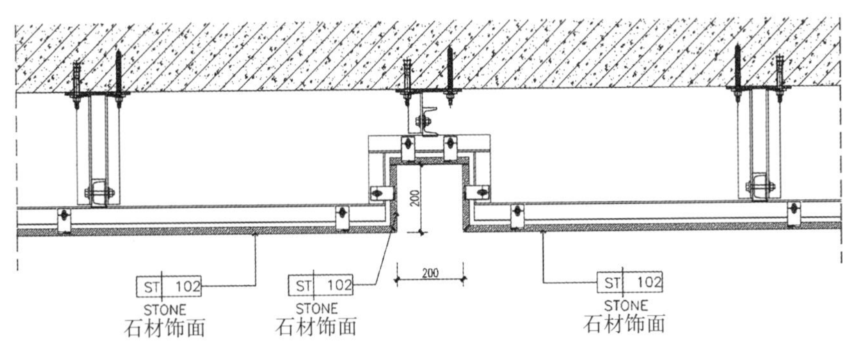

图 8.3-6　黄锈石干挂节点

（3）确认完成后，搭设架体，依据前期策划开展大面积施工。最终完成效果如图 8.3–7 所示。

图 8.3–7 黄锈石墙地通缝展示

8.3.3 总结

高大空间石材凿刻工艺整体美观，纹路统一。让冰冷的石材凸显出艺术、古朴之风格，与书柜有机地结合起来，体现出中华千年文化传承的厚重底蕴与现代的无限自信。同时考虑策划开关护栏、风口等石材的套割、收口、交缝等细部处理；做到居中对称，套割吻合，细中有细，突出亮点。

8.4 大规格金属覆膜板施工技术

8.4.1 大规格金属覆膜板施工难点

8 号楼多功能区，建筑面积 2524m^2，其中大厅部分 491m^2，设计为一至二层挑空，室内净高为 7.2m。结构为钢结构体系，室内装饰墙面为大面积、大规格金属覆膜板，对平整度和垂直度有较高要求，以保证室内效果的完美呈现。同时强调墙顶地三面通缝，充分考虑声学、灯光、智能化等集成设计末端点位的综合排布，在整体创优策划、多专业配合、下料施工等方面对室内装饰工程提出了非常高的要求。

8.4.2 技术要点

（1）弹线下料：依据现场实际尺寸及设计要求，弹出龙骨定位线及墙面成活线，对墙顶地综合考虑，实测实量，采用计算机排版，实现精准下料；同时，综合考虑面层末端点位创优需求，与各专业密切配合，调整预留点位。

（2）龙骨上墙：依据设计要求，完成基层制作。

（3）板面拼插：依次垂直安装密拼龙骨连接件，并用自攻螺钉锁紧；首端及末端使用单边龙骨连接件，并用自攻螺钉锁紧；将已折边的金属覆膜板插入龙骨之中，板材四周保护膜扯起 20mm，以便后续安装，以此类推，逐块安装；同时预留各类点位端口。节点做法如图 8.4–1 所示。

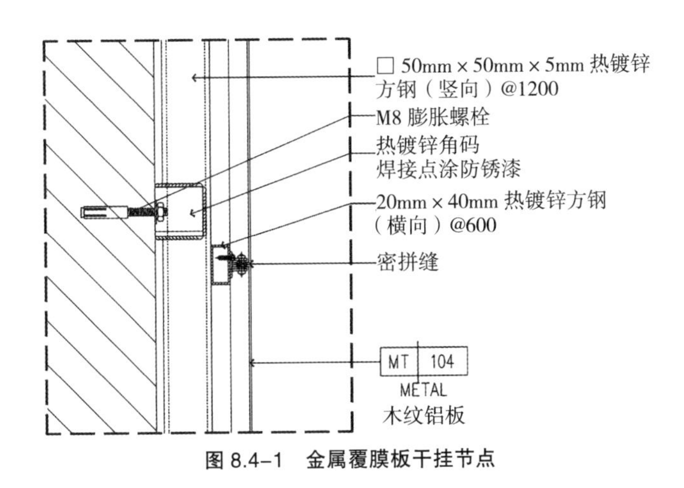

图 8.4–1　金属覆膜板干挂节点

（4）弯角处理：在转角处，采用专用阳角条进行拼接，并用自攻螺钉依次固定。

（5）附件安装：在覆膜金属复合板墙面完成后，可安装踢脚线，天花吊顶收边，以及各类点位面板等。

（6）金属覆膜板采用密拼接缝，同时需要保证整体板面平整度和垂直度，安装板面前需校平基层钢骨架；安装板面时，将立面板从上而下按入卡槽，用橡胶锤在垫板上轻敲边部，保证板材折边部位落入槽底（图 8.4–2）。

8.4.3 总结

大面积、大规格金属覆膜板，需要保证下料的精确，保证墙、顶、地三面通缝，施工过程中特别需要注意质量管理，密拼接缝，加强成品保护；同时进行多

图 8.4-2　金属覆膜板完成图

专业协调，在各类集成设计末端点位上，加强策划和协调，才能保证以完美的姿态实现设计效果。

8.5　大空间坡向吊顶铝板施工技术

二二工程 - 西安项目 9 号楼主要功能为交流区，内装面积大约 2800m²，整体结构为钢筋混凝土、框架剪力墙结构。内装施工做法为：地面铺砖，墙面乳胶漆，顶面铝板及部分石膏板吊顶。

8.5.1　大空间坡向吊顶铝板施工中的难点

室内大厅为单层结构，层高较高（8.5 ~ 12m），吊顶设计为 2mm 厚的铝板吊顶，由东向西倾斜（坡度 3%）；高处作业施工难度大，且铝板规格较大，为 2400mm × 1200mm，保证施工质量，难度较大。

8.5.2　9 号楼大厅铝板（1200mm × 2400mm）吊顶施工工艺

1. 施工工序

测量放线→安装角钢吊杆→焊接转换层钢架→涂刷防锈漆→龙骨骨架安装→隐蔽验收→铝板安装。

2. 施工方法及措施

（1）测量放线：清理现场，复测轴线、标高线控制线，根据吊顶转换层深化图纸，在顶板上弹线定位，吊点间距为 2400mm × 3000mm。

（2）安装角钢吊杆：将角钢一端与原顶面钢构预埋板焊接（角钢长度根据吊顶高度确定）。部分部位因顶板下布满管线，无法安装吊杆，或者跨度较大（超过 2.5m）。吊顶转换层高度较大的，则需要在不影响天花标高的情况下，在顶面上设置反支撑点，横向使用角钢直接与支撑点焊接，具备设置吊杆条件的，转换层角钢要与吊杆焊接。

（3）焊接转换层钢架：转换层水平网架由 40° 角钢组成，间距 1000mm × 2400mm。

（4）涂刷防锈漆：涂刷灰色防锈漆，喷银粉漆。

（5）安装 ϕ 10mm 吊杆：将吊杆一端与转换层钢架焊接（角钢长度根据吊顶高度确定）。

（6）UC50 主龙骨安装：UC50 轻钢龙骨与吊杆连接并调平，主龙骨间距小于等于 1100mm。

（7）验收：隐蔽工程完成报各单位验收。

（8）铝板安装：将铝板与主龙骨用角码连接，调平。整体完成效果如图 8.5-1 所示。

3. 质量标准

（1）铝板接缝应平直、宽窄均匀，颜色一致，且不得有错缝现象。

（2）表面应平整、洁净，色泽协调。

（3）铝板坡向正确、顺直。

图 8.5-1　9 号楼大厅铝板吊顶

（4）表面平整度应不大于 3mm，接缝高低应不大于 2mm，接缝平直应不大于 1mm。

4. 常见问题

（1）分格缝不匀、不直：主要是施工前没有认真按照图纸尺寸，核对结构施工的实际尺寸，加上分段分块弹线不细、拉线不直和吊线检查不勤等原因造成。

（2）板面污染：其主要原因是多方面的，一是操作工艺造成的；二是操作人员必须养成随施工随清擦的良好习惯；三是要加强成品保护的管理和教育工作；四是竣工前要自上而下地进行全面的清擦工作。还要注意清擦使用的工具。材料必须符合各种金属饰面板有关的使用说明，否则会带来不良的效果和不应有的损失。

8.5.3　总结

为保证大面积铝板施工质量及安全性，既要保证原材料出厂质量应达标，材料进场还需严格执行进场报验制度，施工前做好技术交底，施工中严格把关施工质量，制作样板区域进行验收，合格后统一大面积施工，在施工中不断优化施工方案，保证铝板的平整度，大面施工完成后对整体进行微调，确保板面平整，板缝均匀一致，铝板施工质量达标。

8.6　双曲面四坡异形纸面石膏板施工技术

8.6.1　12 号楼大厅坡屋面吊顶施工难点

12 号楼大厅空间设计采用坡屋面吊顶，弧形斜面天花顶棚造型。面层为石膏板饰面，大厅跨度 36m，斜面高低差 3.1m。饰面上需要安装多种设备，石膏板造型施工难度大。

8.6.2　解决措施

采用合理的施工方法，弧形龙骨地面弹线定点，运用开模拼接龙骨，使石膏板达到相应的弧面造型，排列整齐、弧度一致、无变形、各连接点牢固。基层腻子应平整、坚实、牢固，无粉化、无起皮、无裂缝。如图 8.6–1、图 8.6–2 所示。

图 8.6-1　弧形龙骨基层制作

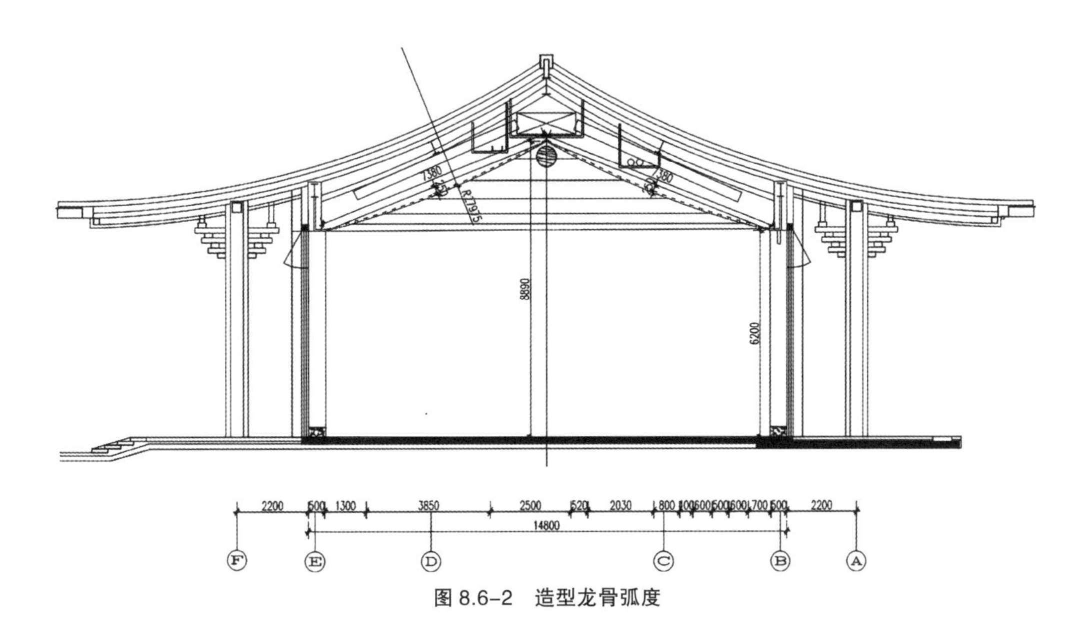

图 8.6-2　造型龙骨弧度

8.6.3　工艺流程及技术要求

1. 工艺流程

测量、弹线定位→龙骨开模→弧形龙骨安装→石膏板安装固定→烟感、风口、灯具等末端安装。排版时应遵循下列原则：灯具、烟感报警器、风口等应居中对称（图 8.6-3、图 8.6-4）。

2. 技术要点

（1）定位放线。利用 BIM 模型和测量仪器现场定位，确定基准点，放样出弧形线的弧长，准确定位每个龙骨架吊点的位置。

（2）安装龙骨骨架。首先确定原钢结构主体骨架的受力要求，采用机械连接

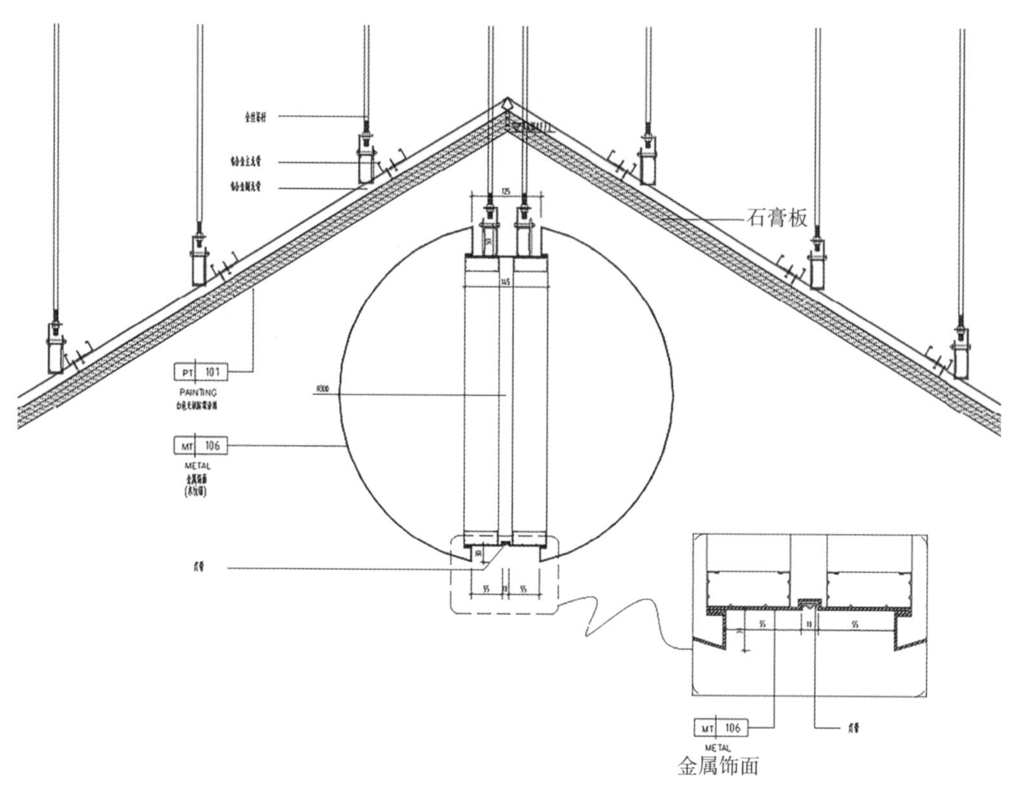

图 8.6-3　吊顶节点图

图 8.6-4　大厅完成图

方式确保主体结构受力均匀及安全性。利用钢结构预留的腹板螺栓连接龙骨骨架的吊杆，依次安装吊杆和主龙骨，把 18mm 阻燃板按照弧长固定在主龙骨上，同时两道主龙骨之间竖向每 1000mm 设置拉节点，防止龙骨骨架位移变形，确保龙骨骨架的整体性和稳定性。

（3）安装罩面板。根据龙骨位置，预先在石膏板上弹分割线，每个分割线十字点就是自攻螺钉的连接点，顺向弧形方向安装一层罩面板，遇有风口位置加固龙骨，使罩面板安装牢固。安装二层罩面板，起始点错开搭接 1/3，依次安装二层罩面板。板面合理设置伸缩缝，在风口的设备带处进行加固处理，防止裂缝。

（4）乳胶漆及腻子基层施工，自攻螺钉位置防锈处理，罩面板的板缝处贴抗裂网格布，并在板缝处填补弹性腻子；按照罩面板顺向弧形方向刮腻子，待干打磨，涂刷乳胶漆。

（5）安装烟感、风口、灯具等末端，根据排版图，点位放线，确保所有设备末端成排成线，居中对称，合理布置。

8.6.4　总结

斜面弧度造型平整统一，整体效果浑然一体；线脚顺直、清晰，阴阳角方正，无色差、无裂缝；设备成行成线，分布均匀。

第 9 章

外幕墙装饰工程关键技术

9.1 概述

9.1.1 工程概况

本工程幕墙主要包括石材幕墙、玻璃幕墙、铝板幕墙。其中，斧凿面石材组合式幕墙恢宏典雅，手工斧凿面石材精雕细刻，巧夺天工；采用开放式背栓安装方式，四种石材纹路交替出现，上下相邻石材斧凿痕迹过渡自然，缝路有序整齐，外观线条明朗，尽显高档大气。全明框大板玻璃幕墙，简洁通透，平整度、变形控制、精度控制措施要求高。31500m^2 蜂窝铝板，主要用在仿古建筑的大檐口，采用斗栱与飞檐翘角设计，使得各楼宛如一座座古色古香的亭台楼阁，错落有致，结构独特。铝板幕墙与石材幕墙、玻璃幕墙彼此对缝，对缝顺直均匀。

9.1.2 重难点分析及对应解决施工技术

为顺利评选中国建设工程质量最高奖“鲁班奖”，施工过程中的质量把控工作是必不可少的。那么，施工中的重难点便成为重中之重，顺利攻克重难点，才会为之后的施工质量打下坚实的基础。

1. 本工程施工的重难点

（1）3 号楼玻璃幕墙跨度大、高度高、施工作业面水平位置高度高，这给现场玻璃吊装与施工工作均造成很大的困难。

（2）2 号楼北立面石材幕墙要求效果自然逼真，因此施工方采用手工斧凿面石材，力求达到自然效果。

（3）3 号楼、12 号楼等楼号含有仿古建筑檐口、斗栱的铝板造型，不仅要做到精准对缝，达到图纸设计效果，更要做到下料的精准，减少材料的浪费。

2. 对应解决采用的施工技术

（1）超大玻璃吊装施工技术。

（2）斧凿面超重、超大开放式石材施工技术。

（3）仿古建筑檐口和斗栱铝板施工技术。

9.2　超大玻璃吊装施工技术

9.2.1　主要应用内容

现代建筑生产施工水平的不断提升，超大规格全玻璃幕墙的设计为建筑幕墙起到画龙点睛的作用。超大规格全玻璃幕墙成为体现现代建筑美学简约、大气、宏伟的表达手法，故越来越多的超大玻璃幕墙被应用到实例中，本技术因其效率高、破损率低、安全性高而得到业内的推广，其应用前景广阔。

9.2.2　施工工艺

操作要点（图 9.2-1）：

1）施工技术准备

（1）技术资料收集：现场钢结构设计资料收集和钢结构尺寸测量。由于钢结构施工时可能会有一些变动，实际尺寸不一定都与设计图纸符合。全玻璃幕墙对钢结构的尺寸要求较高。所以在设计中必须到现场量测，取得第一手数据资料。然后，才能根据业主的要求绘制切实可行的幕墙分隔图。对于有大门入口的部位，还必须与制作自动旋转门、全玻门的单位配合，使玻璃幕墙在门上和门边都能很好地衔接收口。同时，也需满足自动旋转门的安装和维修要求。

（2）设计和施工方案确定：在对玻璃幕墙进行设计分隔时，除了要考虑外形的均匀美观外，还应注意尽量减少玻璃的规格型号。由于各类建筑的室外设计都不尽相同，对于有室外大雨篷、行车坡道等项目，更要注意协调好总体施工顺序和进度，防止由于其他室外设施的建设，影响吊车行走和玻璃幕墙的安装。在正式施工前，还应对施工范围的场地进行整平、填实，做好场地的清理，保证吊车行走畅通。

（3）组织好超大玻璃的安装顺序：由于玻璃规格超大，安装顺序没组织好会造成玻璃不能入槽等现象。综合项目现场的实际情况，我们先里后外，先装肋后装面板。先装最边上一块，按顺序安装到倒数第三块后，再装最右边一块，最后收尾安装倒数第二块。这样有利于最边上一块玻璃入槽。

2）材料及机具准备

（1）主要材料质量检查

①玻璃的尺寸规格是否正确，特别要注意检查玻璃在储存、运输过程中有无

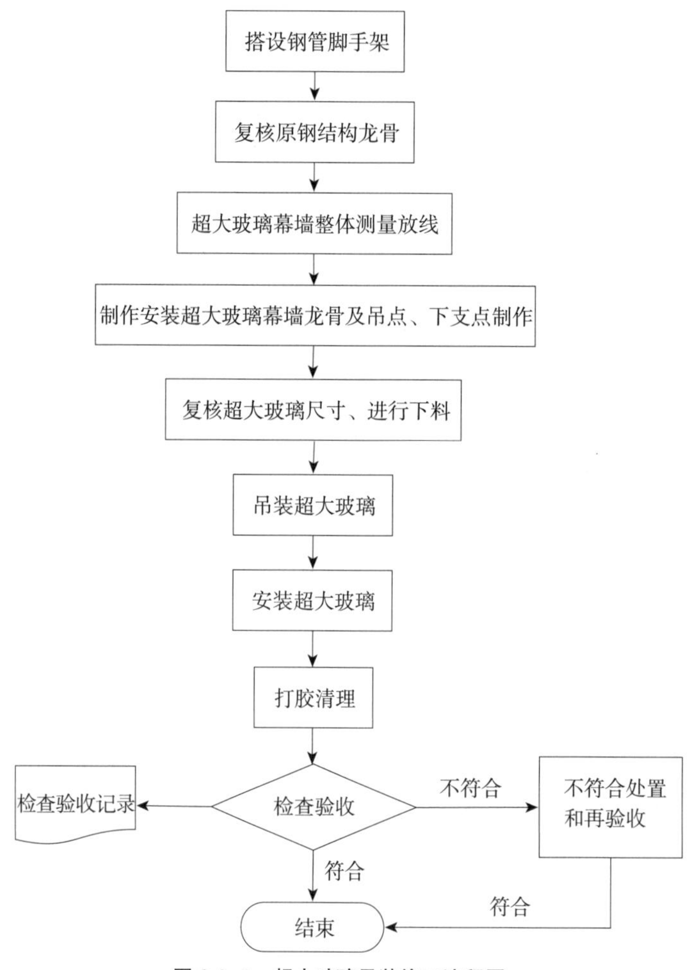

图 9.2-1　超大玻璃吊装施工流程图

受到损伤，发现有裂纹、崩边的玻璃绝不能安装，并应立即通知工厂尽快重新加工补充。

②金属结构构件的材质是否符合设计要求，构件是否平直，加工尺寸、精度、孔洞位置是否满足设计要求。要刷好第一道防锈漆，所有构件编号要标注明显。

（2）主要施工机具检查

①玻璃吊装和运输机具及设备的检查，特别是对吊车的操作系统和电动吸盘的性能检查。

②各种电动和手动工具的性能检查。

③预埋件的位置与设计位置的偏差不应大于 10mm。

（3）搭建脚手架

由于施工程序中的不同需要，施工中搭建的脚手架需满足不同的要求。

①放线和操作承重钢结构支架时，应搭建在幕墙面玻璃的两侧，方便工人在不同位置进行焊接和安装等作业。

②安装玻璃幕墙时，应搭建在幕墙的内侧。要便于玻璃吊装斜向伸入时不碰脚手架，又要使站立在脚手架上下各个部位的工人都能够很方便地握住手动吸盘，协助吊车使玻璃准确就位。

③玻璃安装就位后注胶和清洗阶段，这时需在室外另行搭建一排脚手架，由于全玻璃幕墙连续面积较大，使室外脚手架无法与主体结构拉接，所以要特别注意脚手架的支撑和稳固，可以用地锚、缆绳和用斜撑的支座拉接。

④脚手架搭设要考虑到超大玻璃需上下层同时操作，会有交叉施工，下层操作部位必须搭设防护钢管，铺上竹排，防止交叉施工时上层有坠落物伤害到下面的作业人员。

⑤施工中，各种操作层的高度都要铺放脚手板，顶部要有围栏，脚手板要用铁丝固定。在搭建和拆除脚手架时要格外小心，不能从高处向下抛扔钢管和扣件，防止损坏玻璃。

3）全玻幕墙安装施工

（1）放线定位

放线是玻璃幕墙安装施工中技术难度较高的一项工作，除了要充分掌握设计要求外，还需具备丰富的工作经验。因为有些细部构造处理在设计图纸中并未交代得十分明确，而是留给操作人员结合现场情况具体处理，特别是对于本项目，玻璃长度较大的建筑玻璃幕墙，其放线难度要更大一些。

（2）幕墙定位轴线的测量放线必须与主体结构的主轴线平行或垂直，以免幕墙施工和室内外装饰施工发生矛盾，造成阴阳角不方正和装饰面不平行等缺陷。

（3）要使用高精度的激光水准仪、经纬仪，配合用标准钢卷尺、重锤、水平尺等进行核对。对高度大于 12m 的幕墙，还应反复 2 次测量核对，以确保幕墙的垂直精度。要求上、下中心线偏差小于 1 ~ 2mm。

（4）测量放线应在风力不大于 4 级的情况下进行，对实际放线与设计图之间的误差应进行调整、分配和消化，不能使其积累。通常以利用适当调节缝隙的宽度和边框的定位来解决。如果发现尺寸误差较大，应及时反映，以便重新制作一块玻璃或采取其他方法合理解决。

4）上部承重钢构安装

（1）注意检查原有钢结构位置尺寸，跟幕墙图纸进行核对，有无不一致之处。

（2）每个构件安装位置和高度都应严格按照放线定位和设计图纸要求进行。最主要的是，承重钢横梁的中心线必须与幕墙中心线相一致。

（3）内金属扣夹安装必须通顺平直。要用分段拉通线校核，对焊接造成的偏位要进行调直。外金属扣夹要按编号对号入座进行试安装，同样要求平直。内外金属扣夹的间距应均匀一致，尺寸符合设计要求。

（4）所有钢结构焊接完毕后，应进行隐蔽工程质量验收，请监理工程师验收签字，验收合格后再涂刷防锈漆。

5）安装玻璃就位

（1）玻璃吊装

①大型玻璃的安装是一项十分细致、精确的整体施工组织。施工前要检查每个工位的人员到位情况，各种机具工具是否齐全正常，安全措施是否可靠。高空作业的工具和零件要有工具包和可靠放置，防止物件坠落伤人或击碎玻璃。待一切检查完毕后方可吊装玻璃。根据设计好的孔位安装玻璃吊夹具并打好注孔胶。（吊夹具应提前安装，安装时间依据注孔胶干燥时间而定。注意：①吊夹安装后，一定要复核尺寸，检查安装孔与设计位置是否相符；②注孔胶一定要饱满，密实，这样有利于吊装孔承受整块玻璃的自重。）

②再一次检查玻璃的质量，尤其要注意玻璃有无裂纹和崩边，吊夹孔位位置是否正确。用干布将玻璃的表面浮灰抹净，用记号笔标注玻璃的中心位置。

③安装电动吸盘机。电动吸盘机必须定位，左右对称，且略偏玻璃中心上方，使起吊后的玻璃不会左右偏斜，也不会发生转动（图 9.2-2）。

④试起吊。电动吸盘机必须定位，然后应先将玻璃试起吊，将玻璃吊起 2 ~ 3cm，以检查各个吸盘是否均牢固地吸附玻璃。

⑤在玻璃适当位置安装手动吸盘、拉缆绳索和侧边保护胶套。玻璃上的手动吸盘可在玻璃就位时，不同高度工作的工人均能用手协助玻璃就位。拉缆绳索是为了玻璃在起吊、旋转、就位时，工人能控制玻璃的摆动，防止玻璃受风力和吊车转动发生失控。

⑥在要安装玻璃处的上下边框的内侧粘贴低发泡间隔方胶条，胶条的宽度与设计的胶缝宽度相同。粘贴胶条时要留出足够的注胶厚度。

⑦超大玻璃四周边角部分用木板做吊装过程中的临时防护。a. 在吊装过程中

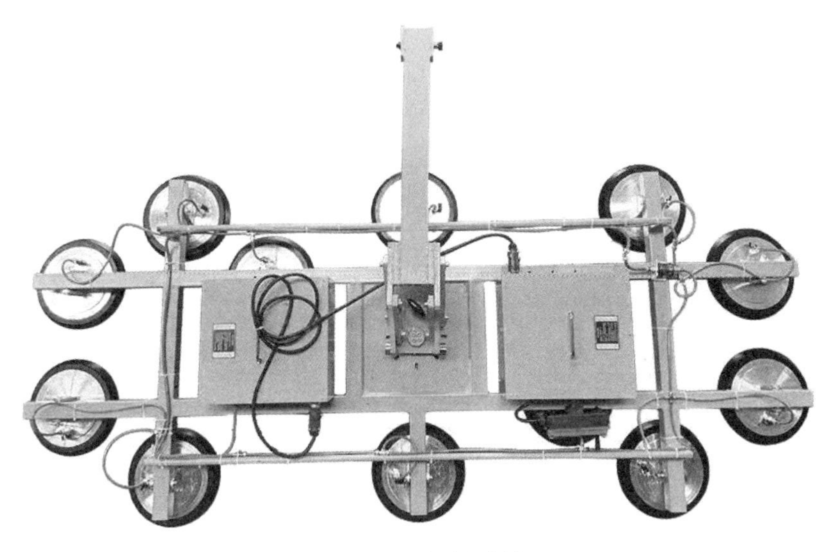

图 9.2-2　电动吸盘器

形成防护；b. 轻微旋转擦刮时，可用于缓冲。

（2）玻璃就位

①吊车将玻璃移近就位位置后，司机要听从指挥长的命令操纵液压微动操作杆，使玻璃对准位置徐徐靠近。

②因现场大板玻璃安装处的层高较高，大板玻璃的人工运输不仅困难，而且会导致玻璃非常容易破损，增加材料成本。因此，在玻璃运输前焊接导轨，用导轨将玻璃运送至安装的对应位置，这样不仅大大节省了人力成本，也极大地缩短了材料的二次搬运耗时（图 9.2-3）。

图 9.2-3　焊接的运输导轨

③上层工人要把握好玻璃，防止玻璃在升降移位时碰撞钢架。待下层各工位工人都能把握住手动吸盘后，可将拼缝一侧的保护胶套摘除。利用吊挂电动吸盘的手动捯链将玻璃徐徐吊高，使玻璃上端低于上部边框少许。此时，上部工人要

图 9.2-4　工人利用滑轨和电动吸盘吊起玻璃

及时将玻璃轻轻拉入槽口，并用木板隔挡，防止与相邻玻璃碰撞。另外，有工人用木板依靠玻璃下端，保证在捯链慢慢下放玻璃时，玻璃能被放入底框的槽口内，并避免玻璃下端与金属槽口磕碰（图 9.2-4）。

④玻璃定位。安装好玻璃吊夹具，吊杆螺栓应放置在钢横梁上有标注的定位位置。反复调节杆螺栓，使玻璃提升并正确就位。第一块玻璃就位后要检查玻璃侧边的垂直度，之后就位的玻璃只需检查与已就位好的玻璃上下缝隙是否相等，且是否符合相关设计要求。

⑤安装上部外金属夹扣后，填塞上下边框外部槽口内的泡沫塑料圆条，使安装好的玻璃可以进行临时固定。

⑥按之前设定好的位置焊接固定玻璃下框，做好软防护和焊接防护，防止焊渣飞溅到玻璃上。

6）注硅酮结构密封胶

（1）所有注胶部位的玻璃和金属表面都要用丙酮或专用清洁剂擦拭干净，不能用湿布和清水擦洗，注胶部位表面必须干燥。

（2）沿胶缝位置粘贴胶带纸，防止硅胶污染玻璃。

（3）安排受过训练的专业注胶工进行施工，注胶时应内外双方同时进行，注胶要匀速、匀厚，不夹气泡。

（4）注胶后用专用工具刮胶，使胶缝呈微凹曲面。

（5）注胶工作不能在风雨天进行，防止雨水和风沙侵入胶缝。另外，注胶也不宜在低于 5℃的低温条件下进行，温度太低胶液会发生流淌、固化时间延缓等现象，甚至会影响拉伸强度。应严格遵照产品说明书的要求进行施工。

（6）硅酮结构密封胶的施工厚度应介于 35 ~ 45mm 之间，太薄的胶缝对保证密封质量和防止雨水不利。

（7）胶缝的宽度通过设计计算加以确定，最小宽度为 6mm，常用宽度为 8mm，对受风荷载较大或地震设防要求较高时，可采用 10mm 或 12mm。

（8）结构硅酮密封胶必须在产品的有效期内使用，施工验收报告要有产品证明文件和记录。

7）表面清洁和验收

（1）将玻璃内外表面清洗干净。

（2）再一次检查胶缝并进行必要的修补。

（3）整理施工记录和验收文件，积累经验和资料。

9.2.3　施工关键技术

该技术在行业内达先进水平，因超大玻璃单块的规格板幅宽、重量大、单块价值高，更换一块所产生的费用高，对各工种、各单位配合度要求高（材料保障组、机械吊装组、安装组、指挥组、后勤保障组及成品保护小组都需高度配合），故在运输、存放、吊装、就位安装以及成品保护等每一个环节、每一道工序都要进行详细、周密的安排，不能放过每一个细节，有一处没考虑到位则有可能产生玻璃破损等严重后果，因此施工方案要考虑周全，施工组织设计要详细到位，现场施工要严格把控每一道施工步骤（图 9.2–5）。

图 9.2–5　玻璃幕墙简约大气

9.2.4　技术、经济效益分析

1. 效率高

本工法采用机械化吊车吊装，节省大量劳动力，同时直接采用吸盘吊装，节省很多辅助设施设备的制作安装，既节约了辅助材料的投入，同时又不用制作辅助材料，也缩短了安装周期。传统的大玻璃安装采用制作辅助框架固定玻璃的安装工艺，耗时长、浪费临设材料，且不同规格的玻璃制作不同尺寸的辅助框架，辅助框架种类多且繁杂，工序多、效率低下。

2. 安全性高

通过合理组织、科学规划、节员可控等措施，采用科学的安全防护措施，使全玻璃安装的危险性降到了最低。

3. 破损率低

传统制作辅助框架，工艺步骤多，参与人数多，人员的协调性控制难，哪一个方面稍有不慎就可能造成破损。而破损一块玻璃的直接成本就达 4 万 ~ 5 万元，加上运输、重新组织吊车和安装人员等，光更换一块玻璃的成本就将近 10 万元。采用本工艺可将玻璃吊装的风险控制在零破损率。

9.3　斧凿面超重超大开放式石材施工技术

9.3.1　主要应用内容

雕刻石材通过外立面的设计效果确定最优分格，异形分格整料加工下料。龙骨外侧采用氟碳喷涂镀锌钢板作为防水板，防水板外侧安装可调铝合金挂件与固定件连接，实现雕刻石材与墙体的可调式机械连接方式。形成装饰面层，达到建筑装饰效果。

9.3.2　施工工艺

施工工艺流程如图 9.3–1 所示。

1. 施工过程

1）施工准备

（1）熟悉图纸、规划分格，确定板材规格；划分防火分区，编制专项施工方案和设计计算书。

（2）根据专项施工方案进行板材加工，利用 BIM 技术优化施工排版图及连接位置，并标注编号。

（3）根据施工深化设计图准备施工所需的材料。

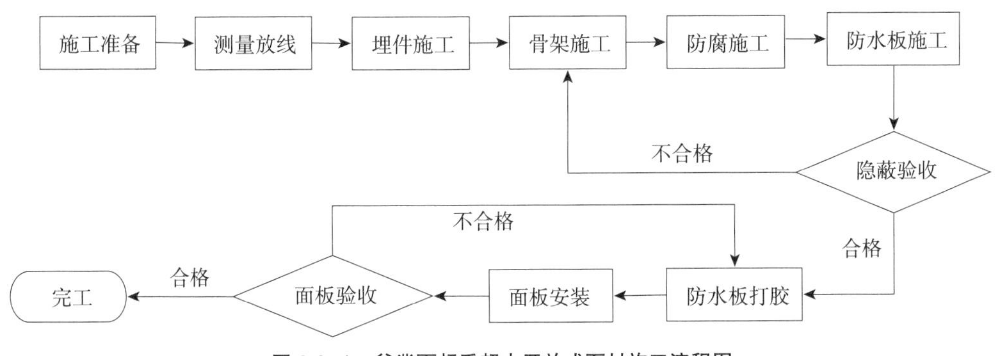

图 9.3-1 斧凿面超重超大开放式石材施工流程图

（4）对施工人员进行岗前培训，做好安全技术交底工作。

2）测量放线

根据建筑物定位控制线控制标高、轴线及洞口位置，按照施工深化设计排版图在建筑物的立面上弹出控制网，并标注后置埋件位置。

3）埋件施工

采用后置埋板，在已放线墙上标记出埋件对应的化学锚栓孔位置，用冲击钻打孔，孔深及直径需符合化学锚栓孔洞的规格。采用毛刷清理孔内灰尘，再用鼓风机吹出孔内灰尘，吹两遍，将化学药剂塞入孔内，化学锚栓用手枪钻植入孔内，待化学药剂凝结后将埋板安装，凝结时间足够后，紧固螺栓。

4）骨架施工

根据施工深化设计图在楼层间结构梁埋件上固定水平方向两个控制点，然后拉通线确定竖直方向骨架的位置。施工时先点焊一个面的主骨架于埋件上，使主骨架校准无误后，单面焊接牢固，并将埋件最终固定。最后，进行另一边骨架固定，使主骨架与埋件成为一个整体。主骨架安装时严格执行幕墙骨架安装施工的相关规范标准。最后，在主骨架上安装次骨架，次龙骨一端焊接，另一端螺栓连接。主次骨架外表面需平齐，安装完成后进行避雷接地施工，避雷接地连接于主骨架上。

5）骨架连接点防腐处理

对所有骨架连接点进行补焊检查，如无质量缺陷进行防腐防锈处理。处理方法：用小尖锤对焊点进行敲击，清理掉焊点药皮保护，涂刷两遍防锈漆，完成后再检查有无遗漏点。

6）防水板施工

防水板安装前将 M8 × 30 不锈钢螺栓从横龙骨角钢开孔位置穿出，再用电焊将螺母点在角钢上，防腐处理。然后把 1.5mm 厚氟碳喷涂钢板孔洞对应龙骨上的螺栓位置，镀锌钢板贴龙骨外侧使用不锈钢自攻螺钉进行固定，板与板之间至少搭接 3 ~ 5cm 由下往上安装。自攻螺钉及镀锌钢板搭接缝隙处使用优质耐候密封胶封堵（图 9.3-2）。

图 9.3-2　防水板安装

7）角码挂件安装

干挂石材挂件的施工应按照设计图纸的要求，石材在安装前要事先打出大角两个面竖向的控制线，并弹在离大角处 20cm 的位置上，以便于随时检查垂直挂线的准确性，保证顺利进行安装。而竖向挂线的上端挂在专用的挂线的钢架上，角钢架一定要用膨胀螺栓固定在建筑物大角的顶端，一定要挂在非常牢固、准确且不易碰动的地方，并且还要注意保护和经常性去检查，并在控制线的上、下处作出标记。挂件角码与防水板之间安装 2mm 厚防腐垫片，角码安装后需在周圈用耐候密封胶密封（图 9.3-3、图 9.3-4）。

图 9.3-3　石材挂件角码安装后周圈密封

图 9.3-4　石材挂件安装

8）石材面板安装

石材面板在安装前，须对骨架及防水板进行隐蔽检查，要求骨架与主结构连接牢固，并作防锈处理。防水板搭接完整，无漏洞位置。骨架的垂直度偏差不大于5mm，标高偏差在1.5mm以内，$2m^2$范围内的平整度不大于2mm。骨架及防水板作为隐蔽工程验收合格后，石材面板才能干挂就位。

（1）饰面板安装前的准备工作

先根据设计要求，对来料进行色彩、纹理方面的挑选和归类。然后是进行试拼并审核其装饰效果，要求同一批板材的色调花纹应基本一致。具体做法为：按照图纸取一个立面部分，平铺在光线易照射的空地上，在高度10m左右用偏光镜从正面、侧面检查，基本无色差后方可出厂，根据其干挂的部位，依次写上编号待用。

本工程为大面积开放式石材幕墙，所以石材面板必须做到六个面均防水处理。

（2）板材的安装固定

①每块石板在安装前应核对板材规格和基面尺寸，并对外观进行检查，不允许石材有裂纹存在（用目测及水浇法），其外观缺棱、缺角、色斑、色线、坑窝等缺陷应符合《建筑门窗工程检测技术规程》JGJ/T 205—2010的规定。

②安装铝合金挂件，按实际放线将铝合金挂槽准确地安装到横梁上。

③面板“干挂法”施工须由墙面自下而上，一层一层按编号进行。下一层质量合格后，再进行上一层施工。每块石板均对号入座安装。

④石材背面孔内注入环氧树脂胶。每块石板采用背栓挂件，背栓挂件和石材之间用尼龙垫片隔开，每个板块为单独的受力体系，抗震性能优异。

⑤水平缝和垂直缝的宽度在8mm左右，由专用垫块控制，板底2块，板侧各2块，待石板固定后取出。这样让支撑件承当整块石板的重量，又不会造成累积载重。

⑥石材安装时，左右、上下的偏差不应大于1.5mm。

⑦对于特殊部位须倒挂石材时，处理措施是用玻璃纤维和环氧树脂粘贴在石材背面，以防止石材破损后砸向路人。

主要机具设备：台钻、无齿切割机、冲击钻、手枪钻、压力扳手、开口扳手、专用手推车、锤子、凿子、靠尺、铅水平尺、多用刀、子等。

2.石材面板加工工艺

1）矿区选料

色差的控制首先从矿山开始，在石材选料前，派人到加工现场实地考察，预选荒料，在选样和施工封样时，一定要到矿山或荒料存储地取样。对比一下小样和实际石材之间是否存在较大差异，进一步确认是否有充足的货源（图 9.3-5）。

图 9.3-5　矿区选料

2）大锯切荒料

荒料进厂后进行复检，发现不合格荒料混入时，立即剔除。所选荒料按开采顺序编号，分批量运抵工厂。上锯前要由供应商的技术人员对色差再进行一次控制，若发现问题，及时解决，上锯时严格按技术人员所确认的编号顺序进行切割。同一批量荒料锯解的毛板放置在同一个区域，用于加工同一个区域的成品，并且同一块荒料生产的板材放在一起包装，在加工厂内将色差控制在最小范围内（图 9.3-6）。

图 9.3-6　大锯切荒料

3）红外线切割成下单尺寸

红外线切割相对于传统的手切机而言，产品加工出的尺寸和质量都更有保证，尺寸误差更小，产品合格率更高（图 9.3-7）。

图 9.3-7　红外线切割尺寸

4）红外线开间距槽

使用红外线对已经按下料单切割好的石材表面进行间距开槽，确保槽间距与设计要求一致，方便后期加工（图 9.3-8）。

5）钻背栓孔

通过背栓、石材挂件匹配试验，确定输入深度，控制数据尺寸，是石材背栓孔通过背栓与铝合金石材挂件安装牢固的控制关键点。

在现场进行背栓植入工作，大致工序为：安置工作台（台面放置合适的橡胶板）→放置已成孔的石材板→将背栓植入石材板孔中→完成背栓紧固→组件抗拉拔试验。

根据背栓型号确定背栓植入紧固方法：非旋进式背栓，使用专用工具击胀（抽拉）使胀管端扩张紧固；旋进式背栓，使用旋进螺栓使胀管端扩张紧固。

在背栓表面增加尼龙网套，可提高背栓挂件的抗震性能，排除背栓与石材板硬性接触而降低热胀冷缩效应（图 9.3-9）。

图 9.3-8　红外线开间距槽

图 9.3–9　钻背栓孔

6）手工斧凿面加工

石材背栓孔钻孔完毕后，由石材厂工人用手工斧对间距槽进行加工，加工后呈天然纹路的斧凿面样式（图 9.3–10）。

图 9.3–10　手工斧凿面

7）冲洗石材、晒干刷防护漆

对加工完毕的石材进行冲洗，冲洗干净后放在晾晒场进行晒干处理，保证石材在涂刷防护漆时是干燥的，确保石材防护涂刷的质量。有缝隙的区域，将药剂以注射针头注入缝隙中，以确保达到饱和的防护效果（图 9.3–11、图 9.3–12）。

图 9.3–11　石材晾晒

图 9.3–12　石材涂刷防护漆

8）石材分区域编号打包

石材防护漆涂刷完毕并晾干后，将石材分区域进行编号打包，打包时下端垫软木，防止石材在打包时遭到损坏（图 9.3–13、图 9.3–14）。

图 9.3–13　石材分区编号

图 9.3–14　石材打包

9）装车出货

石材打包完毕后，将石材按下单顺序、下单紧急情况进行装车发货（图 9.3–15）。

9.3.3　施工关键技术

（1）利用红外线切割机开间距槽。

（2）用手工斧将间距槽加工成斧凿面石材。

（3）将氟碳喷涂钢板固定于石材龙骨外侧。

（4）采用干挂法将石材面板挂于龙骨上（图 9.3–16）。

图 9.3–15　石材装车出货

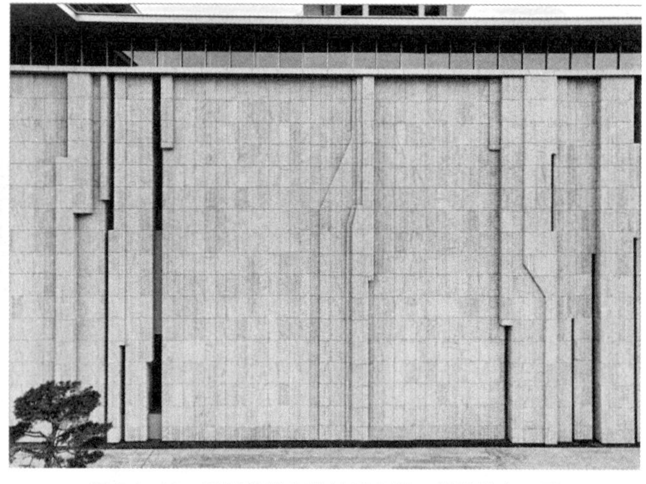

图 9.3–16　石材斧凿痕迹过渡自然，缝隙均匀一致

9.3.4　技术、经济效益分析

西安国家版本馆共有石材幕墙面积 8792m^2，采用石材幕墙开放式施工，每平方米石材节省材料费 5 元，共计：8792m^2 × 5 元 /m^2=43960 元；缩短施工工期 11 天，节省管理人员工资：12 人 ×150 元 / 天 ×11 天 =19800 元；节省劳务费用支出：42 人 ×430 元 / 天 ×11 天 =198660 元；节省吊车租赁费：2 台 ×1500 元 / 天 ×11 天 =33000 元。总计节省资金：4.396 万元 +1.98 万元 +19.866 万元 +3.3 万元 =29.542 万元。

9.4 仿古建筑檐口和斗栱铝板施工技术

9.4.1 主要应用内容

西安国家版本馆要创“鲁班奖”，装饰要求高，秉承公司“把质量管理摆在企业发展更为突出位置，以铸就精品工程为目标，提升质量管理水平”的主导思想，因此要确保优质工程、精品工程。该种装饰组合新颖，装饰效果强，在铝单板加工、运输及安装过程中的质量控制，以及仿木斗栱拼缝位置选择、密拼处理、同色胶处理等方面的技术创新和质量控制，可以增加项目的施工经验，并为类似工程提供经验以及为技术总结创造条件。为保证檐口吊顶铝单板、仿木抬梁斗栱柱头一次性成型质量，达到节省“工期、机械、人工、材料”的目标，在装饰施工开展较晚的情况下确保顺利如期交工。尝试加强施工质量控制，减少返工量，从而达到控制工程造价、节约工期、提升施工质量的多重目的。

9.4.2 施工工艺

施工人员在工作前应先熟悉图纸，熟悉施工工艺，对施工班组进行技术交底和操作培训及安全教育（图 9.4–1）。对于仿石材铝单板，须开箱预检数量、规格及外观质量，逐块检查，不符合质量标准的立即按不合格品处理。按图纸上的铝单板编号预摆排列检查有无明显色差。

1. 后置埋件施工

安装作业人员在接到图纸后，先要对图纸进行熟悉了解，主要了解以下几个方面的内容：

（1）对图纸内容进行全面了解。

（2）找出幕墙立面设计的主导尺寸（分格），不可调整尺寸和可调节尺寸。

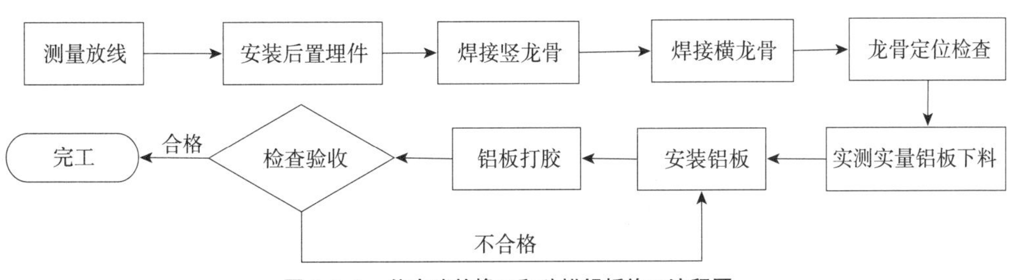

图 9.4–1 仿古建筑檐口和斗栱铝板施工流程图

（3）明确转角及异形处的处理方法。

（4）加工工作完成后，工地人员会同有关人员至工地现场了解状况，核对工地建筑图，并向业主及工地技术主管人员按要求出示各项放样之基准点及线。后置埋板及锚栓运抵现场后，应会同监理进行检验，确认后才能进行安装。

2. 测量放线

（1）找出定位轴线：将图纸中标明的定位轴线与实际施工现场进行对照，找出定位轴线的准确位置。

（2）找出定位点：根据现场查找的准确定位轴线，以及图纸中提供的相关内容。

（3）确定定位点：定位点数量不得少于两点，确定定位点时要反复测量，一定要保证定位准确无误。

（4）抄平（打水平）：用水准仪，对两个定位点确定水平位置，水准仪要按规范使用（使用方法略），用水准仪定位时要考虑安全，定位间距离大致相同，水准仪要摆正、放稳，不能出现移动、错位等现象，要注意正确使用和保管好水准仪。

（5）拉水平线：找出定位点位置抄平后，在定位点间拉水平线，水平线可选用细钢丝线，同时用紧线器收紧，保证钢丝线的水平度。

（6）测量误差：在水平线拉好后，对所在工作面进行测量，主要进行水平方向的测量，同时检查各轴线（定位轴线）间的误差。通过测量出的结果分析产生误差的原因，核对有关规范（施工）对误差允许值的要求，在规定误差范围内的，可消化误差，超过误差范围应与土建方或业主协商解决。

（7）调整误差：在对规范允许范围内的误差进行调整时，要求每个定位轴线间的误差，在本定位轴线间消化，误差在每个分格间的分摊应小于 2mm。

（8）工地提供的水平基准，丈量出楼层高度，并将后置埋件中心线弹在侧面梁上。

（9）依据工地提供的中心基准，用经纬仪移至各楼层上，以中心基准向左右延伸，量出各后置埋件安装的中心位置，并标示于梁上。测量每层的高度及中心基准线时，均使用 1 层原水平点向上延伸，不得以邻近楼层为基准。

3. 钻孔及清理

（1）找出定位轴线、定位点后，对安装点定位打孔。

（2）用冲击钻在混凝土结构上钻直径为 19m 的孔，孔深不小于 80mm。

（3）用专用毛刷清理钻孔时产生的混凝土碎块。

（4）用专用吹风机把钻孔内的混凝土土屑吹干净。

（5）打孔时尽量避开混凝土钢筋，无法避免时，采取在铁板旁边进行加固措施，用等厚度、同材质的钢板进行补板，然后与原后置埋板焊接，接触面焊缝高度不小于 6mm，焊缝表面应饱满，均匀（图 9.4-2）。

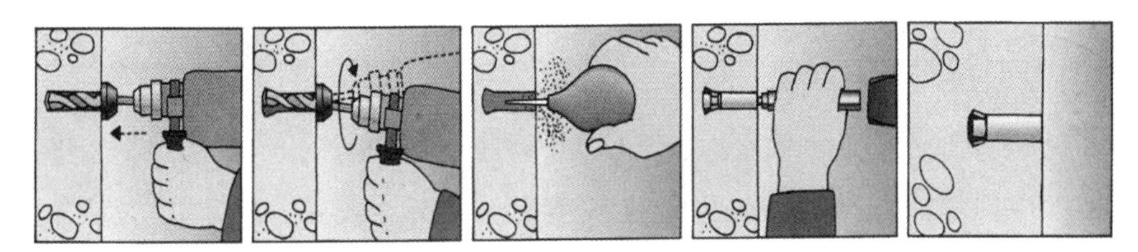

图 9.4-2　钻孔及清理示意图

4. 安放锚栓及后置埋板

（1）用榔头敲击专用套管，使锚栓头部膨胀开，并和混凝土扩孔型腔形成锁固机构，待锚栓敲击达到指定深度 90mm 后，对后置铁板进行安装。

（2）将每根螺杆套上 3mm 厚的限位钢板、螺母，将锚板固定在正确的位置。

（3）检查锚板位置，合适后，将 3mm 厚的限位钢板与锚板点焊，以防锚板沿条孔移位。用电焊将螺杆端部的螺纹点乱，以防螺母松脱。

（4）再次确定埋件安放正确后，去渣除锈，涂刷两遍防锈漆。

5. 后置埋板施工注意事项

（1）与锚板相接的混凝土墙面应平整，锚板安装定位后表面应竖直，以便锚板受压时受力均匀。墙面如不平整，需剔凿涂砂浆。

（2）锚栓端头伸出螺母 5 ~ 7mm 为宜。

6. 铝单板面板安装

铝板板块在加工厂已加工完毕，每块铝板板块都有标号，按分格图上相应的标号位置将其安装在指定的位置上，调整铝板板块的左右位置，使铝板板块的左右中心线与分割的中心线保持一致。铝板板块的安装顺序基本是从上往下推进，安装后的玻璃保持平整、协调。

7. 铝合金压条安装

为了保证板缝隙间的铝合金压条安装平直，定制与铝单板颜色相近、2mm 厚的硬质垫块，安装完铝单板，固定两侧硬质垫块后，放置并固定铝合金压条。

9.4.3　施工关键技术

（1）由技术人员监督龙骨焊接尺寸，保证位置准确，保证于上层铝板完成面附近焊接下层斗栱梁龙骨对已完成斗栱梁铝板的成品保护，保证铝板斗栱的几何形位置准确、水平、阴阳角方正，保证贴合无翘曲，保证同色胶的胶缝对板面无污染。

（2）针对铝单板安装的施工质量通病编制关键点施工流程图，并对工人讲解施工中容易出现质量问题的关键部位，对施工质量提前控制。

（3）施工现场，工程质量管理严格按照施工规范的要求层层落实，保证每道工序的施工质量符合验收标准。坚持做到每个分项、分部工程施工质量自检自查，严格执行“三检”制度；不符合要求的不予放行或绝不进行下道工序的施工，实行“质量一票否决”制（图 9.4–3、图 9.4–4）。

图 9.4–3　古色古香的亭台楼阁、错落有致

图 9.4–4　飞檐翘角

9.4.4　经济效益和社会效益分析

（1）经济效益：本工程整体设计充满古韵风味内涵，通过使用铝板进行仿木斗栱制作，大大节省了人力、物力，缩短了安装周期，圆满完成了工期节点。

（2）社会效益：在打造企业形象方针的指引下，大量新型装饰建材及技术创新涌现，为今后的施工留存了丰富的施工经验。对新型施工工艺的大胆尝试采用，不但取得了很好的经济效益，而且得到了广泛的社会好评。装饰质量明显改善，在工期紧张的时刻，大大缩短了工期，赢得了建设方的高度评价。

10

CHAPTER

第 10 章

金属屋面施工关键技术

10.1 概述

二二工程－西安项目金属屋面工程量大，单体建筑栋数多，建筑风格是古汉、唐风的仿古建筑，属非常规建筑造型，屋面造型复杂，屋面设计多为双曲面、四坡水等形式各异的外形屋面结构。本工程采用的金属屋面系统为钛锌板立边咬合金属屋面系统（图 10.1–1）。

图 10.1–1　二二工程－西安项目金属屋面

金属屋面结构体系由钢结构檩条、镀铝锌压型彩钢板底板层、保温岩棉层、降噪吸声层、防水卷材层、压型钢板持力层、镀锌钢平板、通风降噪层、钛锌板立边咬合屋面板等部件组合而成。金属屋面结构体系集承重、防水抗风、保温隔热、隔声装饰等多种功能为一体（图 10.1–2）。

本工程金属屋面选用钛锌板立边咬合 25/430 型屋面系统，采用专门的成型设备，将两块板长度方向折边锁定，使屋面成为一个整体。该金属屋面系统具有以下特点：典雅美观，屋面线条纤细且不影响屋面设计效果；整体结构性防水、排水功能；结构简洁、轻巧、安全；采用自动控制设备加工，安装灵活、快速、精确、经济。金属屋面板块的咬合方式为立边单向双重折边，并依靠机械力量自动咬合，板块吻合紧密，水密性强，能有效防止毛细雨入侵。无须化学嵌缝胶密封防水，免除胶体老化带来的污染和漏水问题。

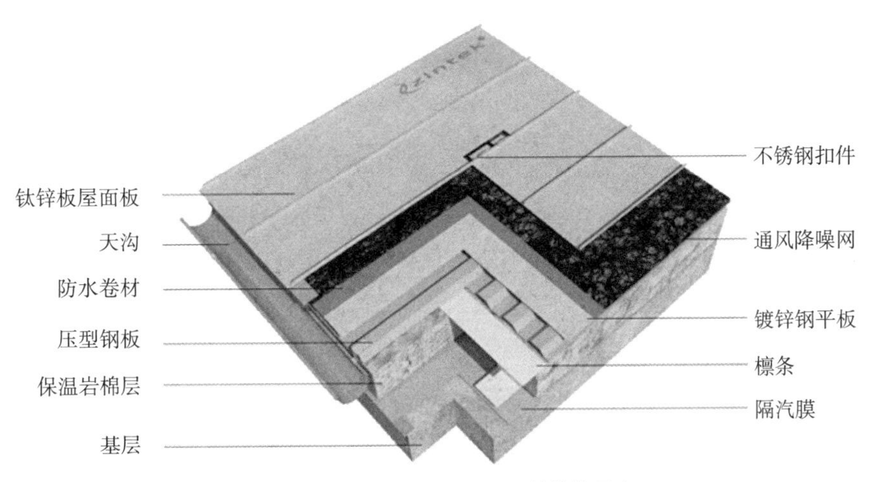

图 10.1-2　钛锌板金属屋面系统结构示意

本工程钛锌板金属屋面系统做法：

（1）0.7mm 厚钛锌板 25/430 型，表面浅亚光 - 灰色。

（2）8mm 厚通风降噪网（B1）。

（3）1.5mm 厚 TPO 防水卷材（P 型）。

（4）1.2mm 厚镀锌钢平板。

（5）0.8mm 厚 YX35/750 镀锌压型钢板。

（6）50mm 厚玻璃纤维棉（$16kg/m^3$）。

（7）100mm 厚岩棉（$50kg/m^3$）。

（8）0.6mm 厚 YX35/750 镀铝锌压型彩钢板、表面 PE 涂层（图 10.1-3）。

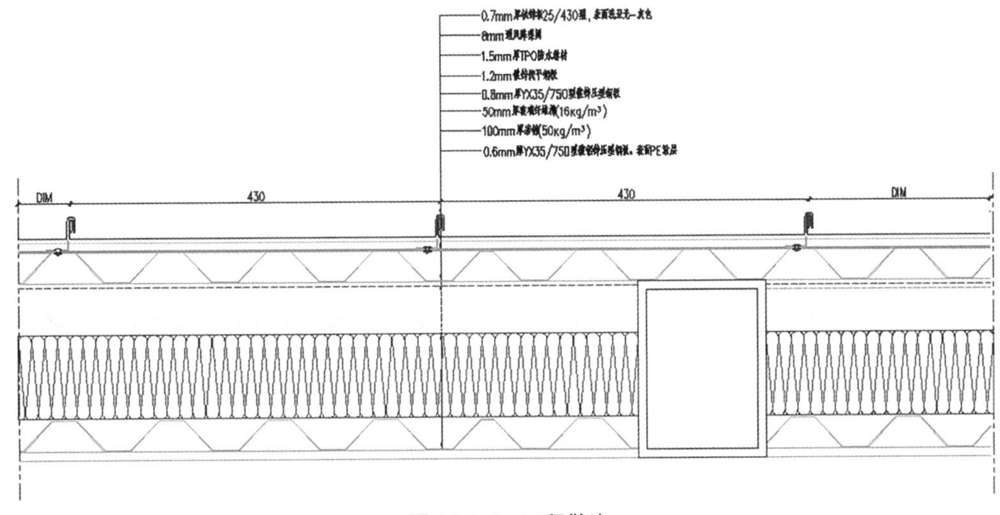

图 10.1-3　工程做法

10.2　金属屋面工程难点、特点分析

二二工程－西安项目设计新颖，造型美观；金属屋面的选型是综合结构形式、建筑效果、施工技术、经济成本等多方面的因素，与新型材料及先进施工技术相结合，同时又兼顾保温、防水等功能。金属屋面工程施工中有以下问题需要进行专题研究攻关。

1. 金属屋面施工的重点难点

（1）二二工程－西安项目屋面建筑造型新颖独特，单体建筑多，存在双曲面、四坡水等形式各异的外形屋面，安装高度高。

（2）金属屋面构造层次多，安装复杂，对每一层次施工的要求均非常严格。

（3）坡屋顶屋面施工，要做好防滑，防跌落及安全绳、网等各项安全保护措施，确保安全施工。

（4）由于各个方面的原因，工期要求特别紧。

2. 金属屋面施工技术特点分析

1）钛锌板屋面板先进材料的运用技术

本工程采用的钛锌板屋面板材料由锌、铜、钛组成，其中锌元素占比 99% 左右。钛锌板在天然环境中，与氧气、水分、二氧化碳反应后，表面形成一层碱式碳酸锌层（自然钝化一般历时 6 个月到 5 年不等，最终形成一个化学稳定的自然表面）。钛锌板的化学物理特性具备了优异的可加工性，其对大气腐蚀的抵抗力使得它有效地减少了维护和维修成本，在各类广阔而复杂的环境中提高了建筑的价值。

（1）钛锌板具备的优点

①环保材料：钛锌板是一种绿色环保材料，由于锌是完全天然的材料，不会对周围环境产生任何不良影响，因此可以 100% 被回收和利用，符合可持续发展的理念。

②优异的延展性：钛锌板材质容易塑形，材料自身具有优异的延展性。钛锌板所具有的这种特性给了设计者最大的自由度，能充分满足建筑师丰富的想象力。可以实现各种各样的建筑外形（如曲面、弧面、球面等）。

③低维护：钛锌板表面钝化层与板材融为一体，不会出现剥离、脱落等现象，对于表面划痕具有自我修复功能，雨水冲刷即可实现表面自洁。做成立边咬合瓦片，容易维护，自防水能力强，不用大面积打胶或者其他方式处理。

④自然肌理：经过预钝化处理后的钛锌板形成天然的暖灰色，可以随着光线和天气的变化而变化，从而呈现出典雅的色彩外观，其颜色均匀美观，从安装到使用若干年后均不会变色、褪色。

⑤耐腐蚀性和耐久性长：锌具有天然的抗腐蚀性，当钛锌板暴露在大气中，会在表面形成致密的钝化保护层，保护锌金属不受大气腐蚀，从而使锌保持极慢的腐蚀率。根据环境的不同，常规厚度的钛锌板可以使用 70 ~ 100 年。

（2）钛锌板屋面板的施工工艺

①将“钛锌板金屋面板系统”专用压型设备运至施工现场，根据测量所得的屋面板长度压制面板。压型后的面板肋高 25mm，板宽 430mm，每件板在铺装时纵向无搭接，为一通长板。

②由于屋面板制作长度可达任意要求，压型板的长度较大，为防止压型板在起吊过程中变形，施工前拟搭设马道，通常以人工搬运的方式运至屋面安装位置。

③依屋面的排布设计，将屋面压型板铺设在通风降噪层之上，固定点位设置正确、牢固。

④屋面板安装时，板小肋边朝安装方向一侧，以利于安装。面板铺设完毕，应尽快使用专用锁边机将板咬合在一起，以获得必要的组合效果，这也是屋面系统的承载力和抗风的必要保护措施（图 10.2–1）。

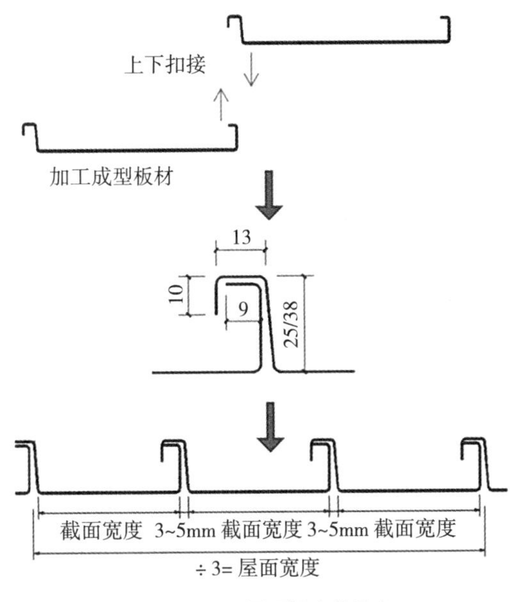

图 10.2–1　屋面板安装示意

⑤屋面板接口的咬合方向需符合设计要求，即相邻两板接口咬合的方向，应顺最大频率风向；在多维曲面的屋面上，当雨水翻越屋面板的肋高横流时，咬合接口应顺水流方向。

⑥屋面板纵向搭接方式采取台阶式搭接做法，上下搭接方向应顺水流方向。搭接长度不小于 150mm，且应在搭接处加设防水胶条。

⑦屋面板安装完毕，还应仔细检查其咬合质量，如发现有局部拉裂或损坏，应及时作出标记，以便焊接修补完好，以防有任何渗漏现象发生。

⑧屋面板安装完毕，檐口收边工作应尽快完成，防止遇特大风吹起屋面发生事故。要求泛水板、封檐板安装牢固，包封严密，棱角顺直，成型良好。

⑨安装完毕的屋面板外观质量符合相关设计要求及国家标准规定，面板不得有裂纹，安装符合排板设计，固定点设置正确、牢固；面板接口咬合正确紧密，板面无裂缝或孔洞（图 10.2–2）。

图 10.2–2 钛锌板屋面板安装效果

2）各系统交接处的防渗漏构造处理的关键点

在本工程中，金属屋面系统与屋脊、虹吸等多个系统相互交叉，屋面造型多样化，所以屋面节点细部构造处理，是屋面防渗漏的保障；我们在设计阶段细化、优化；加强过程控制；严格执行“三检制度”，做到上道工序不合格，严禁进入下道工序的施工；突出细部重点处理。

屋面板细部节点的防渗漏处理——下檐口滴水处理，天沟边部的屋面檩条离天沟的距离以 100mm 为宜，且不大于 150mm，屋面板伸入天沟内的长度不小于

150mm。屋面板下方设置泛水板，内置 1.5mm 的镀锌钢板附件，外置钛锌板专用泛水丁型板，高度超过天沟边 100mm，可以起到防水和遮挡屋面系统内部各种材料。屋面板下端口做折边反包处理，杜绝漏水现象（图 10.2-3）。

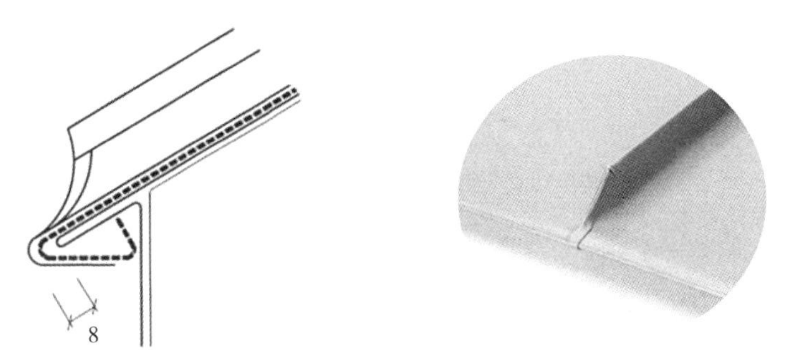

图 10.2-3　下檐口防渗漏处理

3）材料运输难点

屋面造型复杂、坡度较大，给屋面的安装和物料运输带来了极大的困难，施工安全保障成为重中之重。其中，文济阁建筑最高点离吊装地面为 47.8m，最长的屋面板达 14m，给板材的运输、吊装及安装都带来了很大的难度。我们加大硬件投入，增加安全保障：在钢架上搭建纵横交织的行人通道，系挂钢丝绳用于固定安全带；周边满铺安全网；强化安全管理，加强安全技术交底和安全操作规程指导工作；合理安排施工工序，使屋面高空作业安全得到保障。

屋面板垂直运输可采取板材就近加工成型后，使用两台汽车式起重机吊运至屋面的方法。屋面板起吊时，需做好绑扎固定。等长单板正反扣好后堆叠并捆扎好，单板堆叠总数量不超过 20 张。然后，根据压型板的实际长度设置吊带挂点，挂点即板长七等分的等分点。为防止较长面板在起吊过程中扭曲变形甚至断裂，需在吊点处面板底部沿面板方向捆扎 15mm 以上厚度的木板，以增强起吊面板的刚度（图 10.2-4）。

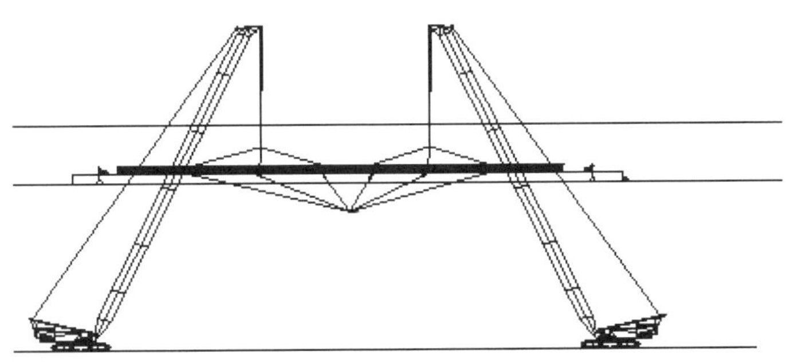

图 10.2-4　板材吊装上屋面

4）屋面收边难点

处理好屋面收边是保证金属屋面使用功能以及外观效果的重要考量指标。我们研究解决了收边处理方法及节点构造，在屋面檐口板下方设置了一道通长钛锌板专用泛水丁型滴水片。滴水片与屋面系统压型钢板层采用铆钉固定，起到防水并遮挡屋面系统内部各种材料，又加强了檐口部分的整体性，增强了屋面板的整体挠度。最大程度上降低了屋面板在檐口处被风力掀起而造成破坏的可能性。屋面板材上端的防水处理同样采用了通长钛锌板专用防水密封件，密封屋面板上口，既防止强风将雨水吹进板内，又增强了屋面板上口的整体挠度，有效地增强了该处的抗风性。

5）屋面板固定方式难点

就传统的压型金属板屋面来说，其落后的固定方式决定了其抗风性能的不足，比如采用螺钉穿透式固定的屋面板，螺钉帽与屋面板的接触面积很小。在遭遇大风时，由于反复承受正负风压，屋面板在钉孔处产生的应力集中，从而导致撕裂。虽然螺钉仍然留在檩条上，但屋面板却已被吹飞。钛锌板屋面系统在固定方式上与传统的板材施工有根本的不同，采用暗扣式连接技术，使屋面上无镙钉直接穿透，防水、防腐蚀性能好。通过使用不锈钢固定座，安装在持力钢板上与檩条固定，再将屋面板卡在固定座的 U 形接头上，然后用电动锁边机将板肋锁在固定座上，这种固定方式无须穿透板面，因而屋面板没有任何损伤，当然也就不会产生应力集中的问题。增加了屋面系统抗风性能的效果（图 10.2-5）。

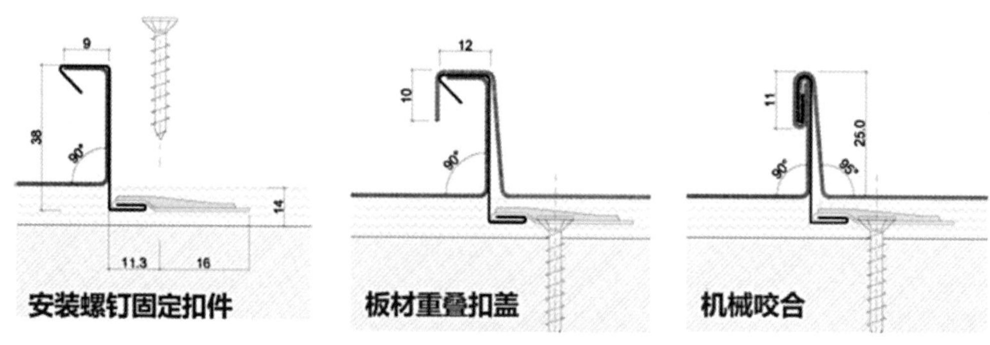

图 10.2-5　屋面板固定方式示意

11

CHAPTER

第 11 章

机电安装工程关键技术

11.1　概述

二二工程－西安项目机电安装工程主要包含：建筑电气工程、给水排水与采暖工程、通风与空调工程、智能建筑系统及室外综合管廊。项目由于其重要性和特点，项目在设计和实施过程中运用了大量的新工艺、新技术、新设备、新材料，大大提高了施工效率和质量。其中包括：运用 BIM 技术在早期建立了模型指导施工、装配式泵房设备安装技术、隔震软管的应用、隔震区域机电管线安装的工艺创新、钢结构管道支架生根工艺的创新应用、双冷源恒温恒湿系统的应用、建筑物智能化能耗监测管理、余压监测、防火限流、故障电弧等设施的应用。

11.1.1　本项目机电安装工程特点和难点分析

（1）机电安装系统复杂，子分部涵盖全面，给水排水设计涵盖 13 个子分部，暖通空调设计涵盖 9 个子分部，电气涵盖 6 个子分部，智能建筑涵盖 10 个子分部，共计 38 个子分部，对管线综合排布及二次深化设计要求较高，综合排布难度大，二次深化设计工作量大，整体安装观感质量要求高。

（2）部分建筑主体为钢结构，对机电安装施工要求高，管道支架固定点需根据钢结构设计图进行二次策划，必须保证安全功能并满足规范要求。

（3）装饰装修与机电安装穿插施工，协调配合工作量大。装饰装修设计出图较滞后，过程中变更情况较多，机电安装专业需根据装修设计造型进行深入优化，穿插施工，组织协调难度大。

（4）室外综合管廊设计，室外工程体量大。工程室外总体为阶梯设计，综合管廊整体存在多处较大垂直差的综合管线施工。

（5）大型设备运输。

（6）项目机电安装工程体量大，工期紧迫，任务繁重，组织管理协调难度大。

11.1.2　本项目机电安装工程特点和难点控制措施

（1）识别全部机电安装施工内容，综合各专业图纸进行二次深化设计，运用 BIM 软件进行建模，解决管线碰撞问题，对综合管线排布合理设置固定支架及抗震支架，达到一次成优，泵房、冷冻机房等重点区域采用模块化装配式施工。

（2）切实加强对于钢结构设计要与施工单位进行沟通，结合机电与钢结构 BIM 模型，充分做到结构与机电的融合协调，做好支架固定点的预留预埋工作，科学全面地进行相关载荷数据的计算与整理。

（3）安排专人进行工序的对接及沟通，要求机电专业 BIM 模型与装饰装修 BIM 模型相结合，针对关键区域重点部位召开专项策划会，对策划内容进行二次出图，全面提高整体装修效果。

（4）充分根据室外管廊设计特点，进行全面的 BIM 模型建立，尤其针对阶梯处的策划设计，合理解决支架设置问题，做好细化的施工工序组织安排。

（5）重点关注大型设备的安装部位、安装条件；合理安排大型设备的进场时间、吊运方式、运输通道；科学选择大型设备的吊装方案（尤其锅炉、热泵机组等）。

（6）针对项目工期紧迫的特点，制订针对性的施工方案，项目部提前策划、提前准备、提前施工、加强组织协调管理，以质量控进度，以安全保进度。

11.2　基于 BIM 技术的机电安装工程深化设计

本项目的主要 BIM 应用点包括：多方案比选、全寿命期分析、施工策划、成本估算、深化设计模型、施工过程模拟。BIM 应用能满足可视化、提质增效、节约成本的目的，应用点应辅助施工管理，切实具有经济价值。本工程采用 BIM 技术，将二维图纸可视化，利用 BIM 技术对图纸进行深化设计，以解决设计问题。对于机电机房、管井和走廊等重要部位的管线，严格按照国家有关施工质量验收规范对机电安装工程进行深化设计，并进行综合优化；采用综合支吊架，提高区域净空，把管线尽量提高，以留下尽可能大的距离用以提高建筑内部的使用空间，并根据施工组织设计模拟实际施工，从而确定合理的施工方案以指导施工，同时还可以进行 5D 模拟，从而实现成本控制和现场指导施工。

在本项目安装工程中，主体结构复杂，管线密集，净空要求高；局部走廊净宽小，排布难度大。施工图纸缺乏深化设计，存在大量错、漏、碰、缺及工程分包单位多。针对此类问题，采用 BIM 技术，通过 BIM 可视化管综深化设计，在很大程度上解决了项目当中存在的管线碰撞、施工返工等困难（图 11.2-1、图 11.2-2）。

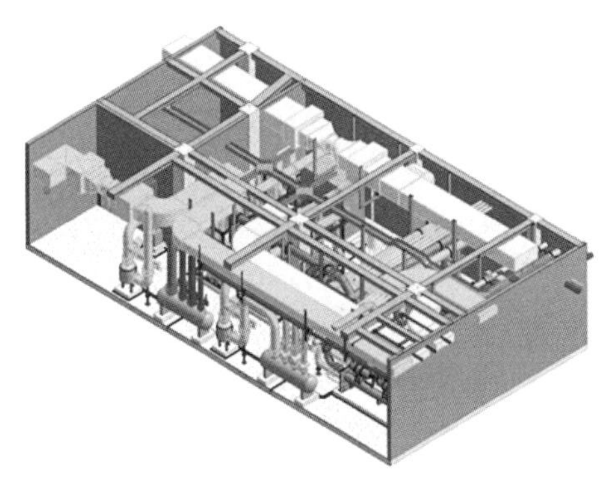

图 11.2-1 换热站 BIM 模型

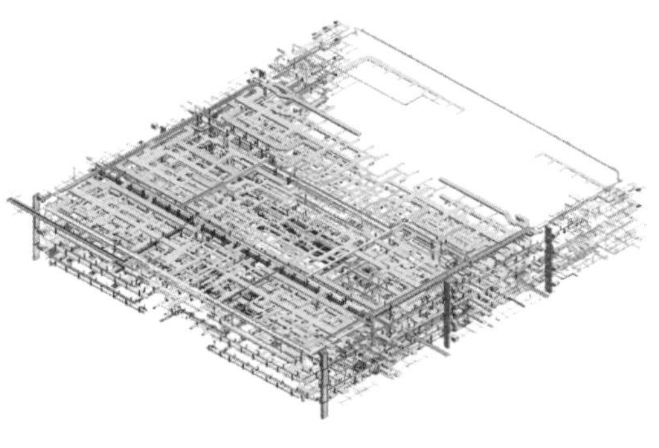

图 11.2-2 2 号楼 BIM 模型

本项目总体设计有 4 个钢结构单体，机电安装管线安装难度大，支架生根难度大，原设计预挂板点位无法满足支架安装要求，为保证钢结构主体和机电管线安装的可靠性，项目根据 BIM 管线排布联系设计院，提前介入钢结构生产厂家，将预挂板定位图交由厂家，在生产过程中一次性预留预挂板点位，现场安装后进行机电管线支吊架的二次安装（图 11.2-3 ~ 图 11.2-6）。

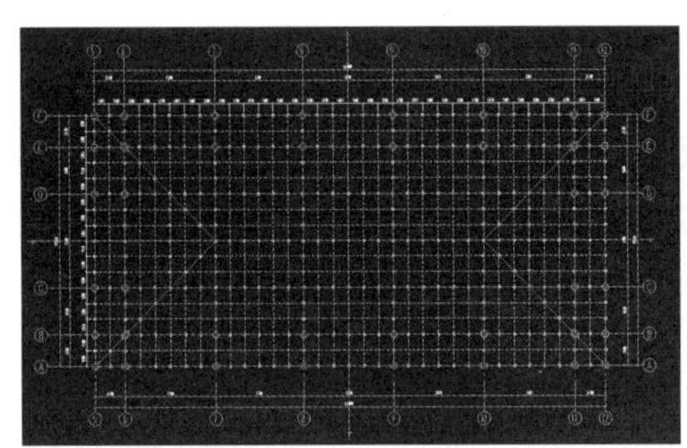

图 11.2-3 CAD 预挂板点位

图 11.2-4 预挂板 BIM 模型

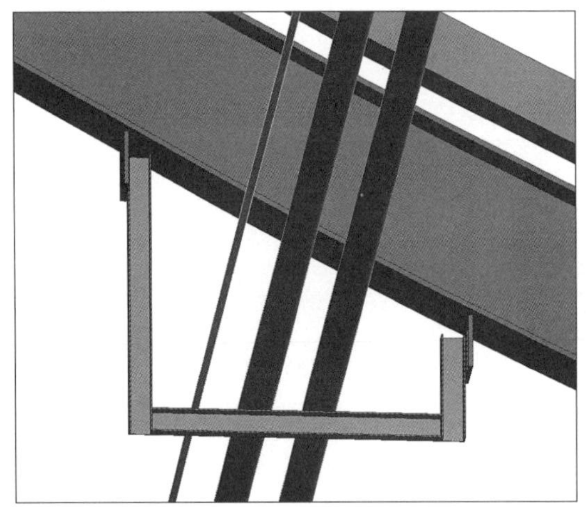

图 11.2-5 机电管线 BIM 模型

图 11.2-6 机电管线安装效果

11.3　室外管线 BIM 综合排布技术

11.3.1　室外综合管廊施工技术

本项目占地面积大，依山而建，顺势而就，总体设计分为三个阶梯，室外总体地坪高差约 70m。室外工程管道多、管径大、纵横交叉位置多，设计有直埋管道、综合管沟、综合管廊，为了方便施工，节省工期，提高工程质量，提前采用 BIM 技术进行前期策划。在策划过程中多次现场实测，按照施工规范以及项目标准化手册进行 BIM 管综排布，经项目技术负责人和有关专业工长对方案进行审核确认无误后，进行 BIM 出图，指导现场施工。施工过程中，按照策划配合土建进行管廊综合支架的预埋，确保支架成排成线、布局合理。综合管廊由于空间狭小、落差大、翻弯多，BIM 策划困难，在管廊主体完成后经过现场实测实量，及时进行模型优化调整，做到实时俱进，面面俱到，为现场施工提供全面的技术支持（图 11.3-1 ~ 图 11.3-6）。

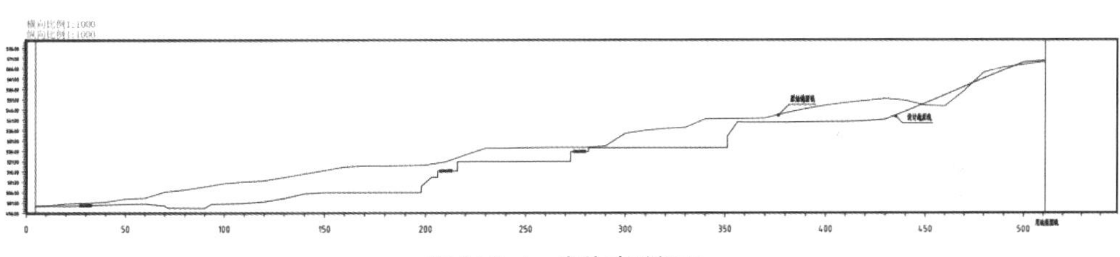

图 11.3-1　室外地形剖面

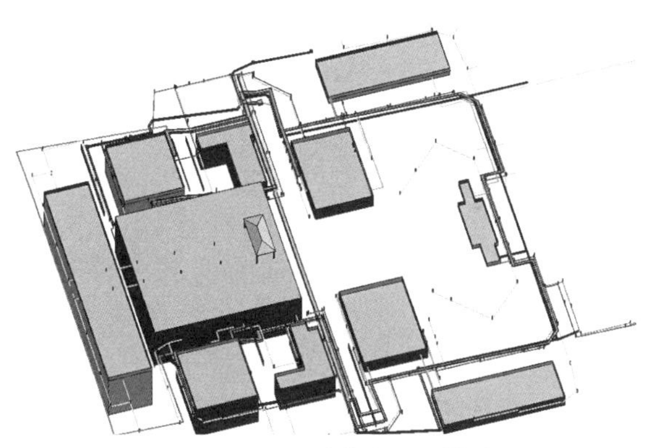

图 11.3-2　室外管线 BIM 模型

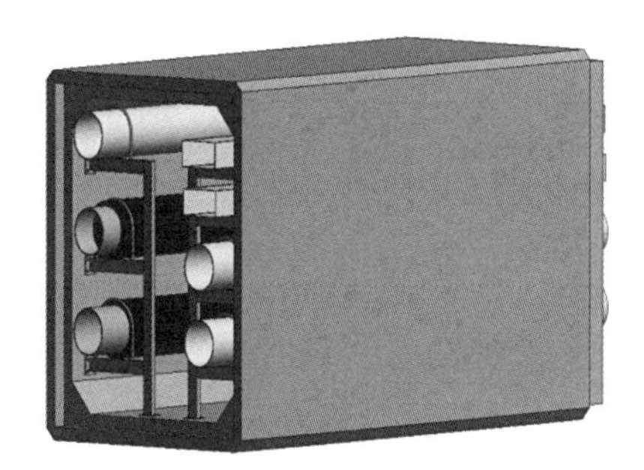

图 11.3-3　综合管廊 BIM 模型

图 11.3-4　综合管沟 BIM 模型

图 11.3-5　室外综合管沟安装效果

图 11.3-6　室外综合管廊安装效果

11.3.2　室外综合管廊照明施工技术

室外工程的管线安装采用综合管廊的形式，减少因管线标高不同造成的多次开挖，同时方便后期维修检查，可靠性有很大提高。项目综合管廊建筑结构设计采用预制盖板，灯具设计为 36V/40W 吸顶安装，预制盖板综合管廊无法进行前期配管安装，且综合管廊属于潮湿环境。鉴于以上管廊结构特点，需采用新型的灯具安装形式（图 11.3-7、图 11.3-8）。

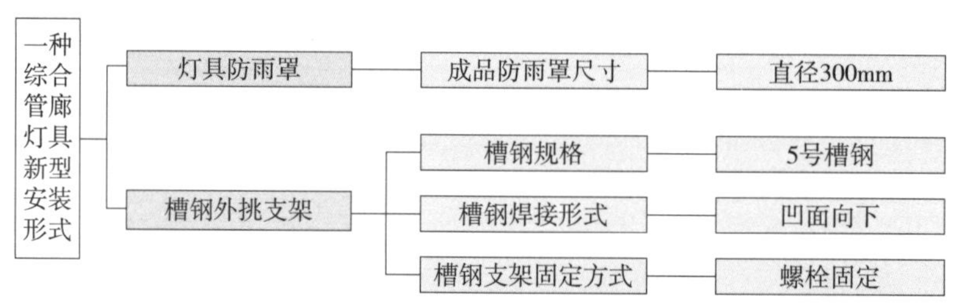

图 11.3-7　室外综合管廊灯具安装方案

图 11.3-8　室外综合管廊灯具安装 BIM 模型

11.4　大型消防水泵房模块化预制安装技术

模块化装配式机房设备及管线施工技术，是以建筑信息模型（BIM）为基础，科学合理地拆分、组合机电安装单元，采用工业化生产（Industrial Production）的方式，结合现代物料追踪、配送（Dispatching）技术，实现高效精准的模块化装配式施工（Assembly Construction）（图 11.4–1）。

1）深化设计

（1）深化设计前应确定加工生产所需的设备及材料的规格、型号、技术参数，并应编制专项设备及材料样本要求细则，由生产厂家提供翔实的产品样本。

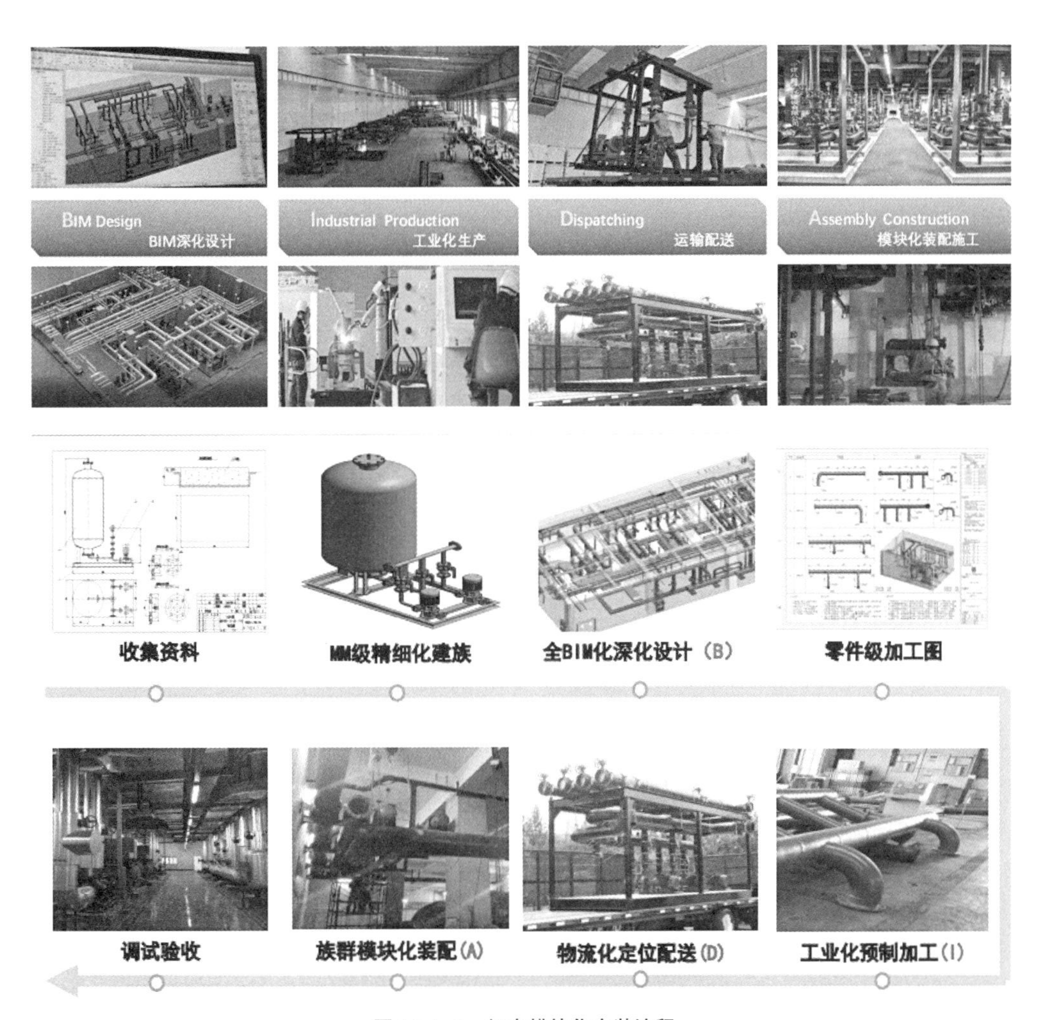

图 11.4–1　机电模块化安装流程

严格按照设备及材料厂家提供的样本进行深化设计，宜采用 BIM 技术进行模型搭建。

（2）深化设计时应综合考虑设备及管线装配施工区域内的建筑、结构、装饰等相关专业的情况。主要设备及预制模块必须预留出检修通道；距墙、柱、梁、顶及设备之间应有合理的检修距离。

（3）深化设计时，应依据相关设计规范的要求，结合施工区域内的管线综合布置情况和运输吊装条件，进行合理的设备及管线预制模块划分。

（4）深化设计图纸包括设备基础及排水沟布置图、机电设备布置图、机电管线综合布置图、设备及管线预制模块的加工图和装配图等。设备及管线预制模块分组划分后，进行各预制模块全过程实施的可行性分析及验算，应满足运输、吊装、装配的相关要求（图 11.4–2、图 11.4–3）。

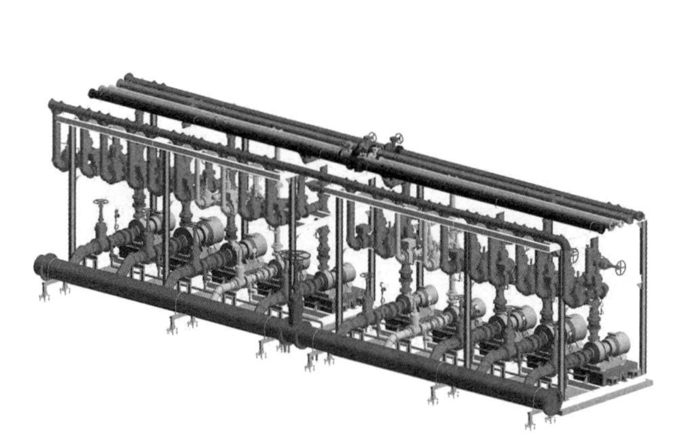

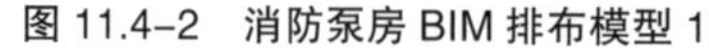

图 11.4–2　消防泵房 BIM 排布模型 1

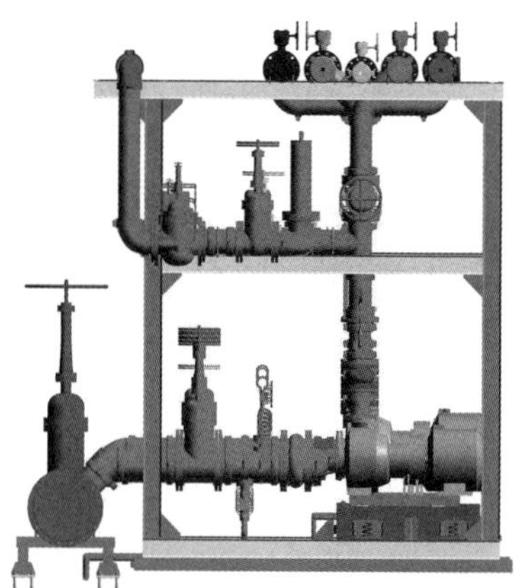

图 11.4–3　消防泵房 BIM 排布模型 2

2）生产加工

（1）生产厂家应具备保证设备及管线预制模块符合质量要求的生产工艺设施和试验检测条件。

（2）设备及管线预制模块在生产前，应由施工单位组织深化设计人员对生产厂家进行深化设计文件的交底和会审。

（3）设备及管线预制模块的加工生产宜分为工厂预制和现场预制，对于装配式施工中的关键线路、关键节点可采取现场预制的方式。

（4）预制模块中水泵与电动机同心度的调测应符合相关技术要求；对预制模块上的阀门、压力表、温度计、泄水管等的安装设计无要求时，应符合产品使用说明书的要求。

（5）设备及管线预制模块的生产宜建立首件验收制度，由施工单位组织相关人员验收合格后，方可进行后续预制模块的批量生产。

（6）根据企业内控 BIM 模型色彩辨识系统，将不同系统预制管道的刷漆颜色与 BIM 模型中机电管线的颜色设置保持一致，层次清晰，方便辨识，装配过程中便于区分机电系统。

（7）设备及管线预制模块出厂前，宜采用追踪二维码或无线射频识别芯片的方式，对其进行唯一编码标识（图 11.4-4）。

图 11.4-4　消防泵房 BIM 排布模型 3

3）配送运输

（1）现场运输道路和设备及管线预制模块的堆放场地应平整坚实，并有排水措施。运输车辆进入施工现场的道路应满足预制模块的运输要求。

（2）所有设备及管线预制模块在进场时应做检查验收，并经监理工程师核查确认。应对预制模块的规格、外观、尺寸等进行验收；包装应完好，表面无划痕及破损。

图 11.4-5　现场吊装泵组

（3）对于机房内的大型设备及管线预制模块的水平运输，宜在设备基础之间搭建型钢轨道，通过专用搬运工具承载、卷扬机牵引的方式进行水平运输，牵引过程中运输速度应平稳缓慢。

（4）水平运输前应根据设备及管线预制模块的最终位置及方向，合理地规划运输起始点的朝向和运输路线。运输路线不宜多次转向，运输过程中的设备及管线预制模块不宜调整朝向（图 11.4-5、图 11.4-6）。

图 11.4-6　现场固定泵组

4）装配施工

（1）装配前应对设备基础进行预检，合格后方可进行安装。基础混凝土强度、坐标、标高、尺寸和螺栓孔位置必须符合设计或厂家技术的要求，表面平整，外观质量较好，不得有蜂窝、麻面、裂纹、孔洞、露筋等缺陷。

图 11.4-7 技术人员现场测量尺寸

（2）对未进行整体设备及管线预制的大型机电设备，应提前按照设备布置图进行就位，并采取相应措施进行成品保护。

（3）设备及管线预制模块应按照装配施工方案的装配顺序提前编号，严格按照编号顺序装配，宜遵循先主后次、先大后小、先里后外的原则进行装配。

图 11.4-8 泵房侧面实体照片

（4）对于预制模块成排或密集的装配施工区域，在条件允许的情况下，宜采用地面拼装、整体提升或顶升的装配方法。

（5）预制支吊架模块的装配应符合各机电系统的相关要求，关键部位应适当加强，必要部位应设置固定支架。

图 11.4-9 泵房装配式整体照片

（6）设备及管线预制模块在装配就位后应校准定位，并应及时设置临时支撑或采取临时固定措施（图 11.4-7 ~图 11.4-9）。

本技术具有安全、环保、绿色施工、工业化建造、装配式施工等显著优点，减少了人力资源投入，降低了材料损耗，缩短了安装时间，极大地提高了施工效率及工程质量，经济效益显著，具有广阔的推广应用前景。

11.5　双冷源恒温恒湿空调控制系统施工技术

（1）本工程通风空调工程包括 1 号楼、2 号楼双冷源空调风系统、冷冻水系统、冷却水系统。

①首先认真做好图纸、资料的会审及验收工作，做好设备随机图纸、设备质量证明书及其他使用说明书的验收工作。

②确认施工及验收规范和产品质量检验评定标准，具体参考施工依据。

③确认工程项目划分，在项目质量保证计划中列出公司工程、分部工程及分项工程一览表。

④划分工程类别，确认一般施工过程、关键过程和特殊过程。

⑤确认工程质量记录表格。

⑥编制施工组织设计，编制质量保证计划，确保整个施工过程质量始终处于受控状态。

⑦编制重点项目施工方案及技术措施，并及时向有关人员进行各级技术及质量交底。

⑧编制工艺标准，作业指导书及其他技术交底。

⑨落实工序前后检查工作：检查施工环境条件是否满足要求，机具和计量器具是否经过检验并在有效期内，工程材料及设备验收等是否满足要求。

⑩做好技术培训。

⑪对关键过程的质量控制，要与一般的过程控制不同。

⑫室内温度、湿度参数的设定：根据设计要求，现场设定回风温度 T 为 22℃，相对湿度为 40%。

⑬加湿器的加湿下限设定为 37.0%，停止加湿上限为 43.0%。即当回风湿度低于 37% 时，加湿器开始工作；当回风温度高于 43% 时，加湿器停止工作。

⑭电动风门打开下限为 40%，关闭上限为 43%。即系统的除湿机在化霜前 5min 及化霜 10min 后，回风湿度传感器感应到回风湿度低于 40% 时，电动风门打开，当回风湿度高于 43% 时，电动风门关闭。

⑮换向阀失电上限为 60min，得电时间为 120s。换向阀失电时间为除湿机正常工作时间，当累计达到此时间时，电磁换向阀得电化霜，化霜时间为换向阀得电时间 120s，换向阀得电、失电按此循环（图 11.5-1 ~ 图 11.5-4）。

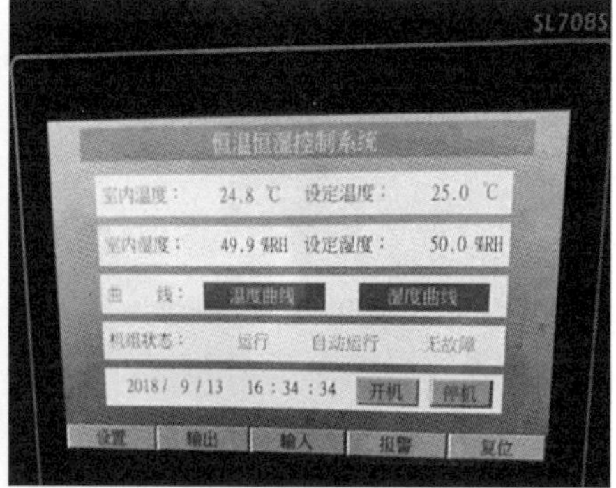

图 11.5–1 现场机组状态显示

图 11.5–2 空调机房机组照片 1

图 11.5–3 空调机房机组照片 2

（2）空调机房是整个建筑功能实现的核心区，合理布置机房内的管道设备，排布整齐美观，设备的运行工况及参数满足使用要求，机房内管道设备提前施工完成，为系统成型和运行创造条件。因此，空调机房施工将是我们的一个施工难点。

①本工程空调设备为非标定制，生产周期长，而施工工期短，设备到场时，土建施工已完成，设备进入机房的运输路线及安装方式成了本工程的难点。公司配合空调设备厂家根据设计参数进行选型优化，保证在原功能不改变的前提下，合理优化空调设备的分段组成，确保在土建砌体完成的情况下，设备能顺利地进入机房。设备到场后，分段运输至空调机房，由设备厂家技术员进行现场组装。

②配合其他专业，对空调机房内的设备管线进行二次深化，布置各类阀门、桥架、线缆管线的位置，统一设备基础的型号，设备摆放的位置、方式等，确保

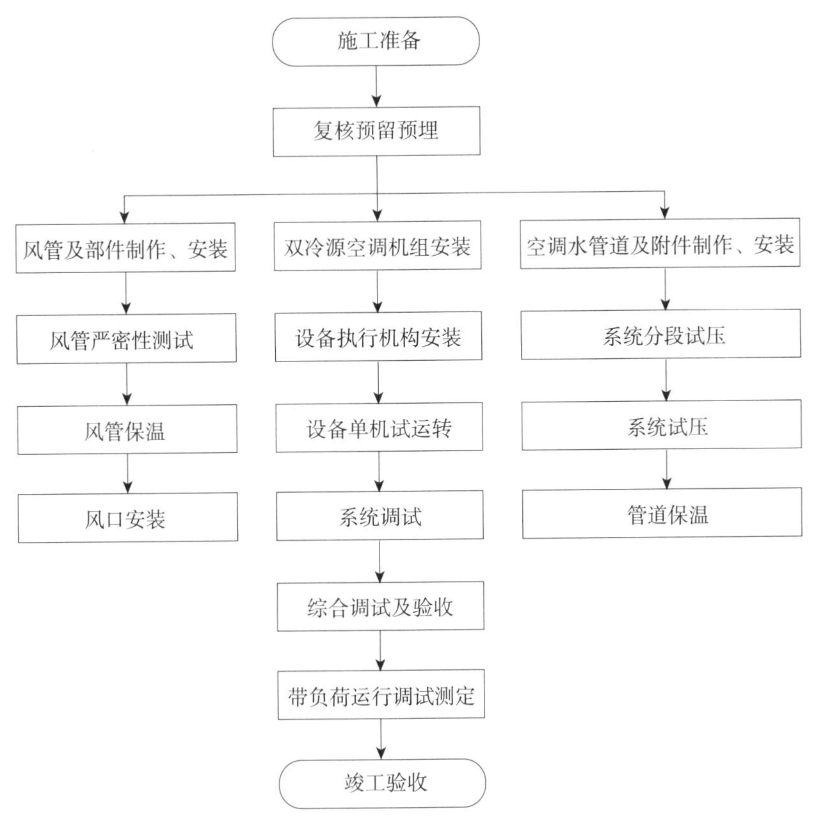

图 11.5-4　通风空调工程施工流程

排布整齐美观。

③本工程空调机房多，施工时要求分区进行规划，各区平行独立施工，设备在运输就位时要求提前做好规划和组织工作，避免现场交叉施工引起混乱。

④空调机房施工要求加强过程协调及控制，确保系统在投入运行后，不存在因为管道安装工艺问题对设备带来的安全隐患；不存在因为施工带来的运行维护和操作不方便的情况；不存在因为设备参数不符影响系统使用的情况。

（3）系统调试验收难度大，合理组织部署，确保调试工作的顺利完成。

本工程为双冷源恒温恒湿系统，系统的控制精度要求较高，整体功能的实现都是通过系统调试来完成的，系统调试十分重要。

①建立调试联络机制，编制调试方案，报送总包、业主及监理审核，严格按照调试方案进行调试工作。

②组建项目调试小组，以项目负责人为组长，相关专业的工程师及施工班组负责人为小组成员，每个专业及施工队伍根据需要组织足够的劳动力，部署在系统的关键部位，观察系统的运行状态，确保 24 小时不间断值班。

③提前书面通知各设备厂家派技术人员到调试现场进行技术指导，保证设备运行正常。

④在整个施工过程中，加强检验和检测的力度，为调试一次性成功做准备，在系统调试工作开始之前，编制《双冷源系统调试方案》报甲方、监理单位进行审批，在调试方案中，对所有的参与人员进行分工定位，制定突发状况的应对措施，并进行演练，做到安全工作万无一失。

11.6 电气工程施工技术

11.6.1 电气竖井槽盒施工技术

本项目配电间约 72 个，设备机房共计 90 个，大量的配电间、电井对安装的策划和施工增加了很大的难度。针对机房、配电间等施工和创优的重点、难点部位，项目部召开专项策划会议，制定针对性的施工方案。配电间桥架、配电箱的排布、机房管道设备安装均由专人负责。由于配电间、配电箱尺寸不同，预留洞位置不同，槽盒规格不同，需要在前期进行精心策划，在施工过程中精准地实测实量才能达到成品配件预制加工安装的效果。在完成策划和实测实量后，需要对电井配电箱、槽盒根据大小进行合理排布，并利用 CAD 软件进行槽盒成品预制件的构图，生成加工图纸，对成品配件进行合理分段，统一编号交由厂家进行生产。在后期成品配件安装过程中，将配电间排布图、编号图交由施工班组进行现场安装。槽盒成品预制加工方法的应用，极大地提高了安装效率，节约了成本和缩短了施工周期，提高了配电间的施工质量和整体观感（图 11.6-1、图 11.6-2）。

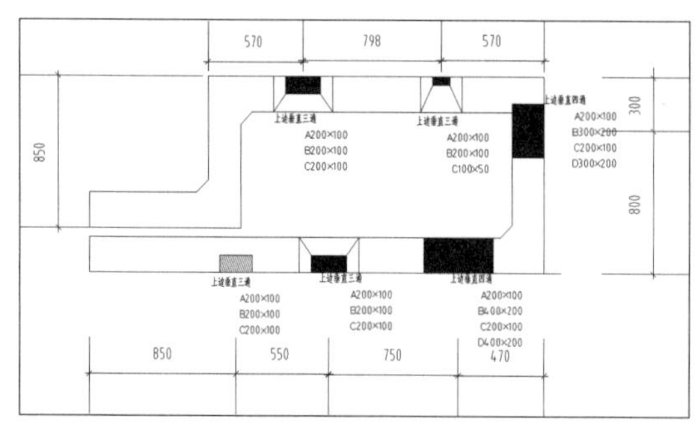

图 11.6-1 槽盒预制加工图

图 11.6-2 槽盒安装效果

11.6.2　电气系统多专业末端设备安装技术

电气工程各系统末端设备点位多，原设计各个专业间点位有重合，且部分点位在梁和柱子上，排布难度大。从主体预埋阶段开始，严格把控预埋质量才能达到一次成优的目的。设备点位策划主要利用 BIM 将机电管道及各专业排布完成后，将排布好的点位与装饰装修图纸进行核对，有问题的地方做局部修改，最终与装饰装修图纸核对无误后出 BIM 点位预留图，指导现场施工。特别体现在 1 号楼洞库，洞库双跨拱形结构跨度大（洞库通长 180m，拱形跨度 13.5m，拱高 8.6m），设置有管道夹层。设计包括普通照明、应急照明、早期报警系统、火灾报警系统、智能监测系统、气体灭火系统、恒温恒湿空调系统，由于是拱形结构，预埋需要成排成行，一次到位，拱形管道夹层综合管线施工难度大。针对此部位，项目部在主体预埋阶段便进行各专业末端点位的集合、排布，利用 BIM 技术生成模型并进行可视化技术交底，现场施工安排专人实测实量，监督施工，最终达到预期效果，即间距均匀、布局合理、美观大方（图 11.6-3 ~ 图 11.6-6）。

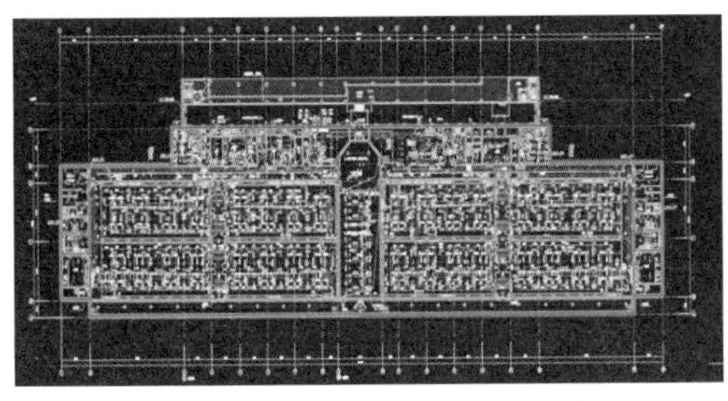

图 11.6-3　多专业末端点位集合

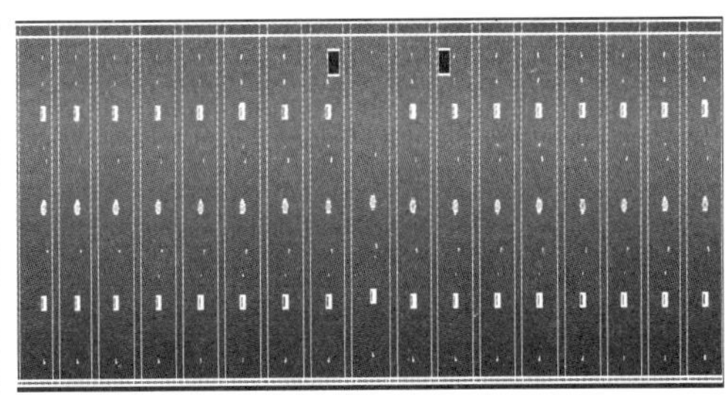

图 11.6-4　点位排布模型

图 11.6-5　BIM 渲染模型

图 11.6-6　安装效果

11.7 消防系统设计及安装技术

11.7.1 消防系统和联动系统原理

消防系统由火灾报警系统和消防联动系统组成。其核心思想是对报警区域中发生的任何火情及时感知，并根据其报警级别分别在控制中心给予报警或进行相应的联动处理。

工作原理是自动捕捉火灾监测区域内火灾发生时，燃烧所产生的火焰、热量、烟雾等特性，由自动报警装置或手动报警装置发出报警信号，通过导线传送到报警控制器，控制中心确认该信号是火灾报警信号后，发出声、光报警信号，显示火灾发生部位，联动控制灭火、事故广播、事故照明、消防给水、防火卷帘和排烟系统等。

消防系统有助于提高建筑的防灾自救能力，将火灾消灭在萌芽状态，实现火灾早期探测、自动报警和自动灭火（图 11.7–1、图 11.7–2）。

工作原理：当保护区域内某处发生火灾时，环境温度升高，同时产生烟雾，现场烟感、温感探测器将火警信号传送给消防主机，消防主机根据预设的联动关系启动火灾区域的消防设备。

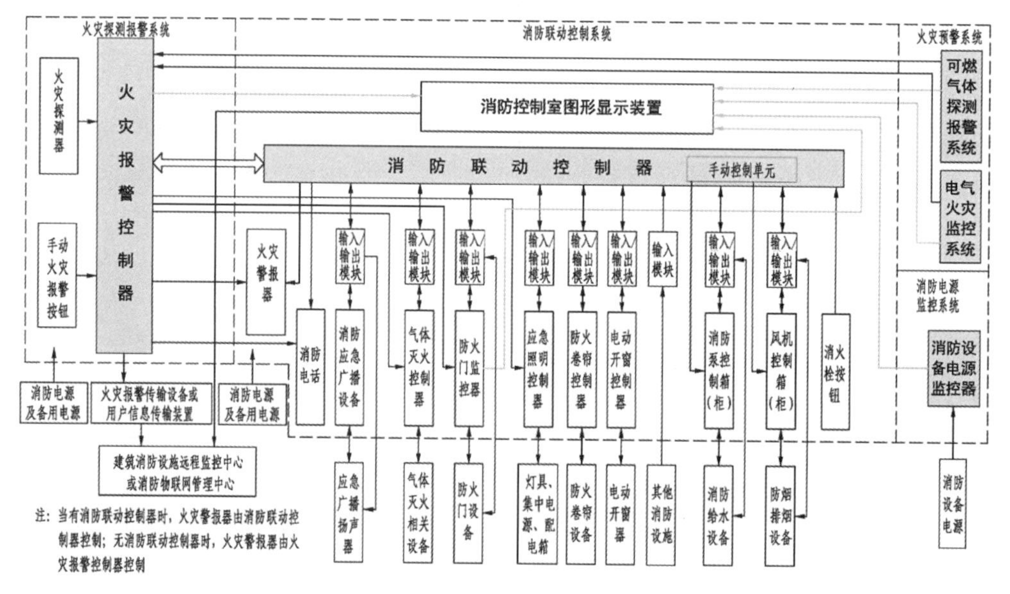

图 11.7–1　联动控制器原理图

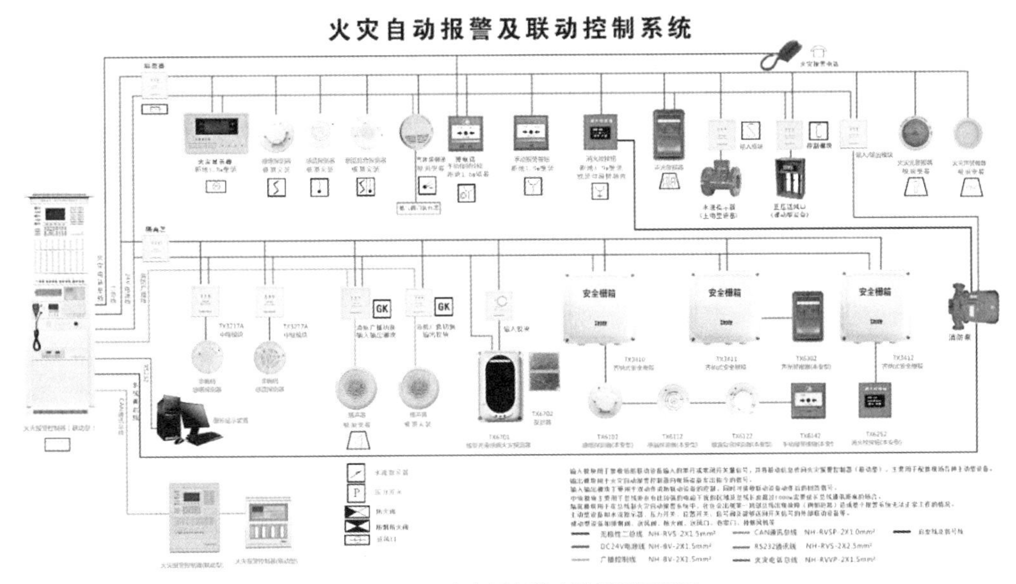

图 11.7-2　生产厂家联动控制器原理图

（1）火警信号（烟温感、手动报警按钮）→消防主机→区域警铃 / 消防广播 / 防火卷帘 / 正压送风机、排烟风机 / 切除非消防电源、迫降电梯。

（2）火警信号（消火栓按钮）→消防主机→消火栓泵。

（3）火警信号（喷淋压力开关）→消防主机→喷淋泵。

11.7.2　防排烟系统

工作原理：当保护区域内的某处发生火灾时，环境温度升高，同时产生烟雾，消防主机在接收到火警信号时启动保护区域的排烟风机和正压送风机。

（1）排烟风机：将区域内有毒烟雾和气体排到室外。

（2）正压送风机：将室外新鲜空气送至现场，使火灾区域被困人员增加存活概率（图 11.7-3、图 11.7-4）。

11.7.3　气体灭火系统

工作原理：当保护区域内某处发生火灾时，环境温度升高，同时产生烟雾，气体灭火主机在接收到烟感、温感探测器反馈的火警信号后联动气体驱动装置对保护区域进行喷洒（图 11.7-5）。

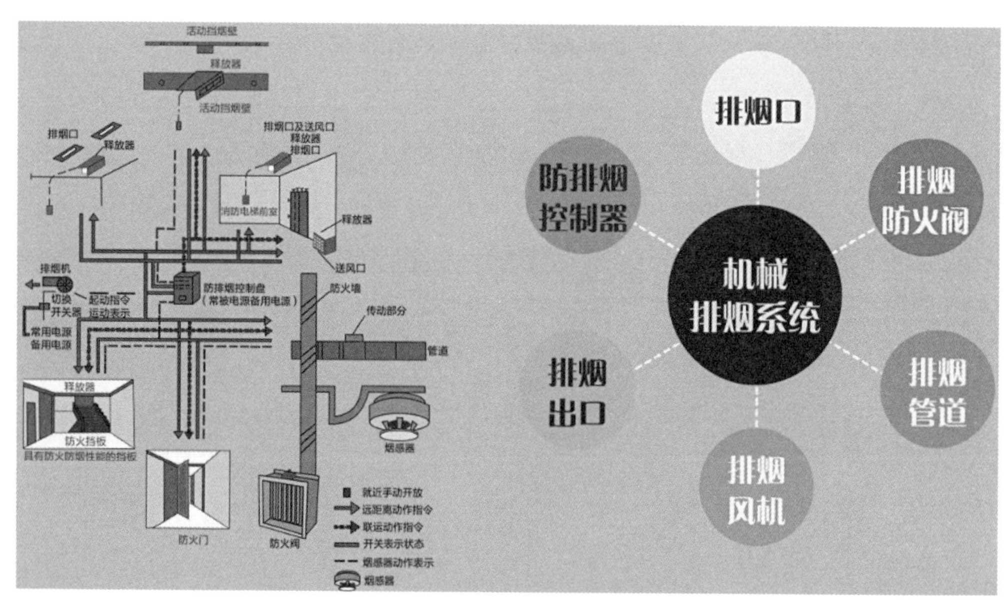

图 11.7-3　机械排烟系统的组成示意图

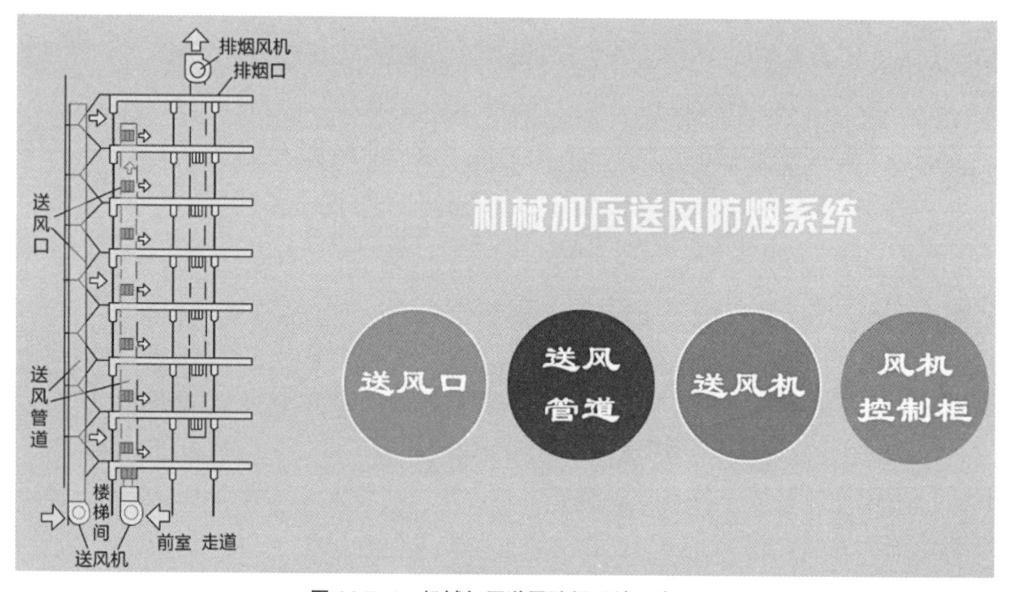

图 11.7-4　机械加压送风防烟系统示意图

（1）烟感 + 温感同时发出火警信号→气体灭火主机→消防主机（警铃和声光报警器动作 / 关闭保护区风机、发电机等设备）。

（2）气体灭火主机→延时 30s →驱动电磁阀和选择阀→喷洒气体。

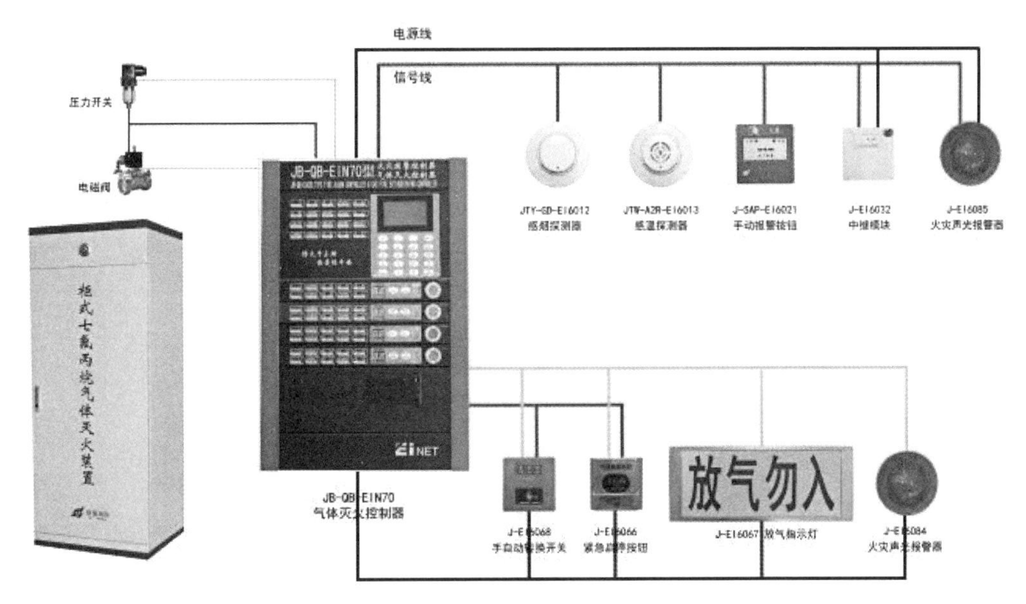

图 11.7-5　气体灭火控制原理图

11.7.4　自动喷淋、消火栓系统

工作原理：当保护区域内的某处发生火灾时，环境温度升高，喷头的温度敏感元件（玻璃球）破裂，喷头自动将水直接喷向火灾发生区域，消防水箱水流经过报警阀，报警阀输出报警水流→延迟器→水力警铃；延迟器→压力开关→电气控制箱→启动水泵（图 11.7-6）。

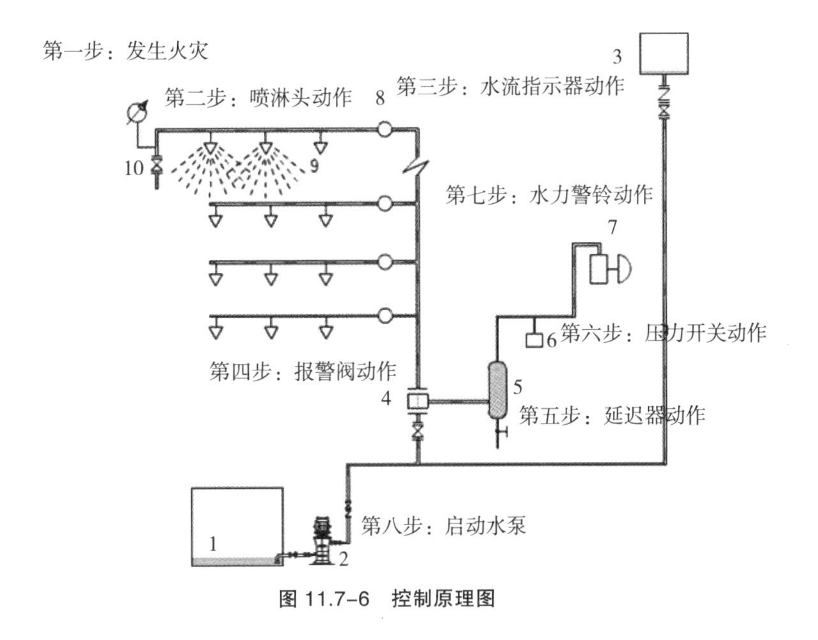

图 11.7-6　控制原理图

12

CHAPTER

第 12 章

智能建筑应用关键技术

12.1 概述

智能化工程包括综合布线系统、计算机网络系统、无线覆盖系统、信息发布系统、视频监控系统、入侵报警系统、电子巡查系统、门禁系统、停车场管理系统、安防集成系统、多功能会议系统、楼宇自控系统、智能照明系统、无线对讲系统、能耗监测系统、资产管理系统、机房工程等子系统。

12.2 信息设施系统（IIS）

12.2.1 计算机网络系统

1. 系统设计

计算机网络可划分为4个物理隔离的网络，分别为：外网（含无线网络覆盖）、内网、安防网以及版本数字加工专网。外网满足园区内文件传输、域名解析、网上交流、资源管理、视频点播、建筑设备管理、能耗监测等需求；内网满足园区内部业务办公需求；安防网为园区安全防范系统及智能卡应用系统专网；版本数字加工专网为数字加工提供独立的数据应用需求，如图12.2–1所示。

计算机网络系统采用星型网络拓扑结构。外网、内网系统采用双万兆核心、单汇聚、双主干链路的网络架构，核心交换机位于5号楼（数据中心及业务加工区）二层的园区弱电机房。

无线覆盖网络作为外网络功能扩展的补充，覆盖各栋楼，为内部工作人员和来访办事人员提供互联网接入。接入层设置千兆POE交换机，管理中心采用无线网络控制器（AC），如图12.2–2所示。

安防网系统架构采用双核心、双链路的两层网络架构，核心交换机位于4号楼（动力中心）一层消防安防控制室。核心交换机到接入层采用千兆链路，如图12.2–3所示。

版本校字加工专网系统架构采用双万兆的核心、接入两层双链路网络架构，如图12.2–4所示。

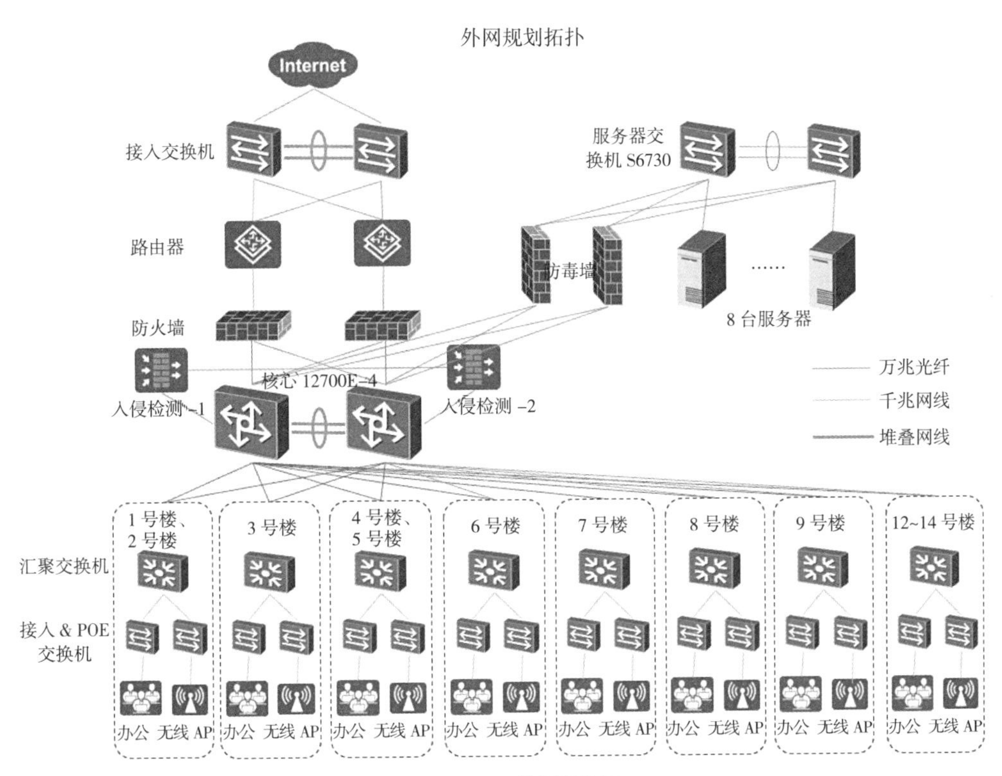

图 12.2-1　外网拓扑图

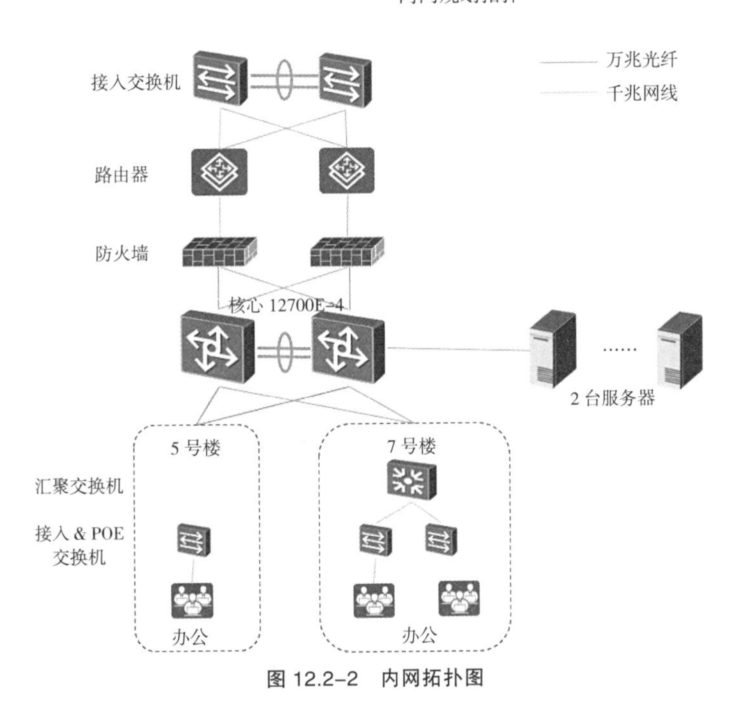

图 12.2-2　内网拓扑图

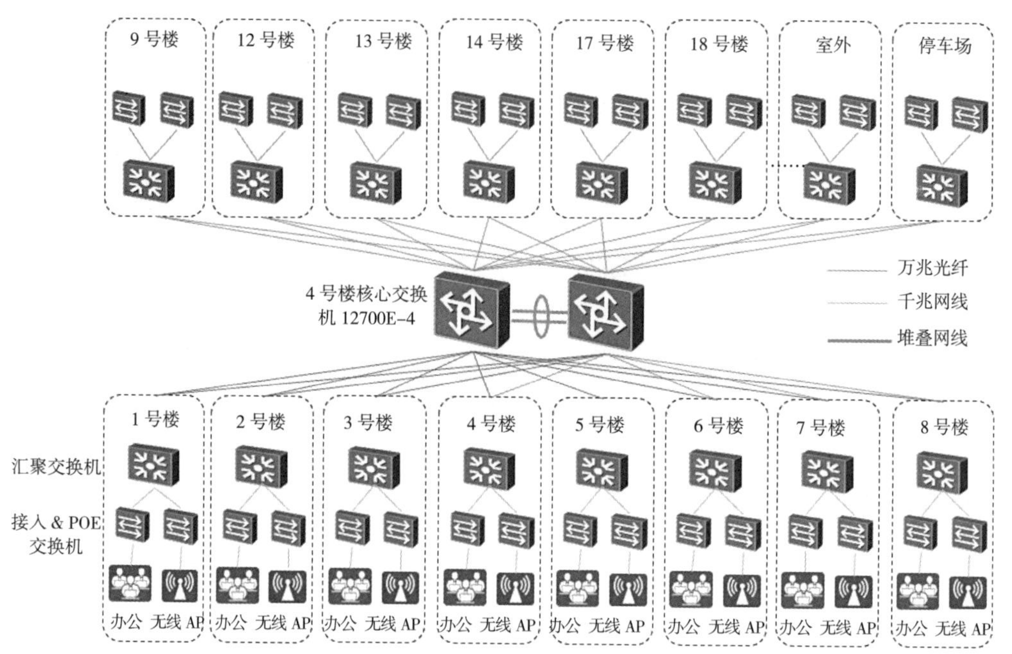

图 12.2-3　安防网拓扑图

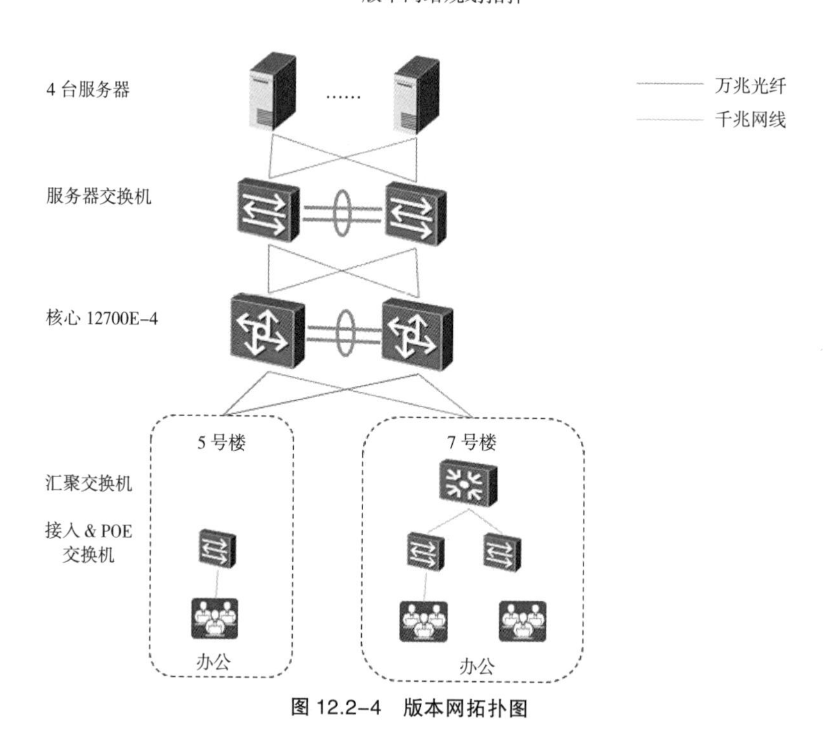

图 12.2-4　版本网拓扑图

2. 安全设计

从单位接入、网络监管 / 监控、边界防御、园区出口传输安全等多纬度、多层次进行安全设计和安全防御，对内部办公人员进行身份认证和网络访问权限控制，对网络内部进行安全区域划分、隔离和权限控制，对外部用户的访问进行安全控制、数据加密，防止恶意攻击。网络全方位的安全设计方案保证了内部、外部用户访问网络资源的安全性。

IPS 入侵防御功能。IPS 功能采用了先进的入侵规则库，凭借先进的软硬件性能，能够快速地处理大量协议的访问请求，对大量并发的协议进行 IPS 检测。

IPS 功能采用独有的智能协议识别技术，通过动态分析网络报文中包含的协议特征，可自动准确识别运行于非标准端口下的应用层协议。通过对识别出的应用层协议进行检测，有效封堵网络中可能存在的安全隐患，准确发现通过任意端口传输的各种木马、后门等数据。支持分片报文重组，可将不连续的分片报文重组再进行检测，从而确保了应用数据的连续性，防止 IPS 检测躲避技术。IPS 功能支持对协议异常的检测，通过深度协议分析，对协议应用的各个参数进行检查，发现各种协议异常攻击。

USG 系列防火墙支持丰富的解压缩算法，能够正确地检测出通过网络传输的潜伏于压缩文件中的病毒。黑客可以通过病毒加壳技术来隐藏病毒特征，以逃避反病毒网关的检测。USG 系列反病毒网关对使用加壳技术的病毒文件进行脱壳，然后进行检测，防止病毒逃匿。

USG 系列防火墙的病毒引擎支持启发式扫描，对网络上传输的代码文件进行深入的行为分析，采取对需要扫描的文件进行逻辑分析以及行为分析，通过这种方式，在很大程度上可以发现一些行为异常的程序，发现未知的病毒。

遍布全球的病毒检测点和专业病毒分析团队，可以实时发现网络最新病毒，并且通过病毒分析团队确认和分析病毒特征，及时生成最新病毒库。USG 系列可以通过多种方式升级或更新病毒库，实现病毒的实时检测。病毒库支持自动定时升级、实时升级、本地升级和回退功能。

3. 设备安装

网络核心设备采用华为 S12700E-4 系列交换机，汇聚层采用 S6730 系列交换机，接入层采用 S5735 系列交换机；同时配置防火墙、防毒墙、IPS 等作为系统安全性的保障，网络系统运行正常、稳定。

12.2.2 无线覆盖系统

1. 规划原则

在规划WLAN网络时，首先考虑的是满足AP跟无线网卡信号的交互，以及用户可以有效地接入网络。系统的覆盖规划应主要考虑为保证AP无线信号的有效覆盖，对AP天线进行选址与相关配置。在选择AP摆放位置的时候，需遵循以下几个原则：

（1）如果在一个大厅里只安装一个AP，则尽量把AP安放在大厅的中央位置，而且最好是放置于大厅天花板上；如果同一个空间安装了两个AP，则可以放在两个对角上。

（2）保持信号穿过墙壁和天花板的数量最少。WLAN信号能够穿透墙壁和天花板，然而，信号的穿透损耗较大。应将AP与计算机放置于合适的位置，使墙壁和天花板阻碍信号的路径最短、损耗最小。

（3）考虑AP和覆盖区域之间直线连接。注意AP的放置位置，要尽量使信号能够垂直地穿过墙壁或天花板。

（4）AP天线方向可调，安装AP的位置应确保天线主波束方向正对覆盖目标区域，保证良好的覆盖效果。

（5）AP安装位置需远离电子设备，避免覆盖区域内放置微波炉、无线摄像头、无绳电话等电子设备。

2. 设备安装

采用华为AP5761-11型无线AP，机房端安装华为无线AC控制器AC6508进行统一管理。设备安装规范、布局合理，用户体验感好，如图12.2-5所示。

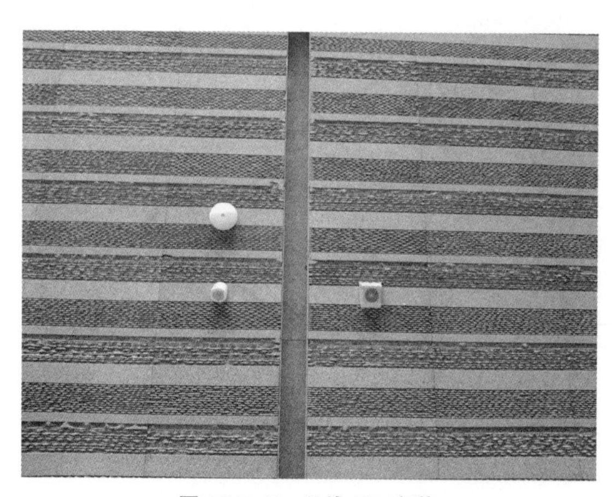

图12.2-5 无线AP安装

12.2.3　信息导引及发布系统

1. 系统概述

随着社会网络化、信息化的飞速发展，工作信息化、管理信息化、娱乐信息化、信息自动化成为现今各行业的目标与追求，各行各业的管理者都希望能够有效地整合和管理各种信息资源，基于以上需求，一种新的媒体渐渐为人们所认识，那就是基于互联网的数字多媒体信息发布系统，它的出现为社会各行各业提供了更好的信息宣传与展示手段，也为广告传媒业提供了崭新的广告运营平台。

2. 系统设计

多媒体信息发布系统由服务器控制端、网络平台、终端网络播放器、显示设备四部分组成，如图 12.2-6 所示。

1）服务器控制端

包括节目制作、节目管理、节目发布、终端管理、系统管理等。

2）网络平台

终端访问服务器的网络通道，系统支持多个网络平台，主要支持：局域网、广域网、DDN 专网、Wi-Fi、3G、4G 等网络。

3）终端网络播放器

播放服务器端发送的视频、图片、文字、网页、Office 文档、PDF 文档、FLASH、天气等多种素材。

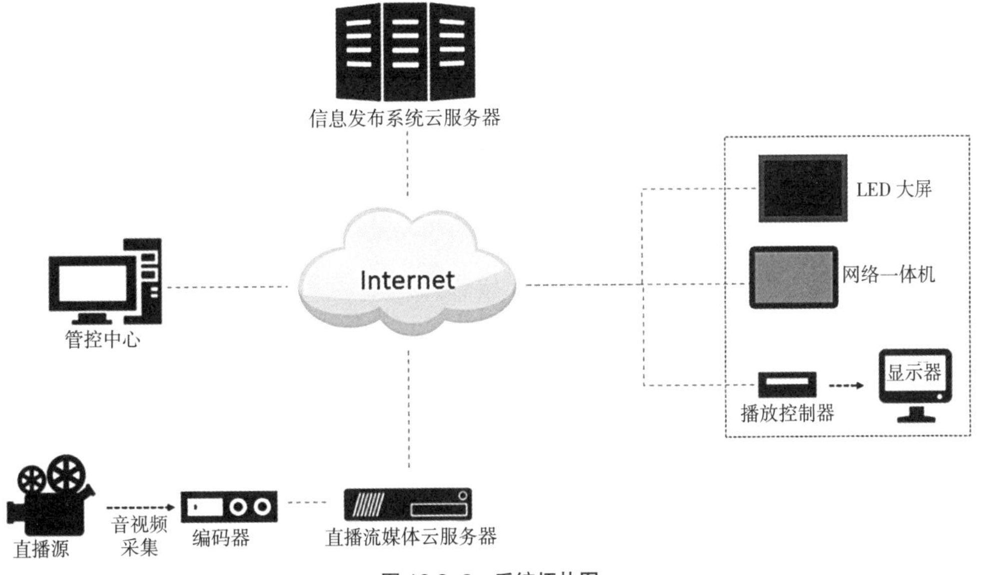

图 12.2-6　系统拓扑图

4）显示设备

本工程主要采用液晶显示器和全彩 LED 大屏幕。

3. 设备安装

采用东微信息发布系统，末端采用 22 寸、55 寸显示器和 LED 大屏将音视频、电视画面、图片、动画、文本、文档、网页、流媒体、数据库数据等，组合成一段段精彩的节目，并通过网络将制作好的节目实时推送到分布在各地的媒体显示终端，从而将精彩的画面、实时的信息资信，在各种指定场所全方位、完美地展现在所需的群众眼前（图 12.2–7）。

图 12.2–7 LED 大屏幕

12.2.4 多媒体会议系统

1. 系统概述

整套系统采用先进的技术和专业设备进行精心设计，充分体现会议室的现代化、方便操作、稳定性好的特点。满足会议等语言扩声的需求。系统设备的配备简洁合理，无重复累赘，操作方便，每个设备都能充分发挥其作用，且具有相当的持久性，高性价比，充分体现了现代化、数字化、智能化的特点。

2. 设备安装

多媒体会议室采用博世 EV 扩声系统、无线会议话筒以及 162 寸智慧会议显示大屏，设备安装规范，布局合理，满足会议需求，如图 12.2–8、图 12.2–9 所示。

图 12.2-8　多媒体会议室

图 12.2-9　无线会议话筒

12.3　公共安全系统（PSS）

12.3.1　视频监控系统

1. 系统设计

系统设计过程中充分考虑了各个子系统的信息共享要求，对各个子系统进行了结构化和标准化的设计，通过系统间的各种联动方式将其整合成一个有机的整体，使之成为一套整体的、全方位的综合管理系统，达到人防、物防和技防充分融合的目的。

视频监控子系统是整个安防建设的重点，负责园区内的视频安全监控，实现视频图像的预览、回放、存储、上墙，以及云台设备的云台控制等业务，提供安全监视、设备监控、案发后查、证据提取等有效的技术手段，为快速有效地指挥决策提供可视化支撑，使管理人员能远程、实时地掌握园区内各重要区域所发生的情况，保障监管区域内部人员及财产的安全，如图 12.3-1 所示。

2. 设备安装

视频监控系统采用海康威视品牌，园区内安装 400 万半球型网络摄像机 382

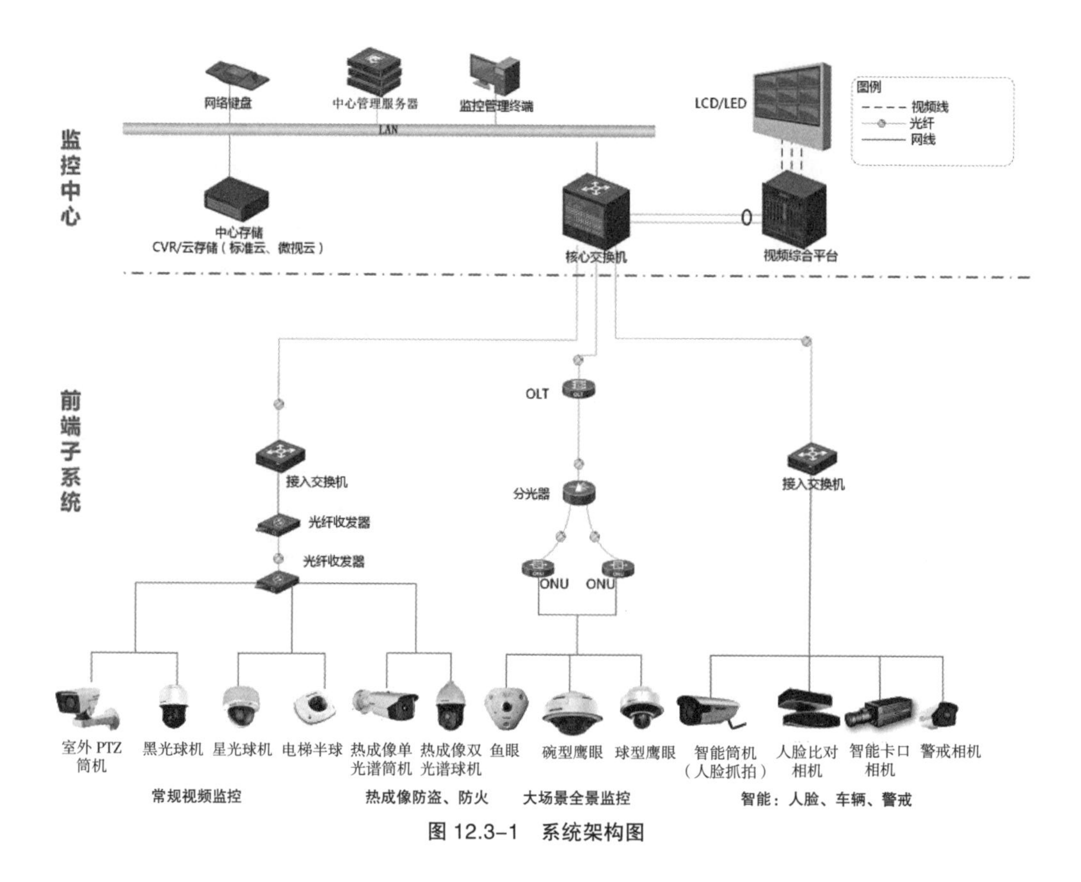

图 12.3–1　系统架构图

台、400 万筒型网络摄像机 488 台、200 万电梯半球网络摄像机 15 台、400 万人脸抓拍摄像机 17 台、400 万球形网络摄像机 10 台、全景摄像机 6 台，共计 918 台摄像机，如图 12.3–2 所示。

图 12.3–2　视频监控系统

12.3.2　入侵报警系统

1. 系统设计

智能化建筑中重要设备用房、重点场所等位置安装微波 / 红外三技术探测器；3 号楼展陈区域安装玻璃破碎探测器和微波 / 红外三技术探测器进行入侵防范，前台安装紧急报警按钮提供紧急情况下报警；残疾人卫生间安装紧急报警按钮和声光报警器。

这些场所只要有人非法闯入，或者用户触发紧急按钮，设备即会产生报警，报警信号经过总线式输入模块处理后，通过系统总线传回至控制中心报警主机，报警主机会按照预先设定的程序，通过系统总线迅速传输至前端现场控制总线式输入 / 输出模块进行联动，启动相应报警点的声光报警器。与此同时，控制中心报警管理软件会自动调出电子地图显示报警的确切位置，方便中心值班人员及时查看警情事件及报警方位等信息。

2. 设备安装

本项目采用博世报警系统，报警主机采用 7400 系列，系统运行安全稳定，设备安装规范、美观，如图 12.3-3、图 12.3-4 所示。

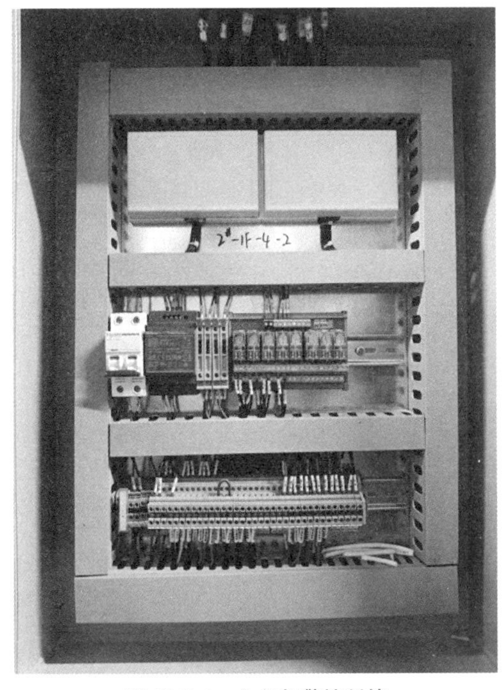

图 12.3-3　入侵报警控制箱

图 12.3-4　红外双鉴探测器

12.3.3　电子巡查系统

1. 系统设计

利用门禁系统刷卡点实现巡更。操作简便，巡更时只要用卡片在刷卡器一接触，就可记录当时巡更的地点和时间。安全性好，可防止数据及信息被破坏或有意改写。可制定量化标准，实现严格的科学化管理。制定巡逻计划时，可充分考虑工作量的均衡，保证任务的合理分配，提高工作效率。如图 12.3–5 所示。

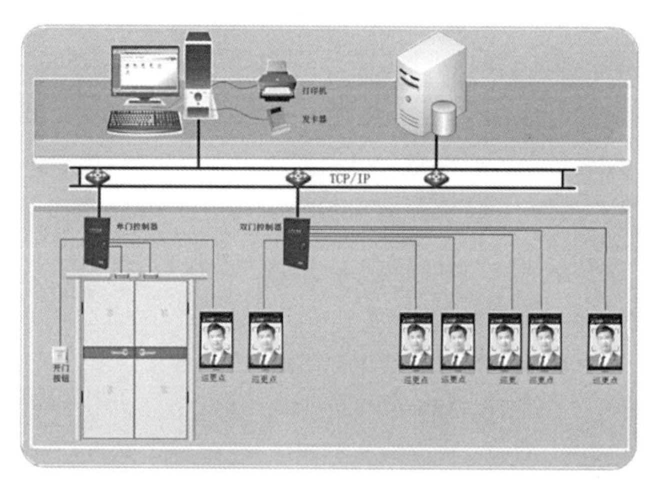

图 12.3–5　系统拓扑图

2. 系统功能

（1）参数设置：设置系统的基本参数，如巡更地点、时间设置。

（2）巡逻计划制定：根据实际情况设计巡逻计划，如巡逻的路线、到达各巡更点的时间等。

（3）巡更管理：可监控各个巡更点的保安巡更刷卡时间。

（4）信息查询：可查询和打印单个保安员、单独事件（某段时间内发生偷窃的情况等）、某一巡逻小组、某段时间或某一天的巡逻记录报告。

（5）系统操作员管理：可建立不同级别的系统操作员，并设置口令、权限，便于系统的管理和维护。

12.3.4　出入口控制系统

1. 系统概述

在本方案中我们选用基于 TCP/IP 通信的门禁产品，可直接接入一卡通内部网络，读卡器采用与卡片相对应的（人脸识别），支持卡开门、多卡开门、公共密码、胁迫密码、按钮开门、人脸开门等多种识别开门方式；门禁系统可与消防系统进行联动，由消防系统提供消防信号线，将消防信号线接入门禁控制器，实现门禁系统与消防系统的联动。确保发生消防事件时通道畅通，实现区域的身份认证进出，保障区域安全。

2. 系统设计

根据项目的实际情况，在重点区域安装国密读卡器门禁设备和人脸设备。内部职工可以通过人刷卡开门、人脸开门、密码开门、远程开门、按钮开门等多种识别开门方式进出园区，可有效防止忘带卡无法进出的情况发生。同时，可与消防系统、视频监控系统联动，满足消防情况下的通道畅通，与视频监控系统进行联动抓拍，在安全性要求较高的区域可实现刷卡或刷脸抓拍，实时记录查询。门禁系统可进行设备区域划分管理、人员分组授权管理，方便综合楼门禁系统进行便捷、高效的管理。如图 12.3–6 所示。

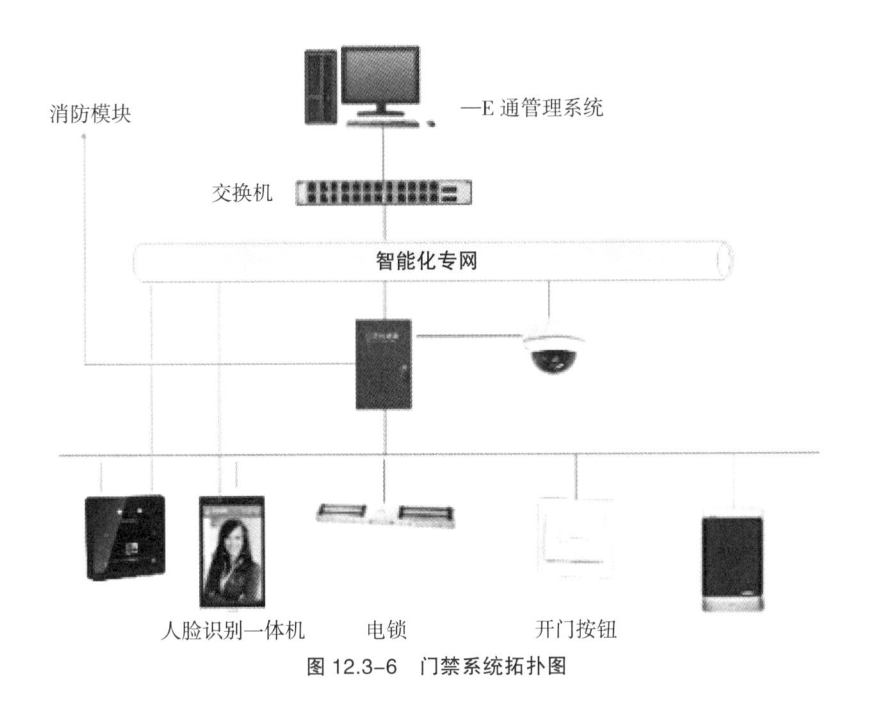

图 12.3–6 门禁系统拓扑图

3. 设备安装

门禁管理系统主要由管理软件、发卡器、计算机、门禁控制器、人脸识别终端、电锁等组成，系统运行稳定，安全性高，如图 12.3–7、图 12.3–8 所示。

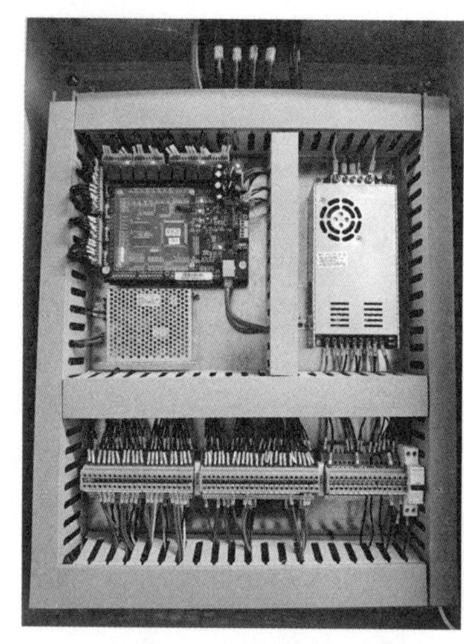

图 12.3–7　门禁系统控制箱

图 12.3–8　人脸识别一体机

12.3.5　停车场管理系统

1. 系统概述

车场管理系统主要用来满足内部人员、访客的常驻车辆或者临时车辆的管理需要，提高车辆流转效率，实现对停车场车辆的有序管理，节约资源，环保节能。

系统采用先进的技术手段，实现集中维护、集中管理、无人值守的管理目标，系统采用主流的 SQL 数据库和网格化管理技术，软件具有数据监测、运营分析、高速网络传输、强大的计算机管理等多项功能，提供一个功能强、技术先进的运行维护方式和科学的管理手段。

停车场管理系统可以对进出车辆进行有效的控制管理，完成车辆出入的自动控制；对出入车辆的车牌号码自动进行识别对比；数据灵活的统计分析为管理者的决策提供参考等功能。

2. 系统设计

核心设计是无人值守模式，采用 300 万像素的高清镜头，数字化车辆模型，车牌识别率高达 99.9%。

系统多个出入口之间通过 TCP/IP 网络实现大型系统联网，如图 12.3–9 所示。

3. 设备安装

出入口控制部分采用车牌识别摄像机、道闸、车辆检测器、中英文信息显示屏等；控制中心安装电脑、停车场管理软件等，实现各出入口的统一管理，如图 12.3–10 所示。

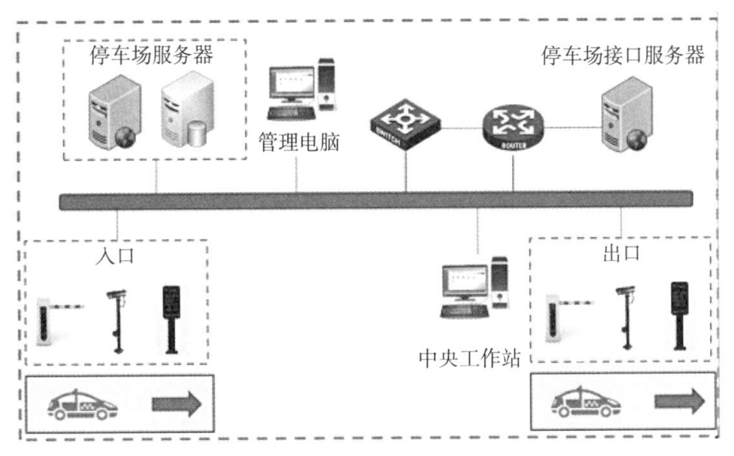

图 12.3-9　停车场管理系统拓扑图

图 12.3-10　停车场出入口控制

12.3.6　资产管理系统

1. 系统概述

RFID 固定资产管理系统采用 RFID 标签对固定资产进行身份标识，利用手持数据采集终端及固定式数据，采集终端共同完成固定资产日常的管理和清查、盘点工作，从而高效地实现了对固定资产实物生命周期和使用状态的全程跟踪，从技术上最大限度保证了资产账实相符，提高了资产的使用效率，实现固定资产的信息化管理。

RFID 固定资产管理系统是一款集成了计算机软硬件、信息采集处理、数据传输、网络数据通信、自动控制和 RFID 技术等综合应用为一体的高性能识别技术，是对固定资产进行有效的自动识别和联网监管的科技手段。如图 12.3-11 所示。

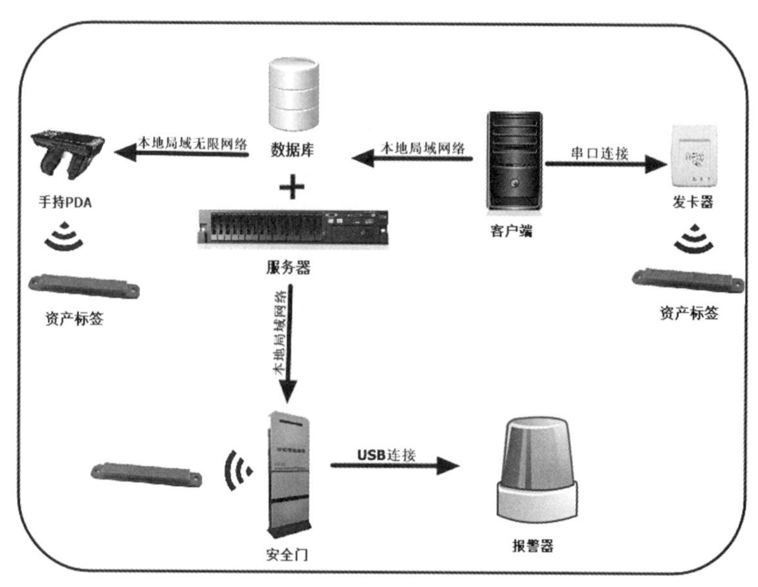

图 12.3-11　系统工作流程

2. 系统功能

1）用户管理

用户管理分三级权限：超级管理员、管理员、操作员，根据应用自定义操作权限。

2）资产管理

资产管理分为：资产入库、资产借用、资产耗材领用、资产归还、资产审核、资产退库、资产盘点。

3）资产明细

资产明细分为：资产明细查询、资产领用查询、资产借用查询、资产归还查询、资产日志查询和资产退亏查询。

4）资产标签初始化

资产标签初始化分为：支持桌面读写器写卡、支持桌面读写器读卡、发卡记录查询和支持 RFID 标签打印机打印写入读取。

5）移动手持机 App

移动手持机 App 分为：登录、系统设置、资产盘存和资产查找。

数据传输逻辑如图 12.3-12 所示。

3. 系统特点

（1）系统建立了可靠的信息化资产管理档案，自动绑定并录入标签与资产的

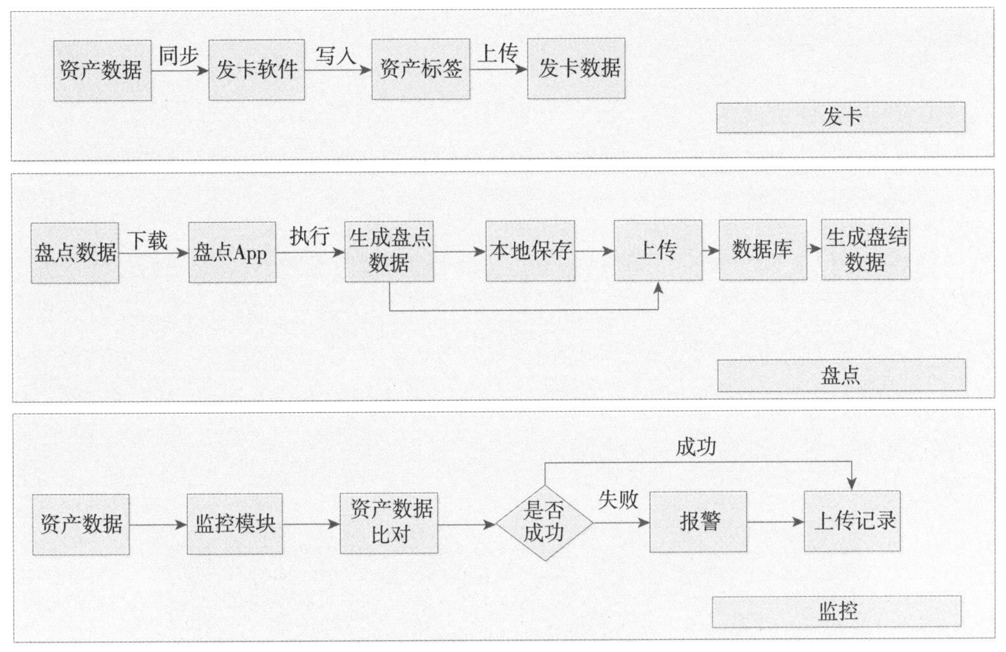

图 12.3-12 数据传输逻辑图

信息，可实现对资产整个生命周期的监管。

（2）系统可为企业提供准确有效的参考数据，提高资产使用效率，避免重复采购和资产浪费，提高资产投资回报。

（3）采用手持终端盘点资产导出报表，全方位提高数据准确性及易操作性，节省资产盘点时间。

（4）系统可对贵重资产实现实时的位置查询及轨迹跟踪，保证资产安全，企业实时掌握固定资产情况，可以合理配置资产，实现对固定资产追踪。

（5）资产管理更加灵活，通过 RFID 标签信息量大、数据可修改等特点，可实现将各类管理活动转换为信息化进行记录和反映。

安全门安装如图 12.3-13 所示。

图 12.3-13 安全门安装

12.3.7　安全防范综合管理平台

1. 系统概述

安全防范综合管理系统是智能化建设中的重要组成部分，通过安全防范综合管理系统的建设，实现由监控中心对安防各子系统的自动化管理与监控，对建筑物的安防设备运行概况进行实时监管，在系统平面中展示视频监控、入侵报警、出入口控制、电子巡查、停车场、安检通道和智能卡等各个弱电子系统的运行和报警情况，实现报警故障设备的快速定位，构建智能化、一体化、可视化的管控机制，确保西安国家版本馆的安全高效运行，实现信息化、数字化、智能化、智慧化的建筑应用。如图 12.3–14 所示。

图 12.3–14　系统管理平台

2. 系统组成

安全防范综合管理系统，是以计算机网络为基础、软件为核心，通过信息交换和共享，将项目内若干个既相互独立又相互关联的系统集成到一个统一协调运行的系统中，形成一个有机的安全防范综合管理系统。本项目安全防范综合管理系统的集成范围包括：视频监控系统、出入口控制系统、停车场管理系统、电子巡更系统、入侵报警系统、安检通道系统和智能卡应用系统，如图 12.3–15 所示。

3. 系统架构

安全防范综合管理系统各分系统都具有独立的硬件结构和完整功能，在实现底层物理连接和标准协议之后，由软件功能实现的信息交换和共享是集成的关键内容。软件服务器是整个集成软件的信息中心，正常情况下，流通的主要是综合监视信息、协调运行和优化控制信息、统计管理信息等；发生紧急或报警事件时，可及时传输报警信息。如图 12.3–16 所示。

图 12.3-15　系统组成图

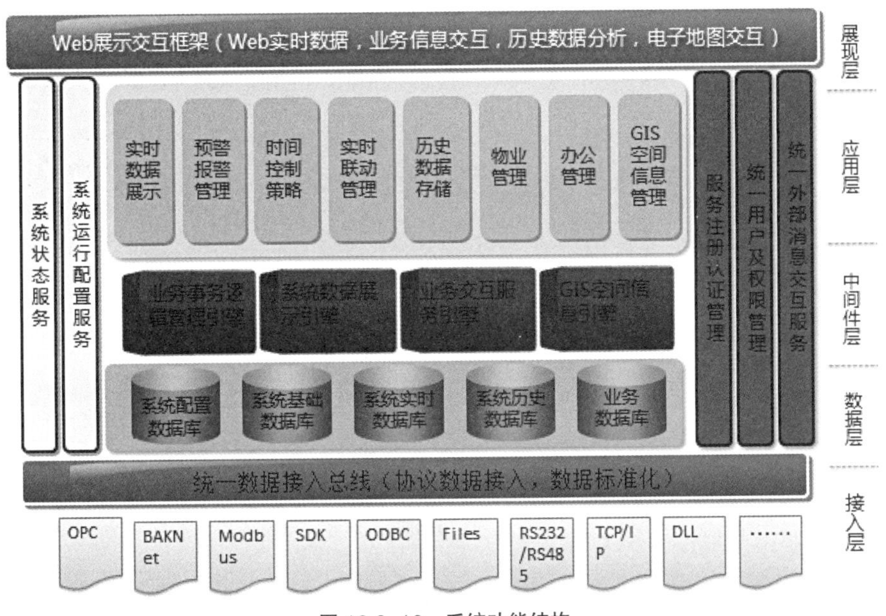

图 12.3-16　系统功能结构

采用五层结构，分别为：接入层、数据层、中间件层、应用层和展现层。

4. 系统网络拓扑

安全防范综合管理系统把这些智能化子系统建成一个有机的整体，分系统之间相互连接，实现信息交换和共享，协调连锁工作，共同完成集成管理的各项功能。安全防范综合管理系统是一个采用分层分布式结构的集散监控系统，总体分为三层。最上层为监控管理中心，负责整个系统协调运行和综合管理；中间监控层及各个分系统，具有独立运行能力，实现各系统的监测和控制；下层为现场设备层，包括各类传感器、探测器、仪表和执行机构等。

安全防范综合管理系统采用 B/S 结构，客户端通过 IE 浏览器进行管理，授权用户通过浏览器进行整体系统的交互访问，根据自己用户名和密码登录系统，如图 12.3-17、图 12.3-18 所示。

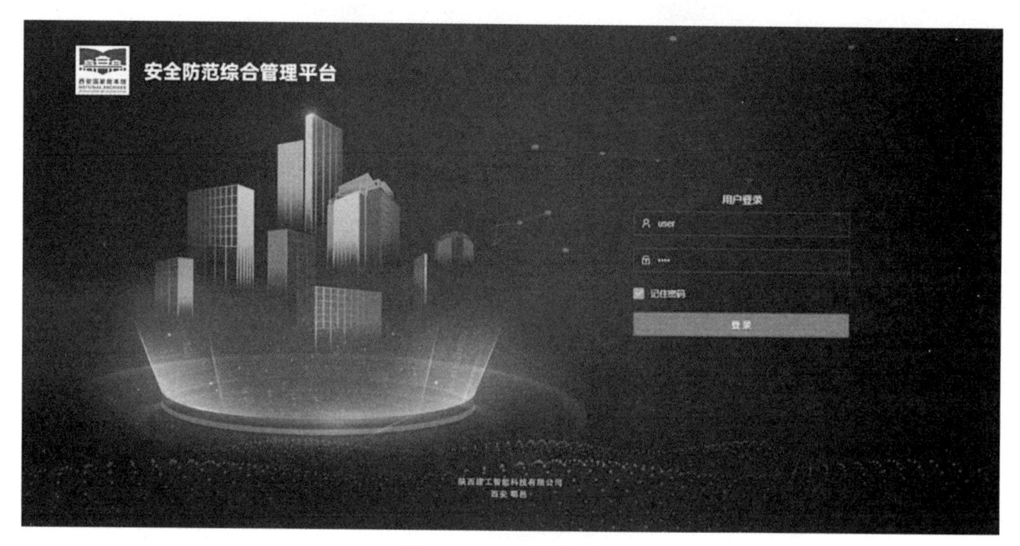

图 12.3-17 软件登录

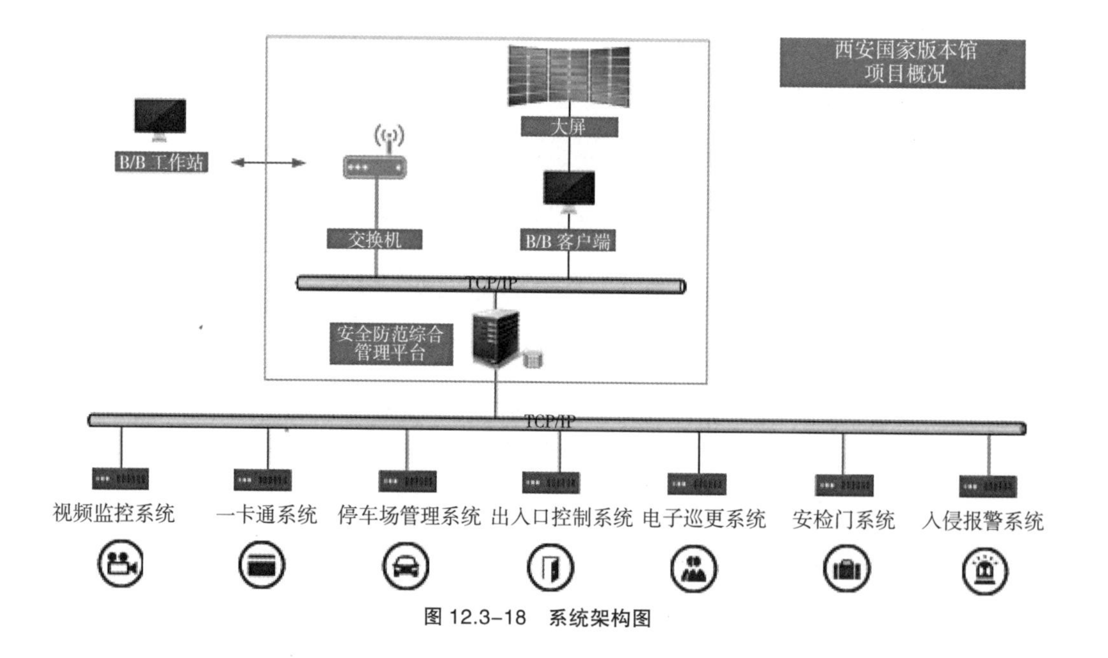

图 12.3-18 系统架构图

12.4 建筑设备管理系统（BMS）

12.4.1 楼宇自控系统

1. 系统概述

本工程 BA 系统（BAS）监控中心大楼内各机电设备的运行、安全状况等综合自动监测、通信、控制与管理，并使之达到最佳状态。

BA 系统是建立在计算机控制和计算机网络技术基础上的分布式集散控制系统，它实时对各子系统的运行进行综合性自动化监控和管理，并与相关系统进行联动。

2. 系统设计

该控制系统网络结构采用西门子公司的 DESIGO CC 系列产品，整个网络以以太网为重要组成部分，可完成大楼通信、数据通信和过程 / 现场自动化通信等不同层次、不同性能的复杂联网任务。

按照项目需求，本项目的网络系统共分为以下几个结构，分别为：现场布线设备层、现场控制层、管理层，如图 12.4–1 所示。

1）现场布线设备层

现场设备层是本次楼宇自控的最底层，现场设备层主要指用于现场参数检

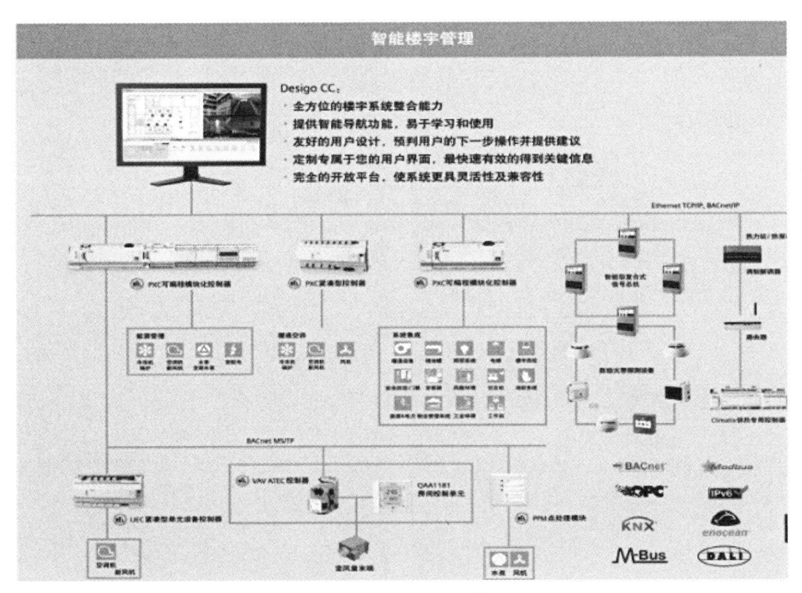

图 12.4–1 系统架构图

测、数据采集的传感器、变送器、报警开关和用于对现场设备进行控制的执行器和继电器。在本项目中，主要用到的现场设备为温度传感器、温湿度传感器、空气质量传感器、防冻开关、压差开关、电动风阀调节执行器、电动风阀开关执行器等；为确保整个大楼线路敷设的安全性和可靠性，整个的现场布线设备层所采用的线缆均按照设计院的高标准进行设计，线数按照各个产品、点位的具体情况而定，线缆的颜色则按照业主方的需求或相关的标准为依据，统一进行确定（图 12.4–2）。

2）现场控制层

在本项目的现场控制层中，按照招标文件的要求，采用集中管理分散控制的方式，整个通信协议采用以太网 TCP/IP 进行通信，其灵活的网络配置连接方式使得控制系统在布线方面的工程成本大幅度降低，工程实施大大简化，系统可靠性和系统功能大大提高，如图 12.4–3 所示。

3）管理层（企业局域网）：全系统集成

楼宇操作站将以 DESIGO CC 为基础，以 SQL Server 为数据库，此时可以通过标准的 OPC 等标准的数据库将上述的各个大楼自动化管理系统进行集成。

在同一个操作界面上就可对大楼内的所有控制设备进行监控，同时在集成管

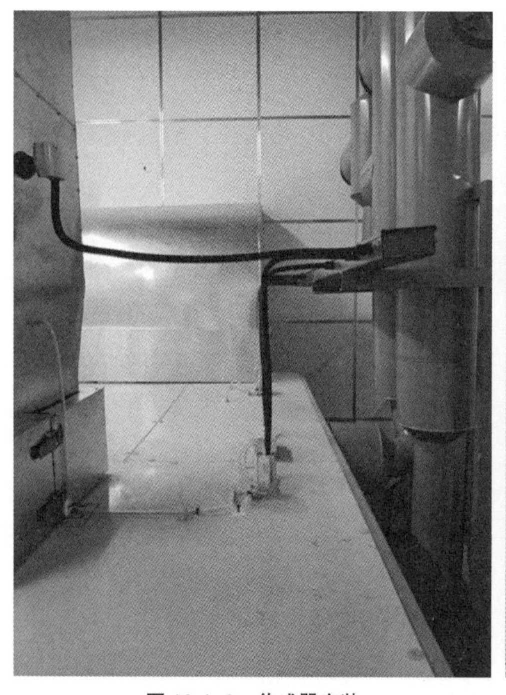

图 12.4–2 传感器安装

图 12.4–3 楼宇自控控制箱

理操作站上将安装服务器软件，此时大楼内的其他人员可以通过企业局域网对服务器进行访问，通过 WEB 浏览功能观察操作站的各种设备的运行情况，有权限的用户可以对各自设定的系统进行远程操作和维护。

中央集成管理站将把相关数据进行存储，以供系统的全集成使用，并为企业的 RRP 应用提供标准的数据源。

12.4.2　建筑物能耗管理系统

1. 系统概述

能耗监测点位严格按照住房和城乡建设部分项能耗模型进行，分类能耗要求以水、电、暖、冷为主，电耗分项以照明插座、空调用电、动力用电、特殊用电为主。根据园区环境条件，配置适合的网络体系，通过能耗监管平台，主要对园区的电能耗进行综合管理。本系统后台设置在控制室，将分布两个配电室的电表数据收集到系统后台集中处理，实现变配电系统自动化管理，对生产设备和建筑的日常运行维护，对用户耗能的行为方式实施有效管理，为能源改善和节能技术改造提供决策依据（图 12.4–4）。

2. 系统功能

1）能耗监测功能

（1）监测每个电表的计量信息，包含用电量、电压、电流、有功功率、无功损耗等。

图 12.4–4　能耗统计表

（2）监测整个项目综合能耗信息，包含整体能耗、分项能耗等。

报表功能：对所有监测到的数据都可以生成报表进行保存或打印。

2）故障报警功能

包括通信中断、传感器短路、断路等各种情况的报警功能，并记录报警历史数据，以备查阅。系统能快速查询故障的性质和故障定位，并通过弹出窗口、动画变换和报警声音三种方式同时通知管理人员。

3）数据处理与计算功能

数据处理和计算功能可实现：

（1）原始数据校验与预处理功能。

（2）能耗数据归一化计算功能。

（3）分项能耗数据计算功能。

（4）能耗指标及能效指标体系计算功能。

（5）分类能耗数据计算功能。

（6）设备能耗数据计算功能。

（7）区域能耗数据计算功能。

4）数据分析功能

可以在能源计量数据的基础上进行能源消耗分析，主要的分析有计划与实绩对比、同比分析、环比分析、历史趋势分析、趋势预测、对比分析报告等。

计划与实绩对比，是将能源供需计划与能源消耗的实际数据进行对比分析。另外，除了同比分析、环比分析，还有历史趋势分析，对未来趋势的预测和综合对比分析报告等。

能源数据统一管理平台需按照该项目的设计和实施，其详细能源分析功能可实现：

（1）分项、分类能耗数据查询。

（2）分项、分类能耗数据统计与比较。

（3）服务量参数功能。

（4）能耗指标换算功能。

（5）能耗数据比较功能。

能源分析管理允许园区管理人员根据需要定义主要的能源指标设置计算公式，按照特定周期计算指标完成数据，支持分析，以形成分析结论，提供决策。

5）断点续传

支持数据的断点续传功能。能耗报表如图 12.4–5 所示。

能耗类型	单位	能耗	单价(元)	费用(万元)
水	t	0		
电	kW·h	1479862		
气	m³	0		
冷/暖	GJ	0		
总计(万元)				

月度能耗数据

	1月	2月	3月	4月	5月	6月	7月	8月	9月	10月	11月	12月
水(t)	0	0	0	0	0	0	0	0	0	0	0	0
照明插座(kW·h)	0	0	0	0	0	0	115634.7	531505.6	343953	109651	0	0
空调用电(kW·h)	0	0	0	0	0	0	7004.84	257357.9	73004.73	20607.47	0	0
动力用电(kW·h)	0	0	0	0	0	0	80.26	497.63	61.28	10.12	0	0
特殊用电(kW·h)	0	0	0	0	0	0	1066.18	11861.84	5775.34	1790.6	0	0
气(m³)	0	0	0	0	0	0	0	0	0	0	0	0
冷/暖(GJ)	0	0	0	0	0	0	0	0	0	0	0	0

注：若变压器总表有计量，则各总表之和为总电能消耗；若变压器总表无计量，则照明插座、空调用电、动力用电、特殊用电之和为总电能消耗

图 12.4–5　能耗报表

12.4.3　智能照明控制系统

1. 系统概述

根据本项目具体需求、工程现状以及智能照明控制系统近期发展状况，同时兼顾未来发展趋势，智能照明控制管理系统选用施耐德公司的 C–Bus 系统。该系统以现场总线的方式，实现智能、舒适、安全的照明控制。具体可实现以下功能：

（1）集中控制，就地灵活分区操作。

（2）定时控制与分散控制相结合。

（3）在保证正常运行的前提下，最大限度实现照明系统节能运行。

（4）各区域可在相应终端操作，实现制定区域灵活联控和局部区域开关等功能。

（5）自动控制 / 手动控制无忧切换，保持切换前后各区域照明状态不变。

（6）各区域照明按时间顺序依次点亮，避免照明系统启动对电网的冲击。

2. 系统控制

1）序厅

2 号楼序厅是重要场所，是馆内形象的体现，其照明的设计不应只是为了大厅照明的需要，更应考虑照明的气氛及照明与建筑装潢的协调，最大限度烘托出办公楼优雅、端庄的灯光环境，达到最佳的视觉效果，如图 12.4–6 所示。

序厅灯光根据大厅运行时间和内外部环境亮度的对比自动调整灯光效果，使大厅保持恒定的照度，同时设置场景控制方式，在接待区服务台安装智能面板，实现对大厅灯光的场景模式切换。场景模式控制的具体照明回路可在安装时设置，并可在日后随时进行调整。

2）公共区域

公共区域采用定时控制以及手动面板相结合的控制方式，按照工作日、周末等时段的要求，结合人流量情况控制，在人员进出较多的时段，打开公共全部回路的灯光，方便人员进出；其他人流量较少时段，打开部分回路的灯光，节约能源，如图 12.4-7 所示。

图 12.4-6 序厅智能照明

图 12.4-7 公共区域智能照明

此区域照明控制还可集中在相应的管理室，由工作人员根据具体情况控制相应的照明。这样可实现多地控制，操作既可由现场就地控制，也可由中央监控计算机控制。

3）泛光照明

整个建筑的景观照明主要是定时控制，20 点开启整个景观照明的灯具，22 点关闭部分景观照明的灯具，零点以后只留必要的照明。具体时间还可根据一年四季昼夜长短的变化和节假日自动进行调整。如有特殊情况可改为特殊照明控制状态，配合需要进行变化（图 12.4-8）。

图 12.4-8 园区泛光照明

3. 系统优势

1）实现照明控制智能化

采用 C-Bus 智能照明控制系统后，可使照明系统工作在全自动状态，系统将按预先设置切换若干基本工作状态，根据预先设定的时间自动地在各种工作状态之间转换，免去人为操作的烦琐。

2）可观的节能效果

由于 C-Bus 系统能够通过合理的管理，利用定时控制可以根据不同日期、不同时间按照各个功能区域的运行情况预先进行光照度的设置，不需要照明的时候，保证将灯关掉；在大多数情况下很多区域其实不需要把灯全部打开或开到最亮，C-Bus 系统能用最经济的能耗提供最舒适的照明。

3）延长灯具寿命

C-Bus 智能照明控制系统能成功地抑制电网的冲击电压和浪涌电压，使灯具不会因为上述原因而过早损坏。还可通过系统，人为地确定电压限制，延长灯具寿命。

C-Bus 系统采用了软启动和软关断技术，避免了灯丝的热冲击，使灯具寿命进一步得到延长。C-Bus 智能照明控制系统能成功地将灯具寿命延长 2 ~ 4 倍。不仅节省了大量灯具，而且大大减少了更换灯具的工作量，有效地降低了照明系统的运行费用。

4）提高管理水平，减少维护费用

C-Bus 智能照明控制系统，将普通照明人为地开与关转换成了智能化管理，不仅使馆内的管理者能将其高素质的管理意识运用于照明控制系统中去，同时又将大大减少了馆内的运行维护费用，并带来了极大的投资回报。

12.5　机房工程（EEEP）

12.5.1　机房防雷接地系统

在地板下采用规格为 100mm × 0.3mm 的静电泄漏网，敷设成 1800mm × 600mm 的网格，网格交叉处焊锡处理，四周均压环采用 30mm × 3mm 的铜排，敷设 40mm × 4mm 镀锌扁铁至大楼综合接地极，弱电机房和消防控制室内的所有金属物均应接入接地系统中。如图 12.5–1 所示。

图 12.5–1　机房静电泄漏网铺设图

每台机柜分别引两根不同长度的 ZR–BVR 6mm^2 黄绿双色接地线至接地排上，汇流排之间采用 ZR–BVR 16mm^2 线缆连接，再由数据中心总汇流排引一根 ZR–BVR 35mm^2 的线缆至大楼接地系统（图 12.5–2、图 12.5–3）。

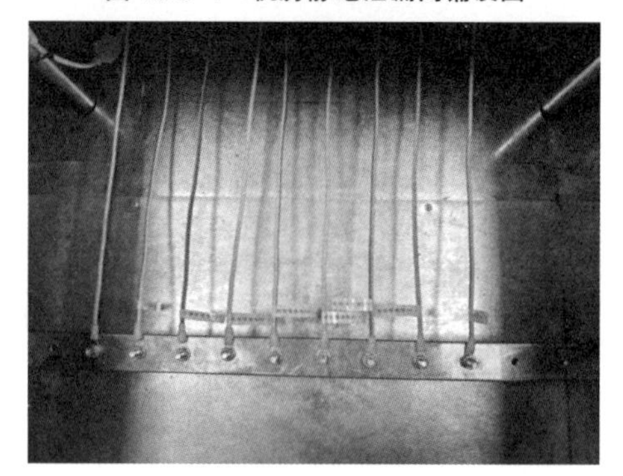

图 12.5–2　设备接地

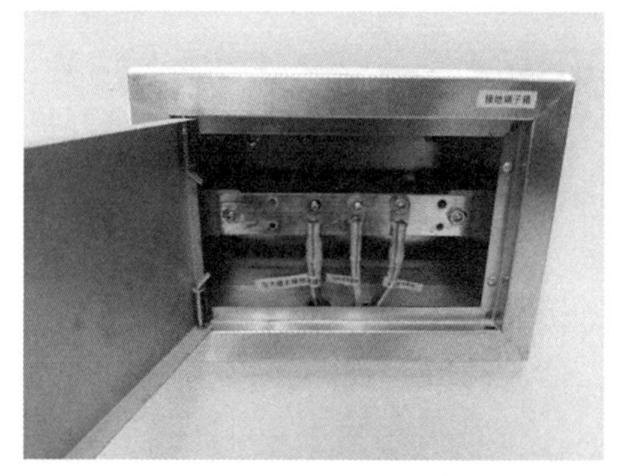

图 12.5–3　机房接地端子箱

12.5.2　机房环境监控系统

实现机房一体化管理，从而实现“集中化、网络化、智能化、无人化”的科学管理模式，让信息化建设迈上一个新的台阶，让机房的运行更为稳定、可靠，管理更为简单、方便。

监控系统采用先进的 B/S 架构的动力环境集中监控管理平台、嵌入式网络型并辅以相关的环境采集模块，通过 TCP/IP 协议方式进行数据传输，实现对该项目机房动力与环境系统进行 365 天 ×24 小时全方位的统一集中监控管理。提供美观、友好的 Win8 监控画面。发现异常系统自动及时弹出报警窗口，并附有本地声光进行本地报警，同时通过手机短信远程通知机房运维人员，以让运维人员及时采取相应措施确保各机房设备的可靠运行（图 12.5–4）。

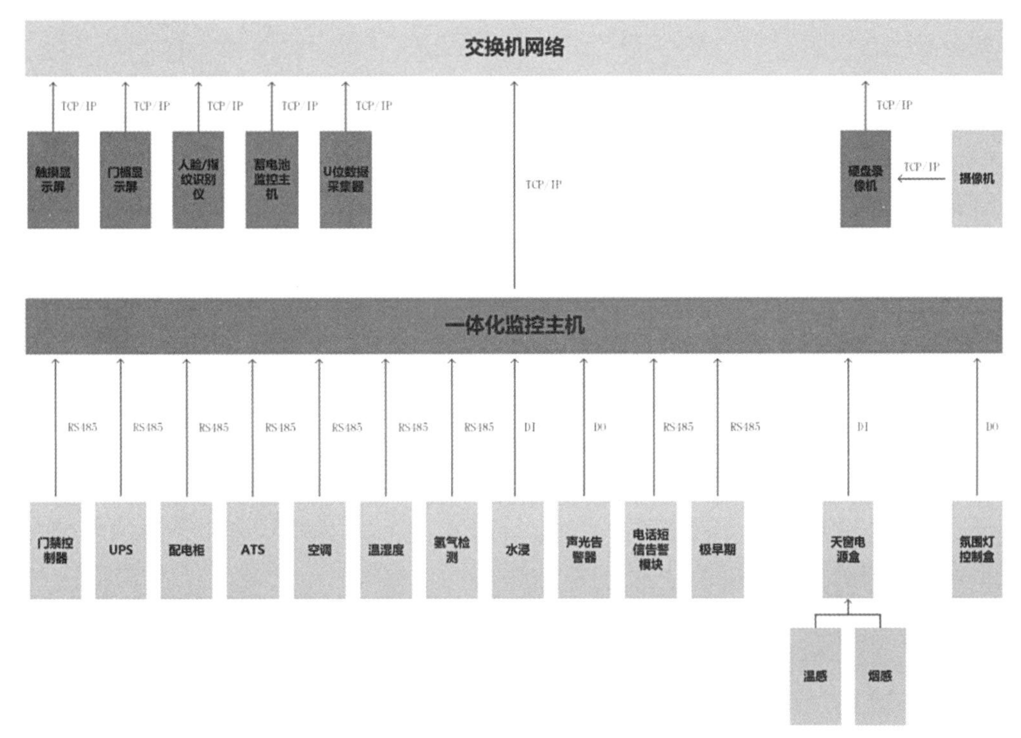

图 12.5-4　系统拓扑图

12.5.3　机房设备安装

机房采用英维克冷通道管理系统，通道内安装 2 台 40kW 列间空调，17 台服务器机柜和 1 台精密列头柜。微模块为高集成一体化系统、供配电系统、制冷系统、监控系统和综合布线系统，高集成设计；标准化产品，在工厂完成调试，可实现现场快速组装，机房品质不受施工质量的影响（图 12.5-5）。

图 12.5-5　机房冷通道安装

13

CHAPTER

第 13 章

多台地园林景观工程关键技术

13.1 概述

园林景观工程的风格整体承袭汉唐风韵，追求雄浑壮阔之势，粗豪中蕴含诗情雅致，以点化自然的手法装点山水，远观其势，整体形成一幅气象宏阔、意境高远的立轴山水画；近察其质，借圭峰，聚大池，步移景异，别有洞天，充满诗情画意的天然之趣。

13.1.1 景观设置原则

景观种植以“生态为骨、文化为魂、和谐统一”为原则，施工中大量运用了本土适生树种，还原自然生态群落；植物整体群落在区域内的空间环境中与外部环境形成有机联系，融为一体，以自然的形态柔化多台地场地高差，联系各建筑组团，烘托和陪衬全园建筑，增加空间层次，强化主体特点。

北区营造“诗情画意”的植物景观氛围，突出简洁明朗、清新明亮的植物空间特点，主要树种有油松、竹子、银杏、国槐、茶条槭、垂柳、板栗、红梅等。

南区营造“庄重典雅”的气质，突出开阔明朗的空间特点。施工选用的树种突出了简洁明快、庄重大气的特色，主要树种有油松、国槐、桂花等。

办公庭院突出“静雅独立”的空间特点，以不同的植物特色设计形成各自不同的主题氛围。主要植物有白玉兰、油松、红梅、刚竹、樱花、国槐等。

外环林带突出“林木苍茫”的植物意向，以成片成群的方式组合种植，植物密度相对较大，对内部环境形成良好的围合感，同时也联系融合外部山林环境。主要树种有油松、白皮松、丛生女贞、苦楝、板栗、刺槐、柿子树、山杏等。

13.1.2 整体布局

项目整体以“文济池”为中心，主体建筑和圭峰遥相呼应，形成山水园林总布局模式，景观布局则结合建筑功能，分为北区、南区和外环区。北区是以开阔绿地为主的公共开放型空间；南区以高台庭院、广场为主，处于项目地势的最高处，空间开阔，简洁明快，强调环境与天地自然的对话；外环区是项目地块的防护林带，既是区内的屏障，也是项目与外部山林的柔性过渡。

沿建筑中轴线，自北向南依次设置北入口广场、文济池、休闲绿地、中心坡地、文济泉、南广场、屋顶内庭院、松竹梅兰四院以及外环林带。

13.1.3　交通体系

园区内的交通遵循以人为本、便捷高效的原则，设计了人车分流的内外双环交通体系。内环以 2.5m 宽的石板中心环湖路、南部屋顶内庭院广场步道、局部支路以及连接停车场的 1.5m 宽的青石板小路，这些组成了步行路网。外环由 6m 宽的透水沥青混凝土车行路组成，兼具消防车车道功能。

13.1.4　园区水系

区域内的水体由文济池和坡地溪流两部分构成。文济池主水源引自西引渠，结合海绵城市系统补充，水体总面积为 4400m^2，最深处 1.5m，总容积约 4700m^3。其中，海绵城市系统补充水源以暗管形式接入中心绿地北部，经地埋式雨水净化系统设备处理后以泉涌出，与主水源汇聚成方池，再以溪、涧、瀑的形式汇入文济池中。在水景区西侧，飞云亭下设置地埋式水处理机房，定期过滤，消毒池水，保证景观水体的洁净安全，同时亦可作为园区喷浇灌系统水源使用（图 13.1–1、图 13.1–2）。

图 13.1–1　文济池施工效果

图 13.1–2　溪流施工效果

13.1.5　园林铺装

园林铺装施工遵循“生态优先、坚固安全、实用美观”的原则。不仅有组织交通、引导游览的功能，还可以为人们提供良好的休息、活动场地，在创造了优美地面景观的同时给人以美的享受，增强了园林艺术效果。在铺装选材和加工过程中注重其色彩、质感、尺度、纹样、拼缝形式的选择。在主要节点和集散广场采用大面积花岗石铺装，步行主园路使用大块花岗石条石铺装；次园路使用青石板铺装（图 13.1–3、图 13.1–4）。

图 13.1–3　碎拼园路施工效果图

图 13.1–4　蹬道园路施工效果

13.1.6　园林小品

园林小品包含石灯、石阙、石桥等基本设施，这些景观小品贯穿并散布于全园，在尺度、实际功能上更加贴合人的使用需求。在小品材料、造型、尺度、色彩、肌理、摆布位置等方面均做了统一控制，以达到良好的景观效果（图 13.1–5）。

图 13.1–5　曲桥施工效果图

13.2　大体量湖名石营造技术

13.2.1　应用背景

题名石是中国传统古典园林的重要组成部分，其上往往雕刻有历史名家书写的园名、景名或湖名，而大体量题名石因开采、运输等条件的限制，往往只在山体或景区原石部位就景雕刻。伴随城市园林的发展，人们对于大体量题名石的需求日渐增加。本施工技术通过优化作业流程，改进施工工艺，更为完美地展现了大体积题名石自然、雄伟的整体效果。

13.2.2　工艺原理

施工前采用三维扫描和 3D 打印技术使其达到设计要求，减少从设计转化到施工的效果差异。采用多层石材堆叠施工，在满足结构安全的情况下，其内部形成多处中空结构，可有效减轻整体自重和下沉影响。分工厂及施工现场两次加工，可满足石材对纹理、棱角的相关要求。配置的新型填缝材料，其耐久度及与石材颜色的相似度最高，经处理后题名石外观形如整块石材。

13.2.3　工艺流程

制作 1 ∶ 50 泥模→3D 扫描数据→3D 打印制作 1 ∶ 10 模型→确定分割方案→石料开采编号→现场放样→石料堆叠→雕刻修型→缝隙处理→面层处理。

13.2.4　操作要点

1）制作 1 ∶ 50 泥模

由雕塑家制作 1 ∶ 50 泥塑模型，细致刻画纹理走向、棱角、气势等，泥塑模型须经业主、设计单位确认（图 13.2–1）。

2）3D 扫描数据

对泥塑进行三维扫描，基于三维数据文件进行多比例的翻模、放样（图 13.2–2）。

图 13.2–1　1 ： 50 泥塑模型

图 13.2–2　3D 扫描

3）制作 1 ： 10 模型、确定分割方案

3D 打印按 1 ： 10 比例的聚苯乙烯块料模型，并再次对模型的细部纹理、棱角、走势进行确认和微调。标注分割位置及尺寸，确定荒料开采规格（图 13.2–3、图 13.2–4）。

图 13.2–3　3D 打印 1 ： 10 的模型

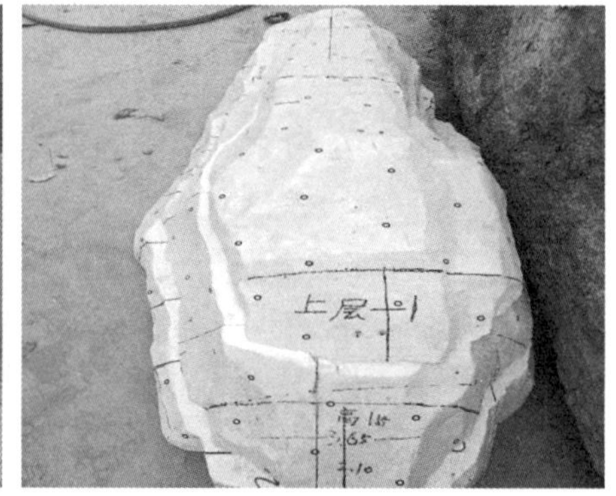

图 13.2–4　模型分割

4）石料开采编号

依照分割方案开采荒料，运至加工厂，粗雕刻出分块石材的棱角及走势。分块制作完成后，在工厂试拼装并修整、编号。

5）现场放样

将题名石的底部轮廓打印在画布上，在现场排布画布，并以气球作为定位基准来确定题名石的高度以及朝向，展现整体轮廓。依据大轮廓对分块石材进行放样，保证石料间的缝隙宽窄一致，以便于后期缝隙处理及石材加固。

6）石料堆叠

按照“先下后上，先左后右，先轮廓后中部，先编号后填补”的原则堆叠。

石材底部可适当以碎石块和砂浆作为填充并抄平，确保每层石材固定牢固。内部石材错落叠放，形成局部中空构造。每层堆叠完成后，在石材背面及隐蔽处开槽钻孔，石料之间采用防锈处理的钢筋植筋加固。

7）雕刻修形

题名石堆叠完成后，需二次雕刻修形，采用人工切割、凿面的方法对石材细部进行处理，使其更为接近自然效果，每次修正完成后及时与建设单位、设计单位沟通确认。

8）缝隙处理

石材拼接缝隙的处理是本工程的关键部分，经试验确定采用同色石粉 + 胶水 + 水泥（重量比例为 4 ∶ 2 ∶ 4）配置填缝剂，对缝隙进行修补。粘结牢固性最好，耐雨雪侵蚀性最好。

9）面层处理

为消除切割痕迹，达到自然侵蚀的风化做旧效果，题名石表面需火烧处理。在火烧处理时，喷射速度和火焰温度应控制在 800 ~ 1000m/s 和 2000 ~ 2500℃。

13.2.5　效益分析

本施工技术工艺简单，用传统的假山垒叠方式堆砌，对假山的形式进行了创新，有效地解决了大体量石料开采、运输及吊装问题，采用中空堆叠结构形式，石料在总体重量上减少了 30%，节约石料及锯片定制费用共计 18.5 万元。通过本技术应用，总结形成省级 QC 一项，省级施工工法一项（图 13.2–5）。

图 13.2–5　湖名石施工效果

13.3 景石堆叠造型营造技术

项目地处秦岭北麓山脚，南北长 500m，东西长 400m，其中南北向高差约 73m，局部土方坡度达到了 60° 左右，景石堆叠作业难度极大。瀑布跌水区域，高差约 7m，两块主石规格为 5.9m × 3.1m × 1.5m、5.4m × 2.6m × 1.4m，总重量分别为 70t、52t。瀑布石竖向布置吊装尤为困难，在保证安全及堆放稳定的情况下确保景石安装效果是施工控制的重难点。

施工单位组织专业技术人员，根据景石位置及高差进行了二次优化设计并建立景石小样（图 13.3–1），由建设单位、设计单位、监理单位确认后再开始实施。景石安装前加强安全技术交底工作，做到旁站式管理，让作业人员时刻提高安全质量意识，加大景石验收制度及验收程序的工作力度。景石放置时，应注意方向，掌握重心。采用夹石垫平及砂浆垫平相结合的方法，同时应用铁件或块石塞实，空隙用 C25 混凝土灌实，使堆叠与填塞、浇捣交叉进行，确保安全稳固。施工机械配合工匠雕刻出大形后，由相关验收单位现场进行效果复核，再由工匠现场进行二次雕饰，以确保景石堆叠造型一次成优（图 13.3–2）。

图 13.3–1 景石小样

图 13.3–2 景石、瀑布施工效果

13.4 苗木栽植技术

13.4.1 山地苗木成活率保证技术

1）土壤增加排水盲管、砂石垫层技术

施工单位对大型苗木的树穴土壤进行改良，增加了 500mm 厚的卵石滤水层，并设置两个排气管道（可进行排气，也可进行水位探测，并进行排水）。覆土屋面等土质条件交叉区域，渗水率达不到要求，施工单位在屋面增设排水盲管进行积水导流，有效地防止了屋顶的积水情况（图 13.4-1 ~ 图 13.4-3）。

2）土球浅栽高培土技术

项目地处秦岭北麓，栽植区域为坡地，地下水易随坡度渗流，栽植穴易积水，因此采用浅栽后实行高培土（高培土相当于深栽，有利于固定树体），树木成活后将高培土除去（相当于浅栽，树木根系呼吸良好）。栽植时可让土球高出地面 10 ~ 20cm，然后培土，这样经过浇水沉降后土球与地面几乎平齐，既不影响美观，也不会造成积水。移栽后及时去掉土球草绳包装，避免根部积水、根系附近温度过高、根部透气性不好，从而造成新根生长受阻且易滋生细菌造成根部腐烂等问题。

3）种植区微调技术

根据图纸设计苗木类型，分析植物特性，对部分“喜水”植物，施工前要和设计院、建设单位提前进行沟通，在确保园区景观效果的前提下，细微调整种植区域，对不耐旱及大规格乔木采用微地形措施，将该部分苗木引入地形低点，借助地势避免缺水和水分流失快的情况发生，有效提高了成活率（图 13.4-4）。

13.4.2　山地造型树栽植整体效果保证措施

项目采用 149 棵景观树进行造型点缀，造型树栽植前，为确保造型树的施

图 13.4-1　树穴滤水层

图 13.4-2　盲管实施

图 13.4-3　树穴排气孔的设置

图 13.4-4　乔木栽植效果

工效果，邀请设计单位、监理单位远赴山东进行实地考察，确保苗木选型符合要求。苗木的选取采用以微景观单独配备的原则，选用的苗木搭配后，以效果图的形式，由设计单位、建设单位进行确认，之后再进行苗木挖掘，运至现场进行栽植，确保实物与景观的一致性（图 13.4-5 ~图 13.4-7）。

图 13.4-5　造型树搭配效果图

图 13.4-6　造型树实体效果图 1

图 13.4-7　造型树实体效果图 2

13.4.3　灌溉措施

本工程采用喷灌加浇灌相互补充的灌溉模式，充分对园区植被进行补水，对边边角角不遗漏。

（1）埋藏升降式喷头：喷头平时隐藏在地下，顶部与地表平齐，工作时喷头在水压的作用下自动升起进行喷灌，停水后又自动降下，缩回地面，不会影响园林景观和草坪上进行机械作业。喷灌通过控制器控制各区电磁阀开启 / 关闭，实现自动灌溉效果（图 13.4–8）。

（2）快速取水器：浇灌取水器使用取水钥匙可方便取水，即插即用，即拔即止（图 13.4–9）。

（3）控制系统：喷灌控制器位于水源泵房东侧，总配电柜旁边的喷灌配电柜中，由电源开关控制电源。

图 13.4–8　喷灌示意图

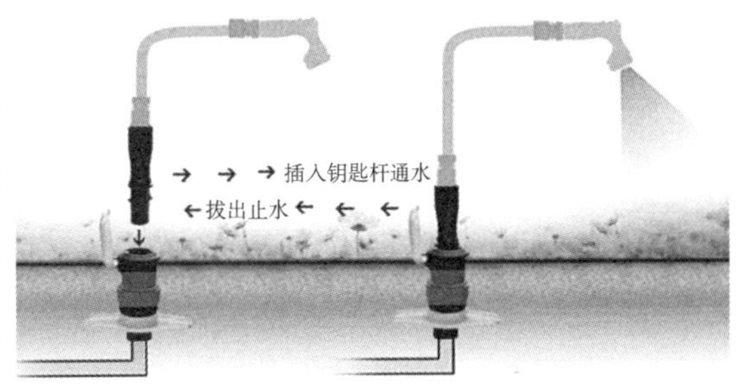

图 13.4–9　浇灌示意图

14

CHAPTER

第 14 章

数字建造关键技术

14.1　概述

目前，中国很多工地由于数据多、施工地点分散、人员管理难度大等因素造成了安全事故频发、建筑质量问题多、监管难度大等问题。由系统平台自动化监控和信息管理平台实现的智慧工地项目有利于解决在施工中存在的施工现场管理、劳务用工管理、大型设备监管、材料控制、危险区域监管等问题。

智慧工地是以数据整合、协同互动、服务高效、智能分析为目标，以先进的理念和信息化技术，采集、整合、分析各类环境信息，建设一套覆盖全面、技术先进的智慧工地管理平台，为政府监管、企业管理和公众监督提供智能化、可视化的工地信息应用，为政府和企业提供有效的技术支撑和决策服务。

智慧工地可实现以下管理功能：人员管理、污染管理、安全管理、移动办公管理等。

14.2　数字化项目管理与集成化信息平台应用

14.2.1　系统架构

通过广联达数字平台安全巡检系统的使用，进一步完善了项目安全隐患整改（检查—处罚—整改—回复—复查—分析），PDCA 闭环管理。让项目每一位管理人员均能参与进项目的安全管理体系当中，明白其日常管理的安全职责，提高了项目日常安全管理工作的效率。杜绝以往项目管理中管生产的管生产，管技术的管技术，生产、安全“两张皮”的现象。同时，巡检系统中包含的各分部分项工程安全技术操作规程，施工规范、企业规范等知识库，也是帮助项目管理人员业务素质提升的一个知识宝库。本项目自开工后，检查总数 2093 条，隐患总数 820 条，及时整改率 92%，整改合格率 100%。根据大数据分析，根据隐患类别、隐患趋势、隐患状态、分包单位及其责任区域，在后续管理过程中，根据数据分析，有针对性地采取了措施。同时，集团总部主管部门、各位专家通过查看项目隐患，排查照片，也能对项目日常管理工作提出针对性的意见，完成远程管理，提高了管理效能，保障了安全生产（图 14.2-1）。

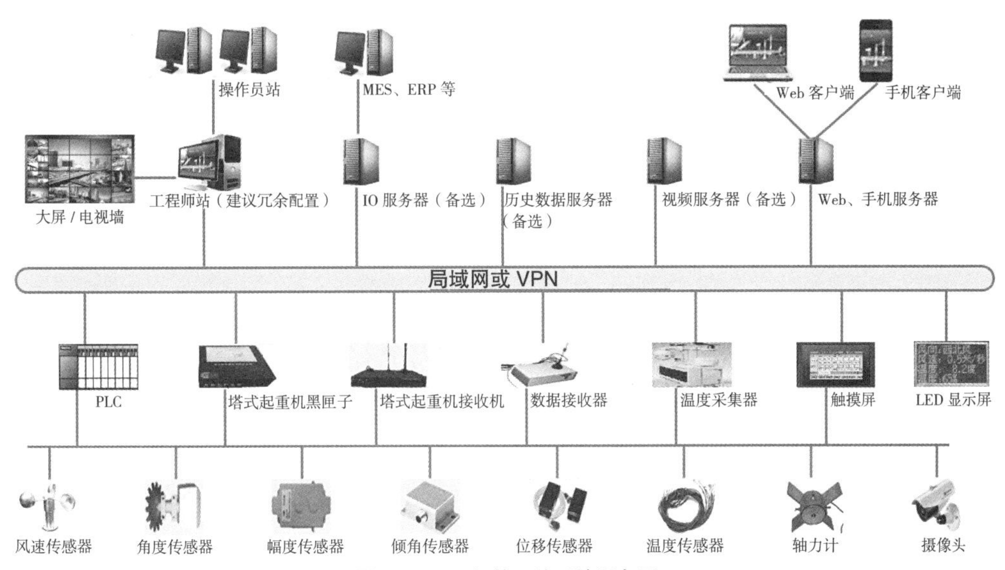

图 14.2-1　智慧工地系统设备图

项目管理人员通过使用手机 App 质量安全巡检模块，可对工地质量安全管理情况进行巡查，并可记录巡查情况。巡查中发现需要整改的问题，可直接向有关部门及人员发送整改通知，落实到人。相关责任人员落实完整改工作后，可在线进行整改情况的回复，现场发现质量安全问题直接同步到集团平台，实现远程管控功能，通过后台数据分析，对问题逾期未整改的负责人发出警告信息，大大提高了现场质量安全意识，协助项目打造安全文明优质工程（图 14.2-2 ~ 图 14.2-4）。

图 14.2-2　广联达数字项目平台质量管理系统

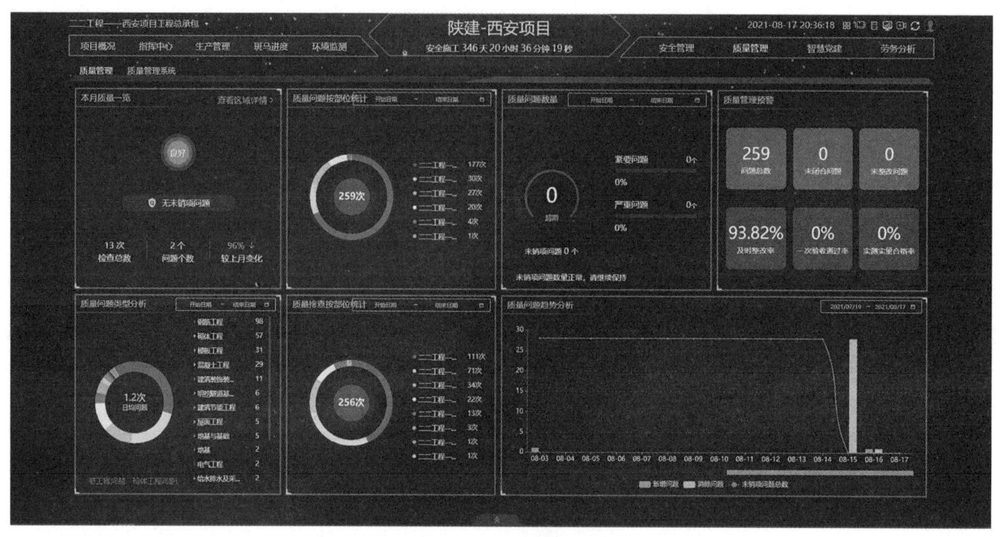

图 14.2–3　质量管理系统

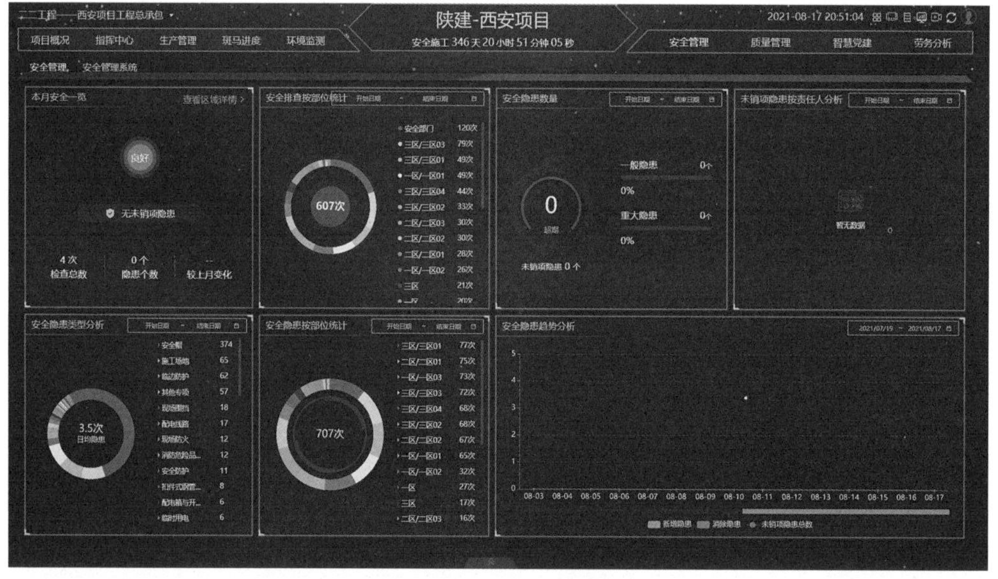

图 14.2–4　安全管理系统

14.2.2　功能设计

1. 人员管理实名制系统

实名制一卡通功能可以分为人员信息录入、人员信息维护、人员考勤管理、人员资产管理、人员巡更管理、访客管理等子功能。每个子功能通过独立的页面完成。根据权限的不同，操作人员可以管理不同的功能，可以对人员信息进行增、删、改、查等操作，可以把查询结果通过报表或者图例表示出来。把对人员信息的操作情况保存成操作日志以供查看。当人员在进出门刷卡时，人员的姓名、编号、职务等信息可以实时显示在值班室内的大屏幕上。

1）人员安全管理

工地人员安全防范管理系统采用无线射频识别技术、嵌入式技术、计算机软件、数据库、数字通信等科技。实时显示人员、车辆、资产上标签的位置，无延迟地将标签位置显示控制管理中心，实现位置信息数据可视化。同时，利用位置数据驱动各种应用，包括安全区域管控、人员岗位监控、工作任务调度、视频联动、统计与考勤等多方面功能，安全防范，提高了智慧工地的管理水平。除了考虑其功能外，在稳定性、可靠性、抗干扰能力、容错能力及异常保护等方面也进行了充分考虑。系统利用现有成熟的工业 TCP/IP 通信网络作为主传输平台，相应的无线识别基站、RFID 识别标签等设备与系统挂接，通过区域实时定位管理专用软件，与主系统以标准的专用数据库进行后台数据交换，从而实现区域目标的跟踪定位和安全管理（图 14.2–5）。

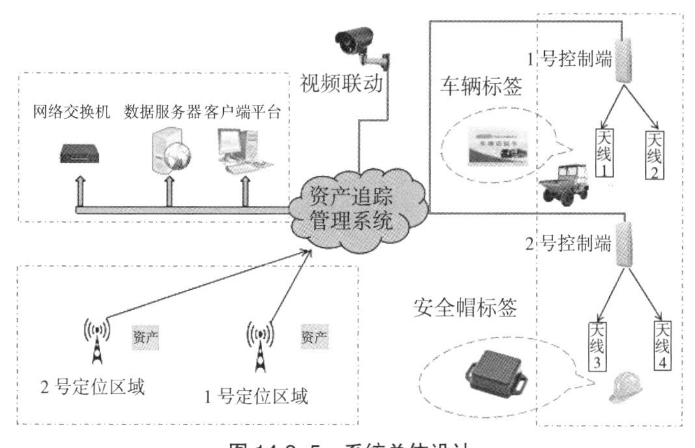

图 14.2–5　系统总体设计

（1）实现布控区域目标进出的有效识别和监测监控，使管理系统充分体现“人性化、信息化和高度自动化”。

（2）为管理人员提供人员进出限制、考勤作业、禁区报警、安全监控、脱岗报警、合理调度等多方面的管理信息，一旦有突发事件，通过该系统立刻可以回溯所有受控目标的位置和运动历史情况，保证安全管理工作的高效运作。

（3）系统设计的安全性、可扩容性、易维护性和易操作性。

（4）轻松联网，C/S 结构，轻松实现更广阔地域联网监控（图 14.2–6）。

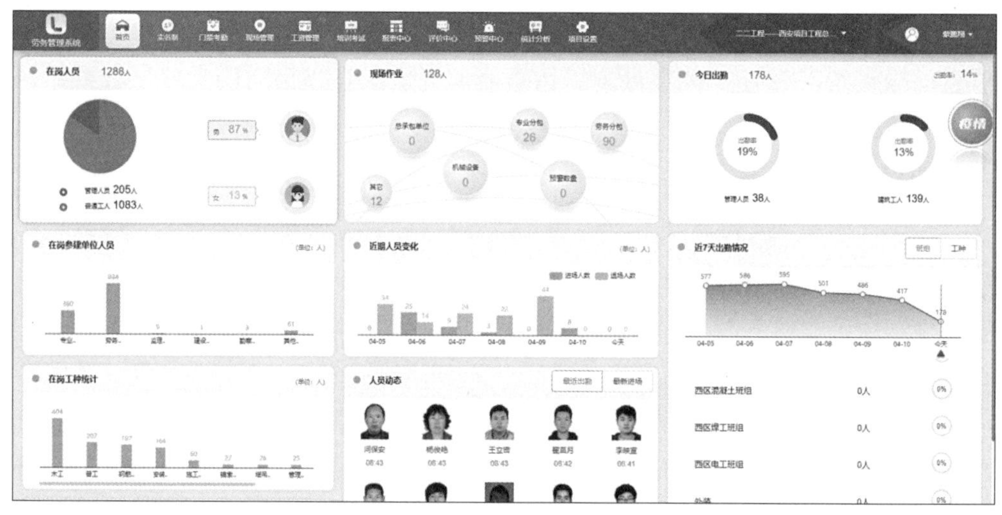

图 14.2-6　劳务管理系统

2）劳务实名制门禁系统

为真实录入施工现场人员的信息以及加强对工人的管理，设置一卡通系统和人脸识别系统。通过身份认证一体机录入对应各自的身份证信息以及工种所属劳务公司等信息。通过该系统实时记录建筑工人进出场、考勤等信息，对接至政府平台（图 14.2-7 ~ 图 14.2-9）。

2. 全区域覆盖可视化安防系统

为加强项目日常管理，项目部建立建筑工程远程监控系统（共建立远程监控系统 2 套，独立运行。一套为施工现场监控系统，另一套为生活办公区监控系统，两套独立运行，专人监管）。其中，施工现场监控系统共设高清摄像头 18 处，生活区设高清摄像头 30 处，采用球机、枪机、视频无线传输模块及大内存硬盘等，对施工作业场所的重要区域进行视频采集。通过无线网桥方式将视频数据上传监

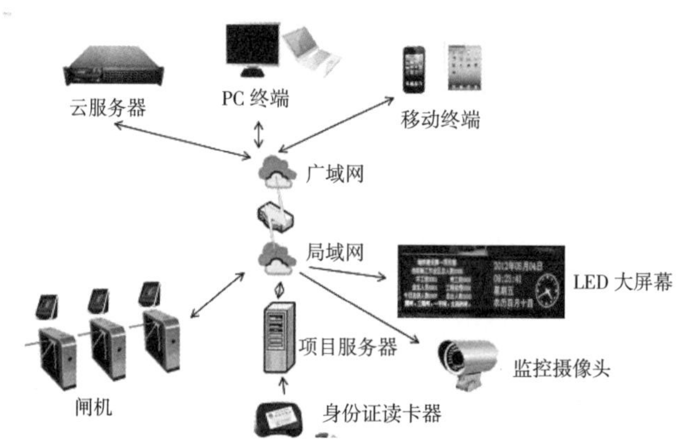

图 14.2-7　劳务实名制门禁系统

图 14.2-8 劳务实名制门禁

图 14.2-9 入口安全警示设施

控后台的数据集中器，进而上传到监控后台和云平台，实现对施工作业现场的全局掌控，以便于对违规违章情况的取证、防止建筑材料被盗、事故的问题分析和事后责任追溯等。管理人员可使用智慧工地云平台 Web 界面或手机 App 直观掌控施工现场的实时状况。

视频功能能够与数据监控很好地融合，通过 OSD 字幕能够将扬尘噪声的数据显示在视频画面中。此外，视频功能允许将视频设备的报警接入到系统中来，从而实现视频报警和自动化报警的联动。

视频监控系统采集工地中需要的视频信号，并存储到硬盘录像机中以备随时查看。系统可以控制云台的转动以及设置巡航路径，可以实现对图像的预览、回放、抓图等功能。

环山路沿线安装的 3 台摄像头，有效地保障了本项目员工出行期间若突遇交通事故，能提供第一手证据。项目施工期间，共协助当地交警队处理 3 起在项目出口突发的交通事故，受到了当地交管部门的表彰（图 14.2-10、图 14.2-11）。

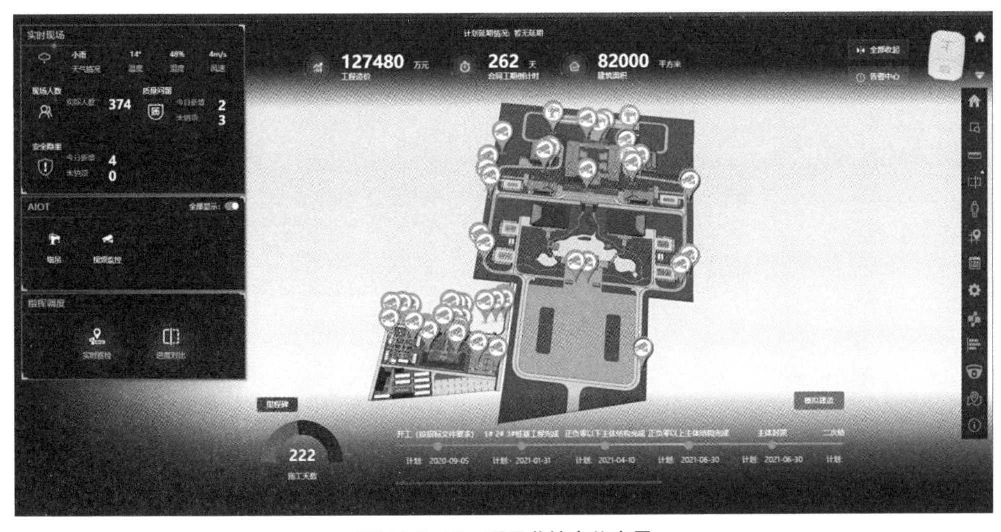

图 14.2-10 项目监控点位布置

图 14.2–11　全区域覆盖可视化安防系统

3. 群体建筑大规模群塔作业防碰撞系统

1）系统概述

系统包含幅度、高度传感器，称重传感器，角度传感器，风速传感器和仰角、倾角传感器。通过现场 2.4G 电台实现塔群防碰撞功能，通过 4G 网络实现远程监控的功能（图 14.2–12）。

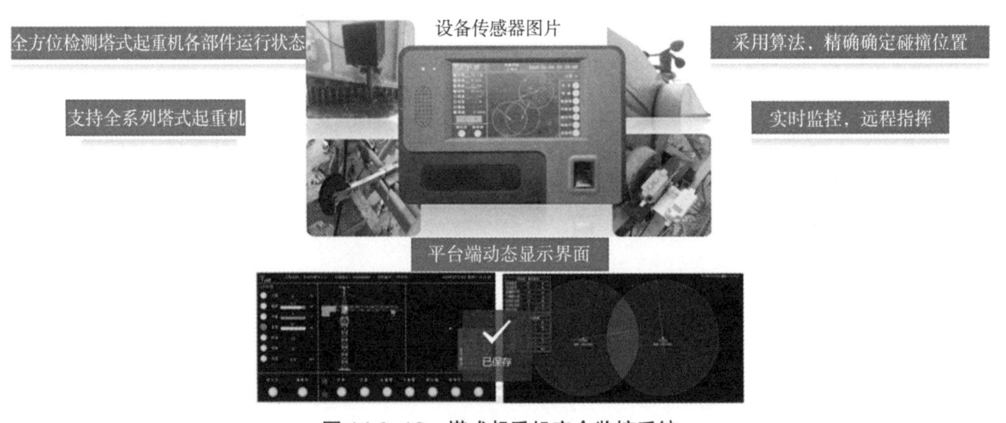

图 14.2–12　塔式起重机安全监控系统

2）关键技术

（1）本项目共安装 5 台塔式起重机，4 台 QTZ160 塔式起重机，1 台 QTZ250 塔式起重机。按照集团要求，塔式起重机进场前邀请专家对塔式起重机进行进场前验收，确保塔式起重机主要受力杆件符合使用要求，此外，还要对塔式起重机起重量限制器、变幅限制器、起升高度限制器等传感件进行重点检查。塔式起重机使用前，由广联达公司专业外包单位编制群塔作业防碰撞方案，安装群塔防碰撞监测器，并将塔式起重机的运行数据与智慧建造平台联网。对塔式起重机的运行数据进行实时监测，对违章、超重量、超限位起吊报警，后台能及时感知，对违章作业现象及时制止，并对从业人员进行专项教育。本项目塔式起重机作业期间，未发生任何安全事故，塔式起重机监测预警报警共 17 次，项目针对性地进行教育共 8 次（图 14.2–13 ~图 14.2–15）。

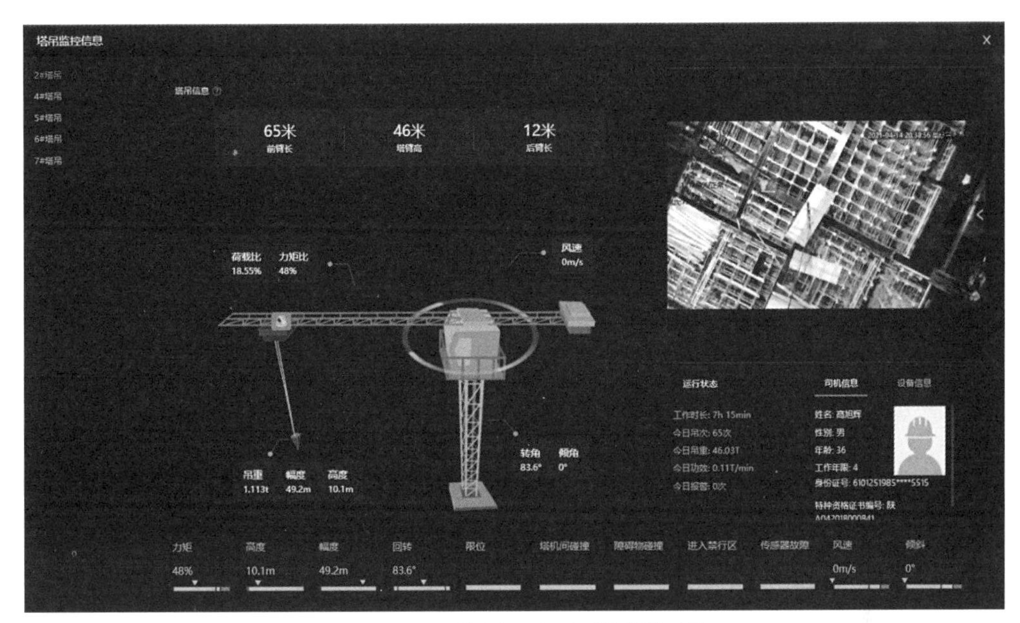

图 14.2–13　塔式起重机防碰撞监控系统

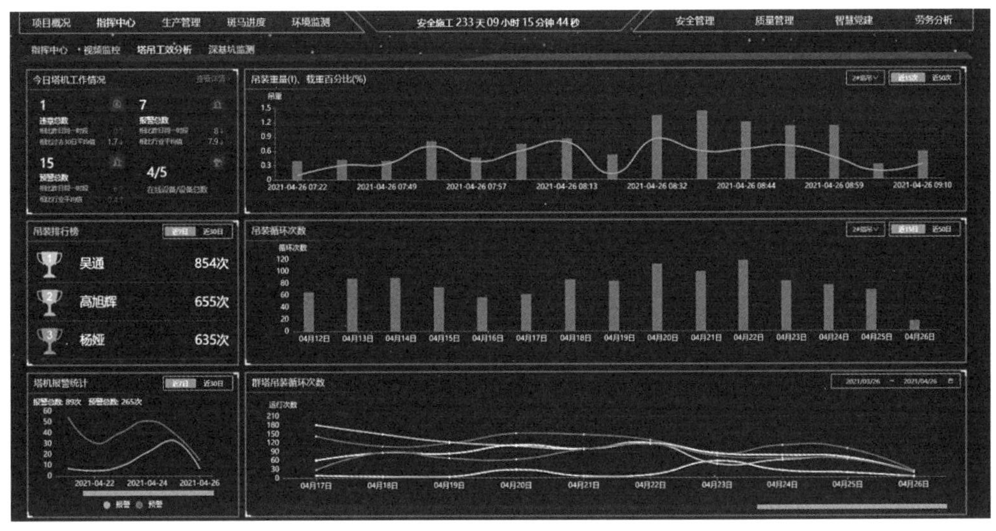

图 14.2–14　塔式起重机防碰撞监控系统

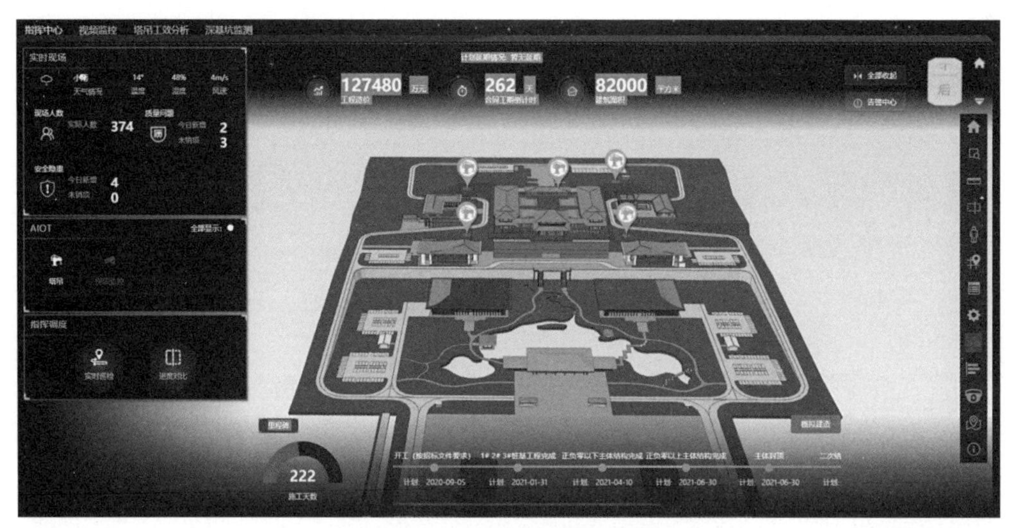

图 14.2-15 项目群塔防碰撞布置点位

（2）塔式起重机吊钩无线视频监控系统是把高清摄像机安装在塔式起重机小车的底部，采集高清视频信号并实时传输到塔式起重机驾驶室的屏幕上，让塔式起重机驾驶员可以实时看到小车吊钩在地面和现场的施工情况，避免人眼观测死角的出现。监控视频信号也可以通过无线的形式传输到智慧工地平台（图 14.2-16）。

图 14.2-16 塔式起重机全方位可视化

4. 环境监测系统

施工现场设智能化喷雾设备降尘设备，当环境中的粉尘量达到一定程度时，智能化设备自动开启，降尘保湿。同时，可以减少工人和附近居民索要的医疗费用，减少施工时的粉尘影响，这会减少工程支出；通过噪声的监测可以减少与附近居民的纠纷，减少工地施工时产生的噪声对附近居民的影响（图 14.2-17、图 14.2-18）。

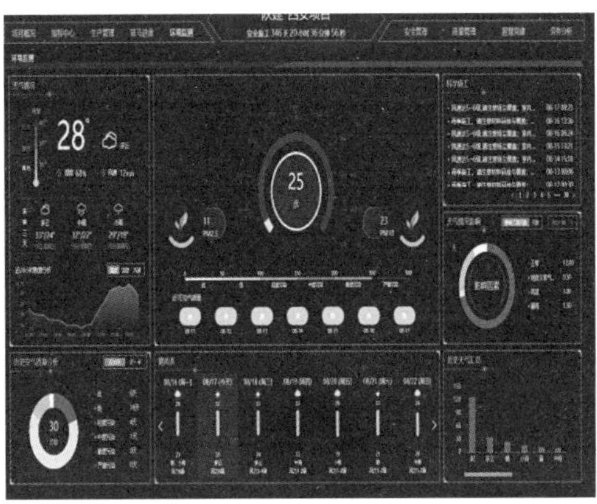

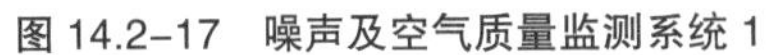

图 14.2-17　噪声及空气质量监测系统 1

图 14.2-18　噪声及空气质量监测系统 2

5. 室内安全体验

建筑施工安全生产 VR 体验式培训工具箱通过先进的虚拟现实（VR）技术，使建筑施工人员能够沉浸在逼真的作业场景中，学习安全知识、认识违章作业的严重后果、体验安全事故所造成的伤害。产品涵盖了基础施工、主体施工、装饰施工三大施工阶段，内容紧紧围绕五大伤害事故及火灾事故体验、九大工程作业过程中的习惯性违章案例，以及三宝、四口、五临边安全知识培训（图 14.2-19、图 14.2-20）。

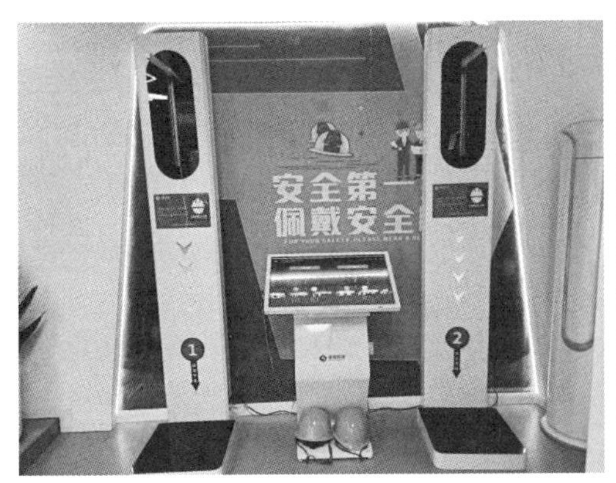

图 14.2-19　安全体验

图 14.2-20　安全生产 VR 体验

14.3 数字化结构施工关键技术

14.3.1 深基坑监测技术

（1）针对2号楼、3号楼深基坑深度大，外露时间长，安全风险较大等问题，项目积极协调相关参建单位，由项目在第三方监测单位采集的数据基础上加以拓展，增设智能监测系统并在关键部位增加了32个监测点位。通过综合利用各种物联网技术，将多种现场监测仪器联通起来，采用主动触发的方式，实现监测数据的自动采集和实时传输。建立基坑安全监测预警机制，监测结果反馈更具时效性，以便及时采取相应措施，达到防灾减灾的目的，解决监测结果滞后问题。

在2021年6～8月雨季期间及山体渗水过程中，为项目危大工程管控提供了第一手数据资料。期间，共发生数据超预警1次，项目及时邀请五方责任主体单位及专家组进行会商，迅速采取了有效手段进行解决，避免了本项目深基坑工程施工可能出现的重大安全隐患（图14.3-1～图14.3-5）。

图14.3-1　智能监测设备

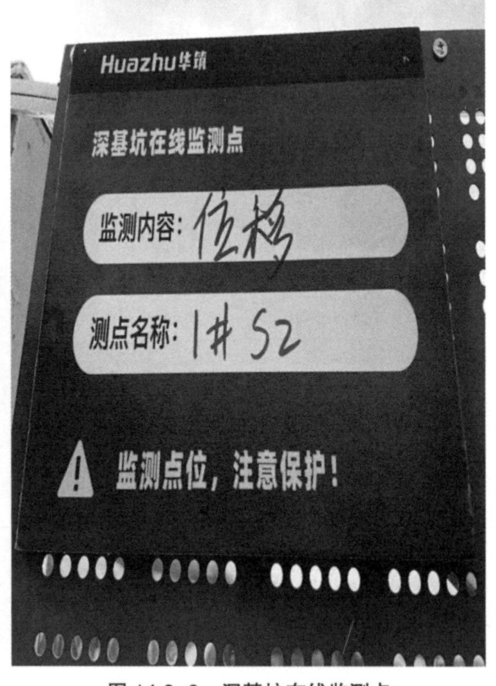

图14.3-2　深基坑在线监测点

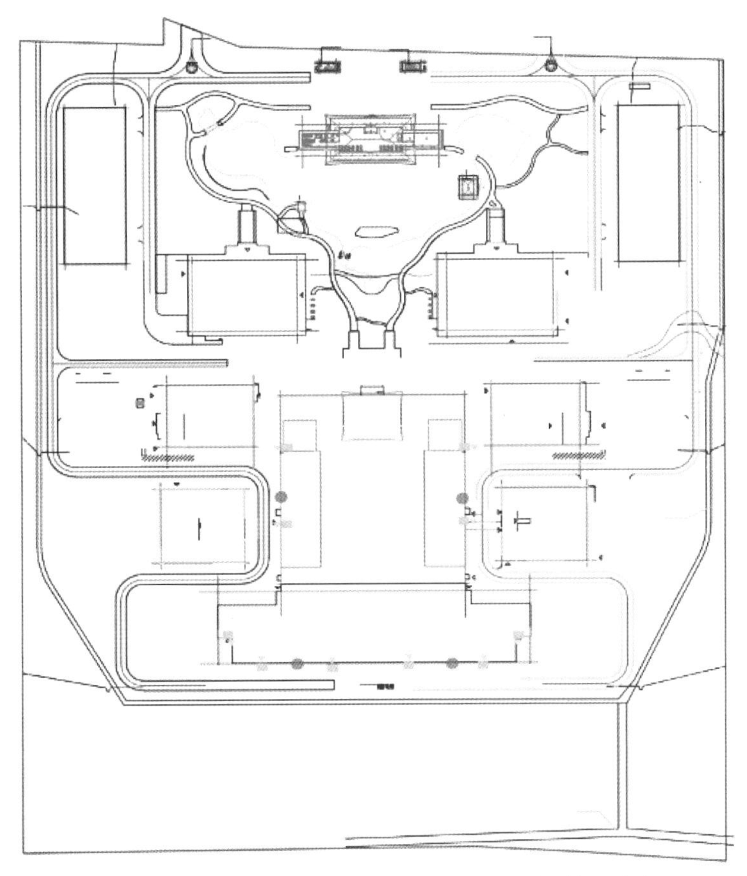

支护顶部沉降监测点

支护顶部倾斜监测点

锚索拉力监测点

图 14.3-3　智能监测点位分布图 1

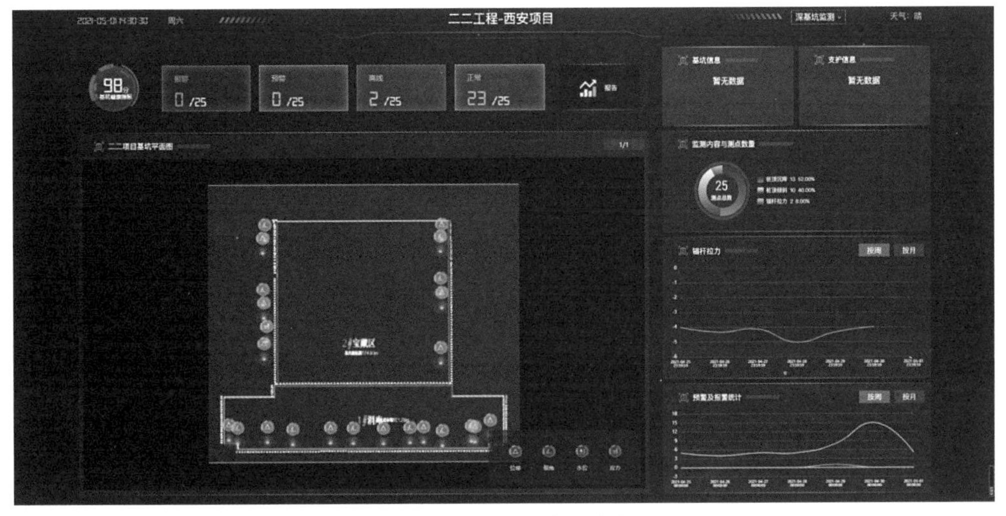

图 14.3-4　智能监测点位分布图 2

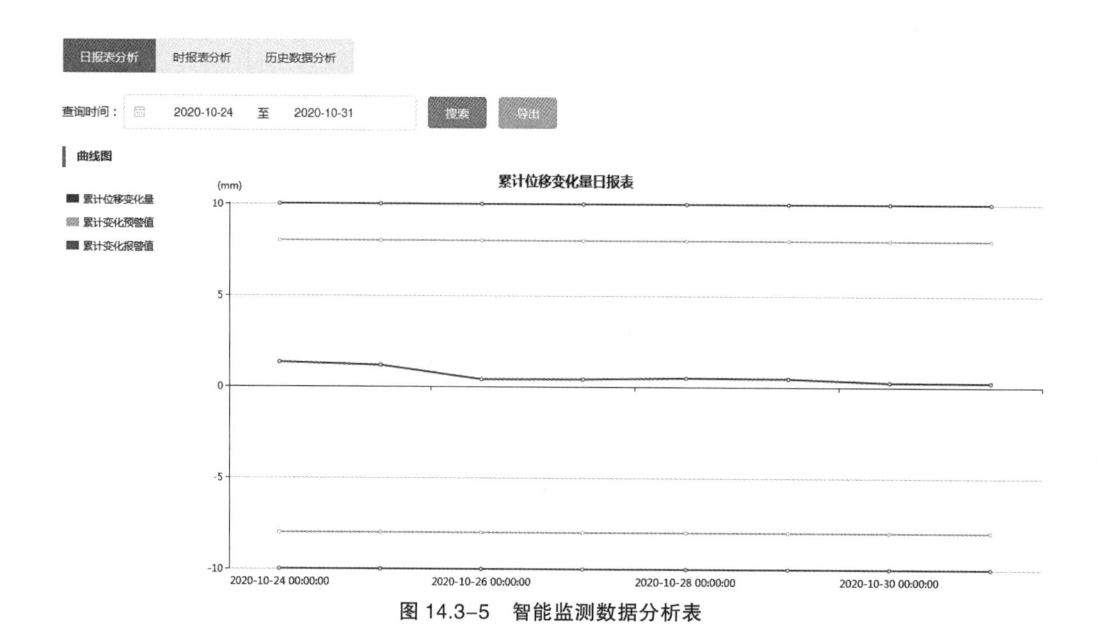

图 14.3–5　智能监测数据分析表

（2）基坑监测系统通过对原始监测数据的实时处理，运用数学模型和回归分析、差异分析等数理方法，对采集到的数据进行数字化建模分析，形成变化曲线和图形、图表，具有实时报警功能。对问题工程进行追踪处理，落实工作责任制。建立地下工程和深基坑安全监测监管的预测预警机制，及时发现工程及周边建筑物、管线隐患，预防事故发生，实现管理手段从被动监管向主动监管的转变，事后监督向事前监督和过程中监管的双转变。

基坑监测系统实现了对地下工程及基坑工程的信息管理，实现了对基坑的支护结构及周边环境监测数据的自动采集、实时传输、自动预警功能，保证了监测数据的真实性、完整性、及时性（图 14.3–6）。

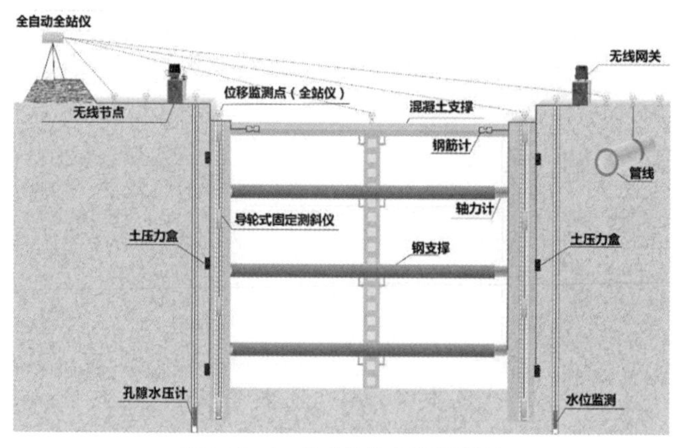

图 14.3–6　技术具体内容示意图

14.3.2　高支模安全监测技术

高支模智能监测技术，因高支模工程具有高空间、大跨度等特点，故而事故一旦发生往往造成群死群伤。同时，高支模坍塌事故具有突发性，往往来不及排查事故即告发生。系统通过自动化监测设备，能监测到高支模体系中整体水平位移、模板沉降、立杆轴力、杆件倾角等关键位置和薄弱部位等安全指标，有效地消除了传统方法监测的空间、时间、指标等盲区。采用高频采样实现全程、实时、连续监测，现场声光报警，秒级响应，自动触发机制实现即时报警和现场报警，提醒作业人员在紧急时刻撤离危险区域，有效降低了施工的安全风险（图 14.3-7）。

图 14.3-7　技术原理

2 号楼序厅高支模施工，其支设高度达 21.2m，且序厅顶板主钢骨框架梁尺寸达到 1000mm × 2000mm，梁密度也较大。盘扣式满堂架由于间距模数限制，常规排布难以满足支撑要求及安全稳定。项目技术专家为此制定了平台式高支模体系方案，采用 BIM 模型搭建满堂架支设效果图，逐个节点进行优化，作为现场搭设作业安全技术交底附件，指导现场施工。同时，在满堂架主要受力节点处安装压力传感器、位移传感器、倾角传感器、刚度仪等设备，与智慧建造系统连接，自动采集高支模沉降、立杆变形、位移及轴力的数据。当监测数据超过预警值时，及时发出声光报警，提示现场作业人员及项目智慧建造系统值班人员，应第一时间采取应急措施，保障高支模作业施工的安全（图 14.3-8、图 14.3-9）。

图 14.3-8　智能监测设备图 1

图 14.3-9　智能监测设备图 2

14.4　数字化机电工程施工关键技术

14.4.1　构建数字化施工的目的

（1）摆脱对硬件的依赖。利用云计算技术解决平安金融中心项目因模型信息量大而运行缓慢或无法运行的问题，提高了模型深化设计效率。

（2）保证信息存储的安全。项目人员可以通过桌面客户端和分配的账号登录云端，快速查询所需数据，避免因相互复制造成数据丢失和烦琐流程所带来的不便，大大提高了工作效率。

（3）基于云计算的大数据应用。平安金融中心项目作为公司的 BIM 技术应用研究基地，包括全专业模型搭建、二维码数据录入与管理、物业运维探索与研究。这些任务的执行需要稳定高速的平台作为支撑，BIM 私有云集成了 BIM 和云计算能力，可以满足其对大型数据库的管控需求，为 BIM 的深入应用奠定了基础技术。

14.4.2　Pad 版项目现场管理系统

项目部通过项目现场管理系统 Pad 版与 BIM 建模技术相结合，实现了现场施工管理“无纸化”。最新的国家标准、图集和简单的综合模型存储在平板电脑上，可全面查阅和检索，规范并指导了现场机电一体化的管道建设。通过平板电脑，可以轻松地调用施工区域的简单模型，立体、直观地查看多个区域的物理工程量（图 14.4-1）。

图 14.4–1　项目管理系统应用

14.4.3　基于 BIM 的产品预制技术

1）产品预制加工技术背景

（1）施工现场的局限性

消防泵房和制冷机房空间面积有限。工厂化预制将大量的原材料加工任务从施工现场移开，这样可以减少加工场地对现场的占用和依赖。

（2）大大缩短现场工期

工厂预制将一些施工任务从施工现场移开。在现场没有机电工作台面的情况下，可以提前开始预制，大大提高了构件制造的生产效率，争取到更多的施工工作时间。

（3）减少工程材料的不合理损耗

在装配式加工中心，风管集中加工。由作业组负责从头到尾进行下料，免上料随意截取。场地和大材料、小材料的使用，实现了材料的合理使用和管理，节约了材料，降低了成本。

2）机房预制

在泵房等管线密集的区域，优先考虑大型机电设备。为了减少场地结构和施工误差，该项目引入了 3D 全息扫描仪，对整个空间和设备管线位置进行扫描，获得尺寸准确的点云数据。与 BIM 模型对比修正后，得到所需配件的详细加工尺寸，异地预制，现场直接组装，提高了施工精度和施工效率（图 14.4–2）。

图 14.4–2 3D 全息扫描仪

14.4.4 二维码物料管理系统

机电材料品种繁多、数量巨大，是企业生产成本的主要组成部分。物资管理水平将直接影响企业的经济和使用效率。

二二工程 - 西安项目，立志打造以安全、环保、实用、高效为核心建设理念的全生命周期管理工程。

基于二维码、互联网和 BIM 技术，将机电材料供应商、专业机电分包商、劳务单位和终端用户连接为一体，形成了二维码材料供应链追溯管理信息系统。实现了从原材料→半成品→成品→报废品的材料全供应链信息的可追溯管理。

14.4.5 施工进度再现模拟

将 BIM 技术与机电总承包的施工进度管理相结合。施工进度计划的时间元素被添加到 BIM 模型中。可视化 4D 仿真（对比土建施工进度、幕墙进度、精装进度），为总承包项目的施工进度管理提供了科学的信息化数据，方便了总承包管理团队掌控工程中机电专业的整体进度，为其合理调度资源，对症下药解决问题提供了科学辅助，大大降低了进度管理的风险（图 14.4–3）。

图 14.4–3 施工进度模拟

14.4.6　远程视觉全息扫描验收

二二工程－西安项目，历经各类机电管线检测 2000 余次，其中机房检测 350 余次。受超高层建筑垂直运输效率的影响，组织协调困难，验收周期长，验收效率低。为此，项目提出实施远程验收管理，引入微波通信技术，实现验收区域网络覆盖。

同时，3D 激光扫描仪的创新引入，不仅实现了远程验收中的实物外观质量验收，还实现了利用全息 3D 扫描仪对现场实物进行扫描，形成现场点云。深化设计的 BIM 导入模型楼宇自控工程，检查二者的匹配性，高效检查物理管线与深化后的 BIM 管线的一致性。通过远程全息验收，大大提高了验收效率，同时形成了可靠、直观的验收记录（图 14.4-4）。

图 14.4-4　视觉全息扫描在工程中应用

15

CHAPTER

第 15 章 绿色建造关键技术

15.1 概述

15.1.1 项目绿色建筑设计理念

绿色建筑是我国实施 21 世纪可持续发展战略的重要组成部分。本项目坚持可持续发展的绿色建筑设计理念，在整体设计上讲究科学，尽量保护原有的生态系统，减少对周边环境的影响，并且充分考虑自然通风、日照、交通等因素。高效循环地利用资源，尽量使用再生资源，如尽可能采用太阳能、风能、自然光照等自然能源。控制室内空气中各种化学污染物质的含量，保证室内通风、日照条件良好。项目采用“山水相融、天人合一”的设计理念，将建筑、人文、园林景观等进行有机相融，充分展示了绿色建筑的设计理念。

1. 节能能源

充分利用太阳能，采用岩棉保温、橡塑保温、LED 节能灯及变频空调设备等节能保温材料、设备，以及通过自然采暖、采光，减少采暖和空调的使用。建筑采用适应当地气候条件的平面形式及总体布局，有效利用地区主导风向自然通风。

2. 节约资源

在建筑设计、建造和建筑材料的选择中，考虑资源的合理使用和处置，减少资源的浪费，力求使资源可再生利用。通过应用海绵城市的技术理念，将雨水收集用于绿化浇灌，节约了水资源。

3. 回归自然

绿色建筑外部强调与周边环境相融合，和谐一致、动静互补，做到保护自然生态环境。建筑内部不使用对人体有害的建筑材料和装修材料。室内空气清新，温、湿度适当，使居住者感觉良好，身心健康。绿色建筑采用天然材料。建筑中采用的木材、树皮、竹材、石块、石灰、油漆等经过检验处理，确保对人体无害。

15.1.2 项目绿色建筑设计要点

1. 重视节地设计

节约用地，从建筑的角度上讲，在建房活动中应最大限度少占地表面积，并使绿化面积少损失、不损失，提高土地利用率。本项目借汉代云纹图案，进行整体布局，院落围合紧凑、高效，内部立体交通，有效地节约了用地。

2. 绿色建筑整体设计

整体设计的优劣将直接影响绿色建筑的性能及成本。建筑设计必须结合气候、文化、经济等诸多因素进行综合分析。在进行整体设计时，切勿盲目照搬所谓的先进绿色技术，也不能仅仅着眼于一个局部而不顾整体。

（1）在规划区域总平面布置时，尽可能利用并保护原有地形地貌，减少场地平整的工程量，减少对原有生态环境和景观的破坏；同时应尽量将建筑体量、角度、间距、道路走向等因素合理组合，以充分利用自然通风和日照。

（2）在规划建筑朝向时，为达到良好日照和建筑间距的最优组合，建筑群采取交叉错落的形式。

（3）在规划设计和后期的建筑单体设计中，结合实际情况（如地形地貌、地下水位的高低等），合理规划并设计地下空间，用于车库、设备用房、仓储等。

3. 绿色建筑单体设计

（1）建筑的体型系数即建筑物表面积与建筑的体积比，它与建筑的热工性能密不可分。曲面建筑的热耗小于直面建筑，在相同体积时分散的布局模式要比集中布局的建筑热耗大，具体设计时减少建筑外墙面积、控制层高，减少体形凹凸变化，尽量采用规则平面形式。

（2）外墙设计要满足自然采光、自然通风的要求，减少对电器设备的依赖，设计时采用明厅、明卧、明卫、明厨的设计，外墙设计要努力提高室内环境的热稳定。①采用良好的外墙材料，利用更好的隔热砖代替黏土砖，节省土地资源。②采用选择性镀膜窗户，其导热系数较小，能够改善室内环境的热稳定性。③加强门窗的气密性，减少热交换。④使用各种轻便、可调节的遮阳设备抵御夏季太阳的直接辐射，同时冬季能够调节，便于采光。

（3）采用弹性设计方案，提高房屋的适用性、可变性，具体表现在建筑结构、建筑设备等灵活性的要求上。①楼梯的可生长性，包括基础的预留量、楼段板承重的预先考虑，周边环境的生长预留地等。②预留管道空间，包括水电、通信的发展空间。③家具系统的可变化性。

4. 绿色建筑节能设计

绿色建筑是一个能积极地与环境相互作用、智能、可调节的系统。因此，它要求建筑外层的材料和结构，一方面作为能源转换的界面，需要收集、转换自然能源，并且防止能源的流失；另一方面，外层必须具备调节气候的能力，以消除、减缓，甚至改变气候的波动，使室内气候趋于稳定，而实现这一理想，在很大程度上必须依赖于未来高新技术在建筑中的广泛运用。

（1）绿色建筑应合理使用建筑材料、就地取材（主要是木材），尽量使用对人体健康影响较小的建筑材料，包括无放射、低挥发、低活性的材料；另外，对油漆、胶水、胶粘剂、地板砖、地毯、木板和绝缘物的选择，除了考虑性能优良外，还要强调没有毒性物质的释放。

（2）注重对外墙保温节能材料的使用。外墙保温节能材料属于保温绝热材料，仅就一般采暖的空调而言，通过使用绝热维护材料，可在现有基础上节能50% ~ 80%。

（3）绿色建筑主张太阳能等可再生能源的利用。例如，利用空调冷凝热作为生活热水的辅助热源，利用太阳能和地热能产生的热水可作为日常生活用热水。利用太阳能光电系统支持日常生活用电。在混凝土中埋设光导纤维，可以经常地监视构件在荷载作用下的受力状况，自我修复混凝土可得到实际应用。建筑物表面的材料，通过多功能的组织进行呼吸，可净化建筑物内部的空气，并降低温度。形状记忆合金材料可用于百叶窗的调整或空调系统风口的开关，自动调节太阳光亮。建筑物表面的太阳能电池可提供采暖和照明所需的能源。

5. 室外环境绿化设计

在建筑设计中，应充分利用绿化这一有效的生态因子，创造出高质量的生活环境。

在夏季，地面受到的辐射热反射到外墙和窗户，其热量约占总热量的一半，为了降低这部分从地面来的反射热，适宜在建筑物室外种植灌木和草坪，以减少反射到房间的热量。对于冬季寒冷的地方，适宜种植落叶性植物。

阳台、室内与室外自然接触的媒介，阳台绿化不仅能使室内获得良好的景观，而且也丰富了建筑立面造型，美化了景观。阳台有凹、凸及半凹半凸三种形式，形成不同的日照及通风情况，产生不同的小气候。要根据具体情况选择喜阳还是喜阴，喜潮湿还是抗干旱的不同品种的植物。阳台绿化注意植物的高度，不要影响通风和采光。屋顶绿化给居民的生活环境以绿色情趣的享受，它对人们心理的作用比其他物质享受更为深远。此外，屋顶绿化具有蓄水、减少废水排放的功能，还可以起到保温隔热、隔声等作用。

6. 室内环境设计

1）光环境

设计采光性能最佳的建筑朝向，发挥天井、庭院、中庭的采光作用，使天然光线能照亮人员经常停留的室内空间；采用自然光调控建筑设施，如采用反光板、反光镜、集光装置等，改善室内自然光的分布；采用一般照明和局部照明相结合的方式；采用高效、节能的光源、灯具和电器附件。

2）热环境

优化建筑外围护结构的热工性能，防止因外围护结构内表面温度过高或过低、透过玻璃进入室内的太阳辐射热等引起的不舒适感；设置室内温度和湿度调控系统，使室内的热舒适度得到有效的调控；根据使用要求合理设计温度可调区域的大小，满足不同个体对热舒适性的要求。

3）声环境

采取动静分区的原则，进行建筑的平面布置和空间划分，减少对有安静要求房间的噪声干扰；合理选用建筑围护结构构件，采取有效的隔声、降噪措施，保证室内噪声级和隔声性能符合《民用建筑隔声设计规范》GB 50118—2010的要求。

4）室内空气品质

结合建筑设计要求，提高自然通风效率；合理设置风口位置，有效组织气流，采取有效措施，防止串气、反味；采取有效措施，防止结露和滋生霉菌。

15.2 绿色建造技术

本工程应用绿色建筑技术 4 大项 13 子项，绿色施工技术 5 大项 25 子项，降低了施工作业对环境的影响，同时提高了工效，节约了成本，应用效果显著。

15.2.1 绿色建筑技术

绿色建筑技术应用如表 15.2–1 所示。

绿色建筑技术应用表　　表 15.2–1

大项	技术名称	应用部位	应用数量	应用效果
一、环境保护	①透水混凝土应用技术	室外道路	$2000m^3$	透水效果良好，能够及时排走路面的积水
	②建筑自然通风利用及组织技术	12 号楼读者服务中心	$1001m^2$	保证空气流通，自然换气

续表

大项	技术名称	应用部位	应用数量	应用效果
二、节材与材料资源利用	①清水混凝土技术	主体结构	$9600m^3$	混凝土观感效果达到清水效果
	②钢结构长效防腐技术	钢结构	4985t	防腐防护性能良好
	③高强钢筋应用技术	主体结构	12622.6t	节约了钢材，缩短了工期
	④高强混凝土应用技术	主体结构	$71553m^3$	强度等级符合设计
	⑤综合管线布置中 BIM 应用与优化技术	整个场馆	$83150.95m^2$	提前解决施工碰撞，合理安排施工
三、节水与水资源利用	①自动加压供水设计技术	水泵房	—	采用全封闭结构，避免了渗、跑、冒、滴、漏等现象的发生
	②供水系统防渗技术	水泵房	—	防渗效果较好
四、节能与能源利用	①地源、水源及气源热能利用技术	空调机房	—	采用地源 / 水源 / 气源进行供热，节能高效
	② LED 照明技术	整个场馆	$83150.95m^2$	照明效果良好，节约能源
	③外墙保温设计技术	所有单体	$21689.8m^2$	外墙采用岩棉保温材料，节能效果良好
	④铝合金窗断桥技术	窗	54 樘	节能效果良好

15.2.2　绿色施工技术

绿色施工技术应用如表 15.2-2 所示。

绿色施工技术应用表　　表 15.2-2

大项	技术名称	应用部位	应用效果
一、环境保护	1. 现场噪声综合治理技术	施工现场	降低施工过程产生的噪声
	2. 现场光污染防治技术	塔式起重机、电焊等	减少光污染对周边环境的影响
	3. 现场雨水就地渗透技术	室外道路	透水效果良好
	4. 现场喷洒降尘技术	施工道路	降低扬尘污染
	5. 现场绿化降尘技术	全施工现场	
	6. 预拌砂浆技术	二次结构	减少粉尘
	7. 建筑垃圾分类收集与再利用技术	全施工现场	提高建筑垃圾的再利用率
	8. 建筑机具绿色性能评价与选用技术	全施工现场	节能降噪
	9. 改善作业条件、降低劳动强度、创新施工技术	全施工现场	提高工作效率
	10. 透水混凝土施工技术	室外道路	透水效果良好
	11. 废弃混凝土现场再生利用技术	预制过梁	减少混凝土的浪费
二、节材与材料资源利用	1. 信息化施工技术	整个项目	提高项目管理水平
	2. 清水混凝土施工技术	主体结构	混凝土观感效果良好
	3. 新型支撑架和脚手架技术	主体结构	提高施工效率，保证施工质量
	4. 施工现场临时设施标准化技术	现场临时设施	提高临设的使用率及周转次数

续表

大项	技术名称	应用部位	应用效果
三、节水与水资源利用	1. 现场洗车用水重复利用技术	洗车台	现场雨水处理后二次利用，节约水源
	2. 现场雨水收集利用技术	道路、排水沟	现场雨水处理后二次利用，节约水源
	3. 非自来水水源开发应用技术	绿化灌溉	现场雨水处理后二次利用，节约水源
四、节能与能源利用	1. 现浇混凝土外墙隔热保温施工技术	外墙	节能效果良好
	2. 现场非传统电源照明技术	现场道路	应用太阳能路灯，节约电能
	3. 节电设备应用技术	施工现场	节能效果良好
五、节地与土地资源保护技术	1. 施工现场临时设施合理布置技术	施工现场	按施工状态分阶段布置，提高场地利用率
	2. 现场材料合理存放技术	材料堆放	
	3. 施工场地土源就地利用技术	土方回填	土方内倒，减少外运及外购，节约成本

15.2.3　应用效果

本工程设计、施工中大量融入了绿色建造要素，在能源消耗、生态、环保等方面进行重点控制。2 号楼保藏区序厅采用自然采光；玻璃幕墙采用 Low-E 中空玻璃，外墙保温和金属屋面采用厚岩棉板；设有智能照明控制系统，100% 节能灯具；应用节水型感应式洁具等设施，并安装能耗监测系统；雨水采用就地入渗与回收利用相结合的方式；设置能源管理系统，实现各部分能耗独立分项计量；各项节能效果显著，实现了绿色、环保、节能、低碳的高品质绿色建筑，通过二星级绿色建筑设计评价（图 15.2-1 ~ 图 15.2-5）。

图 15.2-1　太阳能集热

图 15.2-2　自然采光

图 15.2-3　高透 Low-E 中空玻璃

图 15.2-4　节水型感应式洁具

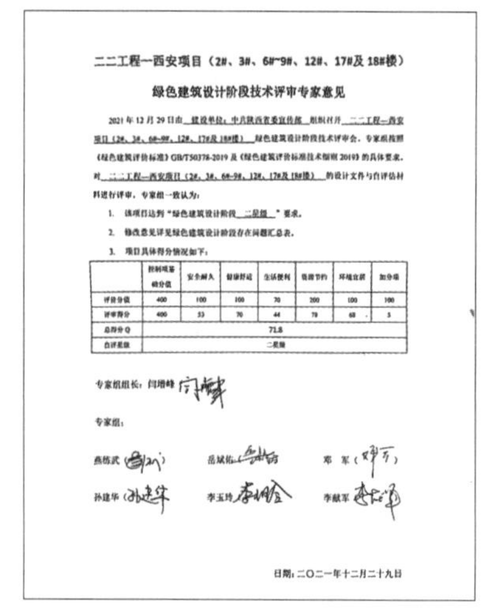

二二工程—西安项目（2#、3#、6#~9#、12#、17#及18#楼）

绿色建筑设计阶段技术评审专家意见

2021年12月29日由 建设单位：中共陕西省委宣传部 组织召开 二二工程—西安项目（2#、3#、6#~9#、12#、17#及18#楼） 绿色建筑设计阶段技术评审会，专家组按照《绿色建筑评价标准》GB/T50378-2019及《绿色建筑评价标准技术细则2019》的具体要求，对 二二工程—西安项目（2#、3#、6#~9#、12#、17#及18#楼） 的设计文件与自评估材料进行评审，专家组一致认为：

1. 该项目达到“绿色建筑设计阶段 二星级 ”要求。
2. 修改意见详见绿色建筑设计阶段存在问题汇总表。
3. 项目具体得分情况如下：

	控制项基础分值	安全耐久	健康舒适	生活便利	资源节约	环境宜居	加分项
评价分值	400	100	100	70	200	100	100
评审得分	400	53	70	44	78	68	5
总得分 Q	71.8						
自评星级	二星级						

专家组组长：闫增峰

专家组：

燕晓武　　岳斌佑　　邓　军

孙建华　　李玉玲　　李献军

日期：二〇二一年十二月二十九日

二二工程—西安项目（2#、3#、6#~9#、12#、17#及18#楼）

绿色建筑设计评价总得分调整情况说明

根据2022年6月29日，绿色建筑中期专项核查专家意见，本项目现场施工不满足《绿色建筑评价标准》GB/T50378-2019中4.2.3条防夹门窗的要求，经绿建核查专家组讨论，在原绿色建筑设计阶段技术评审结论的基础上扣除防夹门窗对应分数5分，调整后项目总分为71.3分。

项目具体得分情况如下：

	控制项基础分值	安全耐久	健康舒适	生活便利	资源节约	环境宜居	加分项
评价分值	400	100	100	70	200	100	100
评审得分	400	48	70	44	78	68	5
总得分 Q	71.3						
自评星级	二星级						

绿色建筑设计阶段技术评审专家组组长：

中国建筑西北设计研究院有限公司
绿色建筑与绿色能源工程设计研究院
绿色建筑研究中心
2022年06月30日

图 15.2-5　项目二星级绿色建筑设计评价情况说明

项目在施工中坚持“四节一环保”，加强秦岭生态环境保护，施工措施得力，效果显著，通过陕西省建筑业绿色施工工程验收（图 15.2-6 ~ 图 15.2-8）。

图 15.2-6　项目临建、清表、移栽植物

图 15.2-7　搭设贝雷桥保护黑河管涵

图 15.2-8　陕西省建筑业绿色施工工程证书

15.3　绿色建造科技创新

15.3.1　工业化建筑

1. 综合管线深化设计工厂、工业化施工精确度提高的措施

明装机电管线综合布置，应充分考虑各机电系统安装后，须外观整齐有序，间距均匀。对于成排布置的机电管线，应统一设置支吊架，感官上要求做到横平竖直，同时又能满足装饰平面各末端点位的要求。要充分考虑安装工序及条件，根据机电设备、管线对安装空间的要求以及合理性确定管线的位置和距离。

管线的布置要满足国家施工规范和当地有关法规的要求，如对各管线间距、设备的维修通道、管配件维修空间等，均有不同的要求等。

2. 工序流程

尽可能使管线呈直线，相互平行不交叉，便于安装维修，降低工程造价。在不影响功能的前提下，可适当调整管道和桥架规格。

决定各管道的最终安装标高，其优先排序是排水管、电缆桥架、线槽、暖通管道、通风管道、给水及消防管道。电缆桥架不宜敷设在腐蚀性气体管道和热力管道的上方及腐蚀性液体管道的下方。桥架不宜穿过楼梯间、空调机房、管井、风井等，遇到后尽量绕行。

3. 工业化施工流程

工业化施工流程如图 15.3-1 所示。

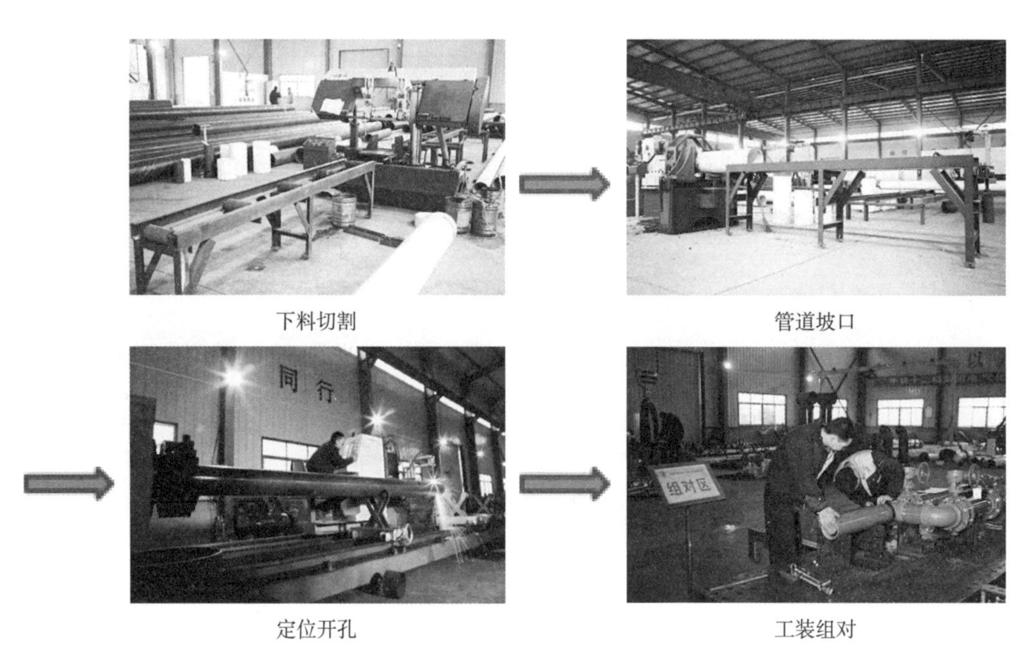

图 15.3-1　工业化施工流程图

4. 工业化施工设备

工业化施工设备如图 15.3-2 所示。

图 15.3-2　工业化施工设备

5. 工业化生产流水线

工业化生产流水线如图 15.3-3 所示。

下料切割

管道坡口

定位开孔

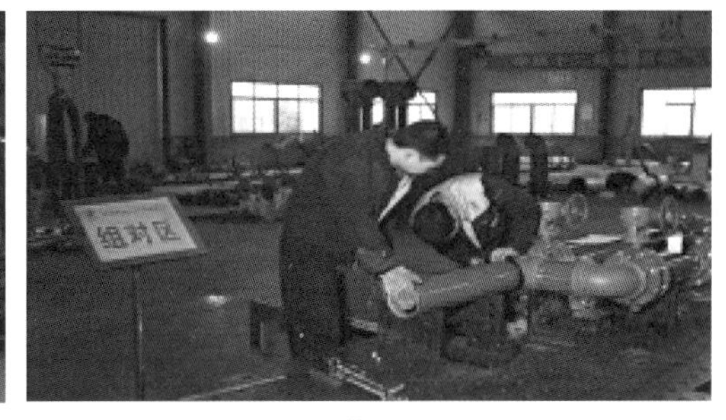

工装组对

自动焊接

打压测试

喷漆

出厂检测

图 15.3-3　工业化生产流水线

6. 现场装配成型

通过包装、运输及有序卸料的过程，提前摆放好所有部件。本着“先支架后管道，先主管后支管，由内向外”的原则，依次装配。极大地提高了施工效率（图 15.3-4）。

图 15.3-4　消防水泵房装配成型

15.3.2　智能化建筑

智能化建筑由智能化集成系统、信息网络系统、综合布线系统、公共广播系统、会议系统、信息导引及发布系统、火灾自动报警系统、安全技术防范等 17 个智能化系统组成。各个系统设计先进、安装规范、运行稳定（图 15.3-5 ~ 图 15.3-7）。

图 15.3-5　消防联动控制系统

图 15.3-6　智能化入侵报警系统

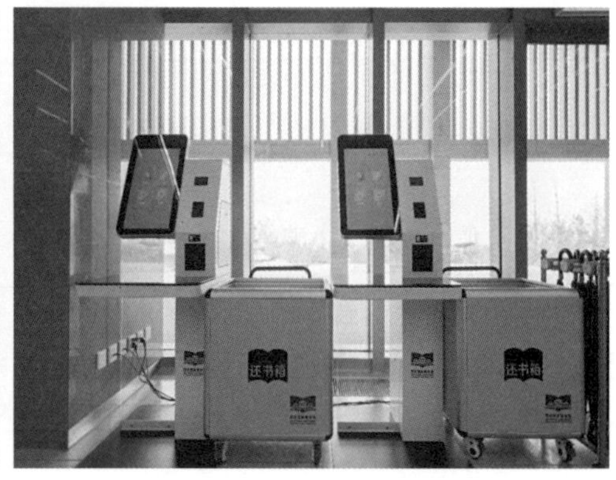

图 15.3-7　智能一卡通系统

15.3.3　BIM 技术应用

项目部对技术质量高度重视。在不断地对图纸进行熟悉及深化设计的过程中，对工程技术质量的特点和难点进行了识别。同时，对识别出的特点和难点制定了相应的实施对策和措施，使用 BIM 工具建模，及时发现问题，做好"策划先行"的质量管理工作，具体内容如表 15.3-1 所示。

BIM 技术应用　　　　表 15.3-1

序号	施工特点分析	施工重难点	重难点对策
1	细部节点二次深化设计难度大	本工程为仿古异形建筑，异形构件多，细部节点做法不明确，施工难度大，需要进行二次深化设计。各分部分项工程及各专业之间可能会存在相互冲突的情况。为确保施工进度，必须对细部节点提前进行优化。对于图纸中存在的问题，第一时间加以反馈，并在进一步深化后提交建设及设计单位进行确认	加强深化设计团队，成立总包 BIM 工作室，至少配置 3 名有经验的深化技术人员，按要求组织深化设计工作。应用 BIM 技术实现项目全过程的精细化管理，施工前对土建、钢构、机电安装等专业进行深化设计
2	装饰面清水混凝土	本工程 1 号楼洞库拱形结构跨度大，2 号楼高大空间梁排布密实，支护板墙单侧支模。如何确保装饰混凝土清水效果，是本工程控制的重点，也是难点	（1）精心策划，选择适宜的高强度镜面模板体系，并进行深化排版。 （2）严格优选原材，配制适用于本工程的清水混凝土配合比及实施方案。施工中加强混凝土浇筑振捣、混凝土养护、保温保湿及成品保护措施等。 （3）模板体系进行刚性设计，严格控制变形，模板拼缝及对拉螺杆的精细处理，达到装饰效果

续表

序号	施工特点分析	施工重难点	重难点对策
3	型钢柱、型钢梁与混凝土结构钢筋连接	本工程2号楼主体结构为钢框架混凝土结构，体量大，减少型钢柱、型钢梁和混凝土钢筋现场焊接量，是考虑的重点及难点	结构设计图纸、钢结构图纸的深化排布主筋穿孔点位、拉筋穿孔点位，共计37587处，减少了现场混凝土钢筋的焊接量，节约了施工工期。本工程涉及钢与混凝土组合结构总量约2040t，施工满足设计和施工规范要求  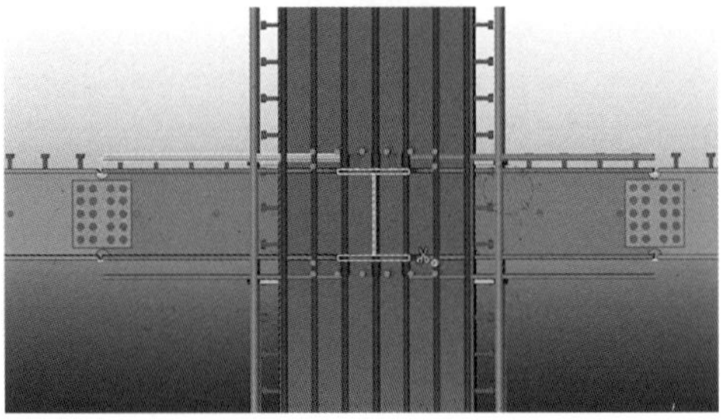
4	钢结构屋面弧形结构精准加工；吊装工序可视化	钢结构造型多为古典异形弧面，弧形钢梁安装定位难度大、测量精度高；工程依山而建，施工场地有限，钢结构施工机械吊装困难	对整体造型按照设计坐标进行三维空间结构找形；对单体弯扭矩形构件进行三维弯扭找形调整，以保证构件造型线条顺畅。采用BIM技术可视化交底，划分施工区段，合理规划吊装行走路线及资源调度，进行钢结构施工全过程模拟，并进行施工过程管控 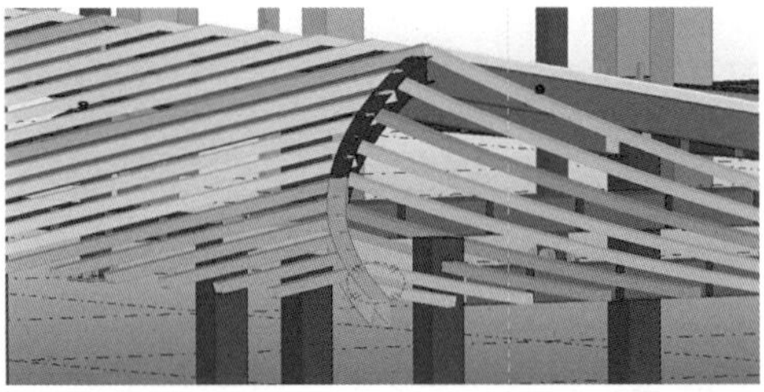 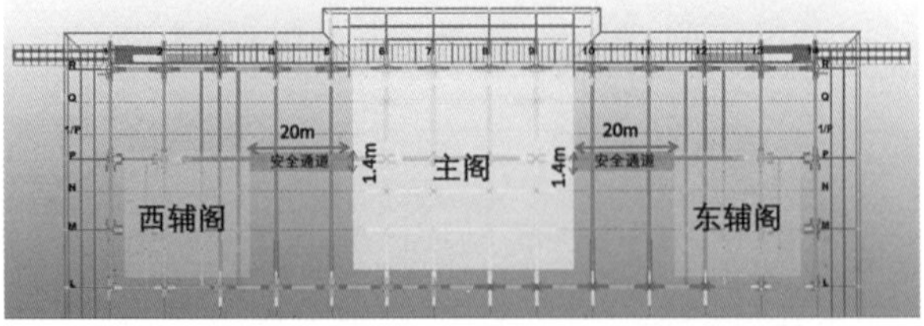

续表

序号	施工特点分析	施工重难点	重难点对策
4	钢结构屋面弧形结构精准加工；吊装工序可视化	钢结构造型多为古典异形弧面，弧形钢梁安装定位难度大、测量精度高；工程依山而建，施工场地有限，钢结构施工机械吊装困难	
5	机电安装系统繁多	本工程机电安装系统包含给水排水、电气、通风与空调、消防电气、智能化等。机电管线集中的部位易出现专业冲突。大量管线外露在视线中，对工程整体观感影响较大。机电末端留置需与装饰协同，成排成行，与装饰分格居中对缝	（1）利用BIM技术，对管线进行综合排布，做到排列整齐、美观。 （2）在室内机电管网设计阶段，应提前进行支吊架点位预留，通过 Revit 软件进行点位分析，确定预留板形式并通过 Tekla 提前进行 1321 处点位深化设计，减少后期工作量，避免主体遭到二次破坏。 （3）提前进行装饰深化设计，根据装饰深化设计图布置机电开关插座、喷淋、烟感、灯具等的排列，实现装饰效果的协调、美观

运用三维建模和建筑信息模型 BIM 技术，建立用于虚拟施工、施工过程控制和成本控制的施工模型，实现虚拟建造。模型优化技术，身临其境般地进行方案体验、论证和实施，以提高施工效率。钢结构、主体及机电安装 BIM 技术的应用，发挥了重要作用，利用其可出图性、模拟性及可视性，对施工班组进行交底，完成项目的成本管理。同时，还可以完成材料、进度、质量等方面的全方位系统管理。

16
CHAPTER

第 16 章

工程建设大事记

（1）2019 年 2 月 2 日，习近平总书记亲自批示：“传世工程有重大文化传承意义，要认真规划实施”。

（2）2019 年 6 月 24 日，省委“二二工程 – 西安项目”领导小组第一次会议上明确，要求将鄠邑区乌东村地块作为分馆馆址，按公益性文化事业用地一次性划拨 300 亩（约 $20hm^2$）（图 16.1–1）。

图 16.1–1 “二二工程 – 西安项目”地址原貌

（3）2019 年 7 月份，“二二工程 – 西安项目”规划设计启动以来，张锦秋院士领衔的中建西北设计研究院专家设计团队，经过多次实地踏勘、分析、研究，形成 7 个概念性方案，经“二二工程 – 西安项目”建设指挥部第二次、第三次会议研究后，指挥部办公室多次组织专业人员优化、提升，形成 4 个精选方案。

（4）2019 年 11 月 22 日，陕西省委书记、省人大常委会主任、省委“二二工程 – 西安项目”领导小组组长主持召开省委“二二工程 – 西安项目”领导小组第二次会议，传达学习习近平总书记、王沪宁同志关于中华版本传世工程的重要批示，以及黄坤明同志主持召开的专题会议精神。同时，听取工程筹建进展情况及下一步工作安排汇报，审议概念设计方案及配套设施建设初步方案，并同与会人员进行讨论，研究推进工程建设有关事宜。经会议研究审定后，从张锦秋院士领衔的中建西北设计研究院专家设计团队的 4 个精选方案中选定方案一，为西安分馆的建设方案。与会人员一致认为该方案较好地处理了山与水的关系，既突出了分馆的新汉唐风格，又突出了文济阁的重要位置，体现出简约、庄重、大气的特点。会议决定将 4 个精选方案和研究结论，一并上报中宣部。

（5）2019 年 12 月 20 日，陕西省委宣传部部长牛一兵、副部长马川鑫率中建西北院该项目设计团队骨干郑犁等三人在中宣部汇报“二二工程 – 西安项目”设计方案，4 个精选方案均得到了中宣部部长黄坤明、副部长孙志军的充分肯定及赞扬，确定方案一作为实施方案。

（6）2020 年 10 月 10 日，西安项目正式启动。陕西省委宣传部部长致辞，省委书记宣布开工，其他省委常委、各相关部门及各参建单位和 500 余名工人参加开工仪式（图 16.1–2）。

图 16.1–2　开工仪式

（7）2020 年 10 月 30 日，抢工 20 天，建成占地 40 亩（约 2.67hm^2）、总建筑面积 6500m^2、基础设施完备的园林式办公生活区（图 16.1–3）。

图 16.1–3　办公生活区实景图

（8）2020 年 11 月 6 日，省委宣传部申请成立了“二二工程 – 西安项目”筹建处，筹建处成立后，陕西省委宣传部关于“二二工程 – 西安项目”的所有业务工作均由“二二工程 – 西安项目”筹建处承担。

（9）2020 年 11 月 24 日，省委常委、省委宣传部部长、“二二工程 – 西安项目”建设指挥部总指挥主持召开指挥部第六次会议，指出，“二二工程 – 西安项目”前期工作成效显著，中央和省委都予以了充分肯定。

（10）2021 年 1 月 26 日，提前 6 天完成 140 万 m^3 土方工程、1297 根支护桩、861 根工程桩、1.9 万 m 锚索及 8000m^2 钢筋混凝土支护挡墙施工任务（图 16.1–4、图 16.1–5）。

图 16.1–4 桩基土方工程劳动竞赛表彰合影

图 16.1–5 土方桩基交叉施工

（11）2020 年 12 月 31 日，项目部开展“战严寒抢进度，坚守岗位迎新年茶话会”（图 16.1–6）。

图 16.1–6 迎新年茶话会

（12）2021 年 1 月 11 日，项目部为抓进度，采取过年不误工，在过年期间开展除夕夜茶话会活动（图 16.1–7）。

图 16.1–7 除夕夜茶话会合影

（13）2021 年 1 月 12 日，二二工程－西安项目筹建处领导及陕西建工集团股份有限公司领导来项目处慰问（图 16.1–8）。

（14）2021 年 6 月 11 日，提前 20 天完成全部主体建筑封顶节点目标。累计完成混凝土浇筑 11.2 万 m^3，钢筋制作绑扎 1.41 万 t，模板支设 28.4 万 m^2，钢结构制作安装 5000 余 t（图 16.1–9）。

图 16.1–8　新年慰问

图 16.1–9　主体结构封顶仪式

（15）2021 年 8 月 19 日，通过基础验收（图 16.1–10）。

（16）2021 年 9 月 29 日，通过主体结构验收（图 16.1–11）。

图 16.1–10　基础专项验收

图 16.1–11　主体专项验收

（17）2021 年 10 月 12 日，通过西安市文明工地验收。

（18）2021 年 10 月，承办 2021 年度西安市智能建造观摩工地（分会场）。

（19）2021 年 10 月，室外管廊主体工程全部完工。2022 年 1 月，基本完成各类管道安装。2021 年 12 月，太平湖绿化，湖名石、湖景石等园林景观基本成型（图 16.1–12）。

图 16.1-12 项目景观基本成型

（20）2021 年 11 月 7 日，通过陕西省文明工地验收。

（21）2021 年 11 月 18 日，通过西安市建筑优质结构工程验收（图 16.1-13）。

（22）2021 年 11 月 27 日，通过陕西省建筑优质结构工程暨省级绿色施工主体阶段验收。

（23）2022 年 3 月 22 日，通过陕西省绿色施工验收。

（24）2022 年 4 月 8 日，完成项目电梯检测验收。

（25）2022 年 4 月 12 日，通过项目防雷检测验收。

（26）2022 年 4 月 15 日，通过项目竣工验收（图 16.1-14）。

（27）2022 年 4 月 18 日，通过项目室内环境检测验收。

（28）2022 年 4 月 30 日，通过项目水质检测验收。

（29）2022 年 7 月 8 日，通过项目环保验收。

图 16.1-13 优质结构工程验收会议

图 16.1-14 竣工验收会议

（30）2022 年 7 月 10 日，通过项目节能验收。

（31）2022 年 7 月 14 日，通过项目消防验收。

（32）2022 年 7 月 15 日，通过项目人防验收。

（33）2022 年 7 月 22 日，通过项目竣工验收备案。

（34）2022 年 7 月 23 日，项目举行落成仪式（图 16.1–15）。

图 16.1–15　项目落成仪式

（35）2022 年 7 月 25 日，通过项目规划验收。

（36）2022 年 7 月 30 日，正式开馆。

（37）2023 年 4 月 13 日，进行陕西建工集团优质工程“华山杯”验收。

（38）2023 年 4 月 20 日，进行西安市建筑工程“雁塔杯”验收。

（39）2023 年 6 月 9 日，进行陕西省建筑工程“长安杯”验收。

（40）2023 年 6 月 7 日，进行中国建设工程“鲁班奖”验收（图 16.1–16、图 16.1–17）。

图 16.1–16 “鲁班奖”验收会议

图 16.1–17 “鲁班奖”现场复查

（41）2023 年 9 月 19 日，荣获中国建设工程鲁班奖（图 16.1-18 ~图 16.1-20）。

图 16.1-19　“鲁班奖”授予会议

中国建筑业协会文件

建协〔2023〕37 号

关于特别授予二二工程-西安项目中国建设工程鲁班奖（国家优质工程）的决定

按照《中国建设工程鲁班奖（国家优质工程）评选办法》的有关规定，经专家组复查和评审、我会会长办公会研究，决定特别授予二二工程-西安项目 2022～2023 年度中国建设工程鲁班奖（国家优质工程）。

该工程承建单位为陕西建工集团股份有限公司（项目经理：何晓光），参建单位为陕西建工第三建设集团有限公司、陕西古建园林建设集团有限公司、陕西建工钢构集团有限公司、陕西建工安装集团有限公司、陕西建工智能科技有限公司、陕西建工装饰集团有限公司、陕西建工基础建设集团有限公司。

中国建筑业协会

2023 年 7 月 [illegible] 日

图 16.1-18　“鲁班奖”授予文件

图 16.1-20　“鲁班奖”颁奖仪式

参考文献

［1］李建华 . 凤凰之巢　匠心智造——北京大兴国际机场航站楼（核心区）工程综合建造技术（工程技术卷）［M］. 北京：中国建筑工业出版社，2021.

［2］孙晓阳 . 大跨度仿古钢结构与斗栱木结构组合屋檐体系施工关键技术［J］. 施工技术，2016，45（13）：6–10.

［3］舒兴平，卢倍嵘，沈蒲生，等 . 大悬挑变截面梁折线形斜柱钢刚架受力性能试验研究［J］. 建筑结构学报，2010，31（10）：62–68.

［4］谭弦 . 基于铅芯橡胶支座的钢管混凝土组合结构隔震性能分析［D］. 长沙：中南林业科技大学，2015.

［5］顾宝和 . 岩土工程典型案例述评［M］. 北京：中国建筑工业出版社，2015.

［6］郑颖人，陈祖煜，王恭先 . 边坡与滑坡工程治理［M］. 第二版 . 北京：人民交通出版社，2016.

［7］李烈荣 . 中国地质灾害与防治［M］. 北京：地质出版社，2018.

［8］郑建华. 建筑幕墙结构设计与优化探究［J］. 门窗，2021，000（12）：3–4.

［9］李文雅. 基于天然采光的综合体立面石材幕墙设计研究——以济南大尧盛景广场为例［D］. 济南：山东建筑大学，2020.

［10］赵水波. 建筑外装玻璃幕墙外观的设计［J］. 工程技术研究，2021，6（1）：193–194.

［11］苗长芬，炎士涛 . 大型智能化建筑中的照明设备光调节设计方法［J］. 计算机方仿真，2015，32（7）：369–372.

［12］李晋 . 机电安装工程的关键工序控制对策［J］. 四川建材，2022，48（3）：238–239.

［13］丁俊斌 . 机电安装工程电气施工工艺与控制管理研究［J］. 中国设备工程，

2022（1）：120–121.
［14］赵晓磊．探究机电安装工程的技术要点与质量控制［J］．房地产世界，2021（4）：81–83.
［15］张彦会．浅析北方园林植物常见病虫害及防治措施［J］．2021（2）：242.
［16］王静，陶颖颖．北方地区风景园林中景石的布置手法及应用难点［J］．现代园艺，2021，44（16）：84–85.
［17］左政．北方园林绿化树种的选择及养护管理研究［J］．2021（7）：300.
［18］李奇．建筑装饰工程材料与构造［M］．重庆：重庆大学出版社，2017.
［19］王冬梅，何平．装饰工程材料［M］．南京：东南大学出版社，2021.
［20］陶谦．建筑装饰装修工程施工质量控制［J］．居业，2021，（11）：93–94.
［21］朱曦蓬．建筑机电安装工程的质量控制措施［J］．住宅与房地产，2021（16）：127–128.
［22］王斌．建筑机电安装工程中管线综合布置技术的应用［J］．住宅与房地产，2019（13）．
［23］高虎．BIM 技术在建筑机电安装工程中的应用［J］．电工技术，2018（24）：137–138，141.
［24］曹雨秋．BIM 技术在建筑施工管理领域的应用［J］．中小企业管理与科技，2022（17）：118–120.
［25］周波．碳中和背景下 BIM 技术在绿色建筑中的应用及发展趋势探讨［J］．中国建筑装饰装修，2022（16）：87–89.
［26］蒸饺君，陈剑，闫浩．EPC 模式下 BIM 信息化管理平台在装配式建筑中的应用研究［J］．项目管理技术，2019，17（1）：117–121.